DIE
ABWÄRMETECHNIK

VON

Dr.-Ing. HANS BALCKE

BERLIN-WESTEND

BAND III:

SONDERGEBIETE

DER

ABWÄRMETECHNIK

MÜNCHEN UND BERLIN 1928

DRUCK UND VERLAG VON R. OLDENBOURG

Vorwort.

Meinem Werk über die Abwärmetechnik habe ich in drei einzeln in sich abgeschlossenen Bänden einen dreigliedrigen Aufbau gegeben:

Der erste Band beschäftigt sich zunächst mit den in industriellen Betrieben anfallenden verwertbaren Abwärmequellen. Es wird gezeigt, wie diese der Mengengröße nach ermittelt werden und wieweit und unter welchen Bedingungen sie noch wirtschaftlich in einer nachgeschalteten Abwärmeverwertungsanlage ausgenutzt werden können. Daran anschließend werden die Grundbestandteile von Abwärmeverwertungsanlagen besprochen, welche sich stets in dieser oder jener Zusammenstellung wiederholen, und zwar die Wärmeaustauscher (oder Verwerter), die Wärmespeicher, das Wärmefortleitungsnetz und zuletzt die für den gekuppelten Betrieb der Abwärme liefernden mit der Abwärme verwertenden Anlage wichtigen Armaturen.

Der zweite Band zeigt, wie diese Grundbestandteile bei aller Mannigfaltigkeit der Einzelanlagen untereinander zusammenhängen und sich gegenseitig zu möglichst vollkommener Wirtschaftlichkeit und Betriebssicherheit ergänzen. Dieser zweite Band behandelt im besonderen das für die Abwärmetechnik sehr wichtige Gebiet des gekuppelten Kraft- und Heizbetriebes und führt die Mannigfaltigkeit aller möglichen Schaltungen auf 12 Grundschaltungen zurück, welche sich grundsätzlich immer wiederholen.

Der vorliegende dritte Band beschäftigt sich mit wichtigen Sondergebieten. Vor allem wird die Abwärmeverwertung zur Bereitung von hochwertigem Kesselspeisezusatzwasser für Dampfkraftanlagen besprochen. Der Abwärmeverwertung zum Verdampfen und Eindicken von Flüssigkeiten und Laugen wird der zweite Abschnitt gewidmet. Die beiden nächsten Abschnitte beschäftigen sich mit der Abwärmeverwertung zur Trocknung von Gütern und zur Entnebelung von Werksräumen. Auch werden schließlich die Möglichkeiten der Verwendung von Abwärmequellen zur Kälteerzeugung, die Abwärmeverwertung im Schiff- und Lokomobilbau sowie die Verwertung elektrischer Überschußenergie in Sonderabschnitten besprochen.

Das Schlußkapitel des dritten Bandes ist der Meßtechnik gewidmet. Dieser Abschnitt stellt einen kurzen Auszug aus dem ersten Teil meines nachfolgenden und das Gebiet abschließenden Werkes dar, welches unter dem Titel »Die Organisation der Wärmeüberwachung in technischen Betrieben« erscheint und die Ausbildung geeigneter Meßverfahren unter Verwendung selbsttätig aufschreibender Meßinstrumente und anschließend die völlig selbsttätige Regelung behandelt. Mit dem der Abwärmetechnik Band III angehängten Auszug aus der neuzeitigen Meßtechnik, soweit diese eben für die Abwärmetechnik besonders in Betracht kommt, bin ich einem vielfach geäußerten Wunsche meines Leserkreises gerne nachgekommen.

Das nunmehr vollständig vorliegende Werk über die Abwärmetechnik soll nicht nur dem Wärme-Ingenieur und Werksleiter ein unentbehrlicher Berater werden, sondern gleichzeitig auch einen möglichst vollständigen Überblick über den neuesten Stand des so wichtigen und mannigfaltigen Gebietes der Abwärmeverwertung geben. Sollte mir dies gelungen sein, so würde ich die mir gestellte Aufgabe als erfüllt betrachten können.

Berlin-Westend, Weihnachten 1928.

Der Verfasser.

Inhaltsverzeichnis.

Seite

Vorwort III

Abschnitt 1. Abwärmeverwertung zur Speisewassererzeugung   1

Allgemeines   1

1. Das neuzeitliche Speisewasser für Dampfkraftanlagen   3

2. Die Verwertung von Abdampf und Zwischendampf zur
Speisewasseraufbereitung in Verdampfern   5

a) Allgemeines   5

b) Die Vakuumverdampfer   6

c) Die Niederdruckverdampfer 19

d) Die Hochdruckverdampfer 23

e) Die thermisch-chemische Behandlung von Wässern 39

f) Die Entgasung weicher Wässer 46

3. Die Abgasverwertung zur Speisewassererzeugung . . 54

4. Die Verwertung nutzbarer Abwässer zur Speisewassererzeugung 59

Abschnitt 2. Abwärmeverwertung zur Eindickung von Flüssigkeiten und Laugen 69

Abschnitt 3. Abwärmeverwertung zur Trocknung von Gütern 92

Abschnitt 4. Abwärmeverwertung zur Entnebelung von
Werksräumen 114

Abschnitt 5. Abwärmeverwertung zur Kälteerzeugung . . 131

Abschnitt 6. Abwärmeverwertung auf Handelsdampfern . 154

Abschnitt 7. Abwärmeverwertung bei Lokomobilen . . . 174

Abschnitt 8. Die Verwertung elektrischer Überschußenergie 184

Abschnitt 9. Für die Abwärmetechnik wichtige neuzeitliche
Meßinstrumente und Fernmeßverfahren 198

1. Die neuzeitliche Druck- und Mengenmessung von Gasen,
Dämpfen und Flüssigkeiten 198

a) Allgemeines 198

b) Die Druckmessung von Gasen, Dämpfen und Flüssigkeiten 200

c) Die Mengenmessung von Gasen, Dämpfen und Flüssigkeiten 201

d) Die Additionsschaltung zur Summenanzeige mehrerer
Meßgrößen 216

Seite

2. Neuzeitliche Fernmeßverfahren für Temperatur- und
   Feuchtigkeitswerte 221
   a) Die Temperaturmessung 221
   b) Die Feuchtigkeitsmessung 226
3. Anwendungsgebiete für elektrische Temperatur-, Feuch-
   tigkeits-, Druck- und Mengen-Fernmesser und Fern-
   schreiber 231
   1. Anwendungsgebiete für die Temperatur-Fernmessung 231
      a) Die Zentralheizungs-, Lüftungs-, Kühl- und
         Trocken-Anlagen 231
      b) Die Abhitze-Dampfkessel-Anlagen 232
      c) Feuerungs-Anlagen 232
   2. Anwendungsgebiete für die Fernmessung der rela-
      tiven Feuchtigkeit 232
   3. Anwendungsgebiete für die Fernübertragung der
      Zeigerstellungen von Druck- und Mengenmessern . 232
      a) Die Druckmesser 232
      b) Die Mengenmesser 232
   4. Sonstige Anwendungsgebiete für die elektrische Fern-
      übertragung 232

4. Die Rauchgasprüfung 233
Sachregister 239

Abwärmeverwertung zur Speisewasser-erzeugung.

Allgemeines.

In früheren Jahren begnügte man sich allgemein mit chemisch vorgereinigten Zusatzspeisewässern. Erhebliche Beschwernisse traten im Betriebe nicht auf, weil die Kesseldrücke niedrig gehalten wurden und selten 12—16 ata überstiegen. Mit der Einführung höherer Drücke und mit der in neuester Zeit angestrebten Verwendung von Höchstdrücken ändert sich aber das Bild von Grund auf; denn die wesentlich veränderten Druck- und Temperaturverhältnisse, sowie der stark verringerte Nutzwasserinhalt und die gleichzeitig hinaufgetriebene spezifische Belastung der Heizfläche bei den neuzeitlichen Höchstdruckkesseln zwingen dazu, der Speisewasserfrage ganz andere Aufmerksamkeit zuzuwenden, als es bei den bisherigen »Normaldruck«-Kesselanlagen der Fall zu sein brauchte.

Über die Art der Aufbereitung des Speisewassers für Hoch- und Höchstdruckanlagen gehen die Ansichten noch sehr stark auseinander. Es ist zuzugeben, daß die bisher gesammelten Erfahrungen noch kein abschließendes Bild zulassen, anderseits aber muß festgestellt werden, daß Höchstdruckkessel mit chemisch vorgereinigtem Speisewasser keinesfalls so störungsfrei arbeiten als. bei der Zuspeisung von Kondensat und Destillat.

Dieses Ergebnis ist eine vollkommen natürliche Folge der in Wasser gelösten Salze. Während Kondensat und Destillat als praktisch salzfrei bezeichnet werden können, bleiben bei allen chemischen Reinigungsverfahren nicht nur die Alkalisalze des Rohwassers, sondern auch die durch die Umsetzung der Härtebildner sich bildenden Salze in Lösung. Je härter also das zur Deckung der Verluste dem Speisewasserkreislauf der Dampfkraftanlage zuzusetzende unvergütete Rohwasser besonders an bleibender Härte ist, um so größer muß der Salzgehalt im chemisch enthärteten Wasser sein. Diese Salze des Speisewassers reichern sich aber mit fortlaufender Verdampfung im Kessel an und verursachen bei Überschreitung einer bestimmten Konzentrationsgrenze Siedeverzüge, Stoßen, Spukken und Überschäumen des Kessels. Hierdurch können unzulässige Verunreinigungen des Dampfes und somit auch der Überhitzer und der Turbinenschaufeln eintreten.

Um derartige Störungen auszuschalten, müssen die Kessel abgelaugt werden. Die Ablaugungen haben aber ihrerseits erhebliche Wasser- und Wärmeverluste im Gefolge, auch dann, wenn die Wärme der Kessellauge teilweise in das zu reinigende Rohwasser mittels Oberflächen-Wärmeaustauscher zurückgeführt werden sollte. Hierzu kommt aber noch, daß mit steigendem Kesseldruck das Ablaugen der Kessel auf Betriebsschwierigkeiten stößt. Bestimmte Normen über die abzulassenden Laugenmengen können nicht aufgestellt werden, weil diese von vielen Umständen, wie Rohwasserbeschaffenheit, Salzgehalt des gereinigten Wassers, Kesselbauart, Druck, Belastung und Nutzwasserinhalt des Kessels der Mengengröße nach abhängen.

Auf Grund vieljähriger Beobachtung von Kesselbetrieben wird aber das Überschäumen der Kessel vermieden, wenn man die Konzentration des Kesselwassers bei Röhrenkessel nicht über 1100—1200 mg Soda im Liter ansteigen läßt. Die in der »Speisewasserpflege« vom Verein der Großkesselbesitzer, S. 27, angegebene Konzentrationsgrenze von 3000 mg/l Soda ist, nach den Erfahrungen der Firma Balcke, Bochum[1]), für Röhrenkessel zu hoch, denn bei dieser Konzentration kann schon bei normalen Röhrenkesseln kein reiner Dampf mehr erzeugt werden, abgesehen von Großwasserraumkesseln mit sehr großer Siedefläche. Bei Turbinenbetrieben muß von einer zu stark

---

[1]) Siehe Klein, Speisewasser für Hochdruck-Dampfkessel. Zeitschrift »Die Wärme« 1927, Heft 44 und 45.

gesteigerten Konzentration des Kesselspeisewassers auf jeden
Fall abgesehen werden, wenn man sich vor Verschmutzung und
Verstopfung der Überhitzer und Turbinenschaufeln sichern will.

1. Das neuzeitliche Speisewasser für Dampfkraftanlagen.

Wasser ist für alle Salze ein sehr gutes Lösemittel. Es
wird deshalb selten ein natürliches Wasser zu finden sein,
welches derart salzfrei ist, daß es ohne Vorreinigung in eine
Dampfkesselanlage gespeist werden könnte.

Die im Rohwasser vorhandenen Härtebildner werden durch
den jeweiligen Härtegrad des Wassers gekennzeichnet, wobei
man zwischen deutschen und französischen Härtegraden unterscheidet. 1^0 deutscher Härte entspricht der Lösung von 10 mg
CaO in 1 l Wasser, während der Gehalt von 10 mg $CaCO_3$ in
1 l Wasser 1^0 französischer Härte kennzeichnet. Die Umrechnung
ergibt, daß ein französischer Härtegrad $= 0,56^0$ deutsch ist.
Infolgedessen ist die Messung in französischen Härtegraden
empfindlicher und für Wasseruntersuchungen vorzuziehen.

Ferner unterscheidet man zwischen schwer und leicht löslichen Salzen. Zu der ersten Gruppe gehören Kalk und Magnesia. Kalk ist mit etwa 20 mg und Magnesia mit 95 mg im
Liter Wasser löslich. Zur zweiten Gruppe gehört vor allem
der schwefelsaure Kalk, welcher noch mit 1800 mg im Liter
Wasser löslich ist, während Chloride schon die sehr große
Löslichkeit von 4 Millionen mg im Liter aufweisen.

Die Aufnahme von atmosphärischen Gasen, vor allem von
Luftsauerstoff und Kohlensäure, hängt von der Weichheit und
Gasfreiheit des betreffenden Wassers ab; denn das Wasser neigt
um so mehr zur Gasaufnahme, je weicher und gasfreier es an
sich ist. Würde gashaltiges Wasser in die Kessel gespeist
werden, so würde sowohl der Luftsauerstoff als auch die Kohlensäure allein oder zusammen schwere Rostungen erzeugen, die
das Kesselmaterial zerfressen. Auch magnesiumhaltige Wässer
wirken in fast allen Fällen sehr angreifend.

Auf die Arten der Kesselsteinbildung, auf die Rolle der
Chloride im Verdampfungsprozeß und auf die Korrosions-
erscheinungen bei Verdampfung gashaltiger Speisewässer ist
Verfasser ausführlich in Abschnitt IV seines Werkes »Die

Kondensatwirtschaft« (Verlag R. Oldenbourg, München-Berlin 1927) eingegangen. In diesem Abschnitt wird das hier nur gestreifte Untersuchungsgebiet an Hand von Mikrophotographien eingehender behandelt und es werden auch die Schäden der Schlammbildung bei nur chemisch gereinigten Wässern an Hand von photographischen Aufnahmen nachgewiesen. Um Wiederholungen zu vermeiden, kann hier nur zum weiteren Studium der an sich äußerst interessanten Fragen auf diese Quelle verwiesen werden[1]).

Der moderne Dampfkesselbetrieb erfordert nun ein besonders zubereitetes Speisewasser. Es müssen die steinbildenden Salze und die atmosphärischen Gase entfernt werden und diese beiden Forderungen müssen um so strikter erfüllt werden, je höher die Kesseldrücke sind, mit welchen die Dampfkraftanlagen arbeiten.

Bei einer »verlustlosen« Dampfkraftanlage, welche aus Dampfkessel, Kraftmaschine und Verwerter besteht, würde das Kesselspeisewasser stets im Kreisprozeß umlaufen. Unter Abwärmeverwerter wären bei diesem Gedankengang solche Anlagen zu verstehen, welche am Abdampfstutzen der Maschine angeschlossen sind und welche den aus der Maschine austretenden Abdampf für industrielle Zwecke weiter verwerten unter Rückgewinnung des hochwertigen Dampf-Niederschlagwassers. Es kommen also nur Oberflächen-Wärmeaustauscher in Frage. Bei diesen Abwärmeverwertern wird das Kondensat zur Kesselanlage zurückgespeist.

Bei einem solchen Idealprozeß würde das umlaufende Wasser wohl fortwährend seinen Aggregatzustand und seinen Druck, aber niemals seine Menge ändern. Es brauchte also nicht für einen Ersatz von Verlusten, also nicht für zusätzliches Speisewasser gesorgt zu werden. Das Speisewasser wäre demnach nur einmal, und zwar vor Inbetriebsetzung der Gesamtanlage zu vergüten.

---

[1]) S. a. folgende Aufsätze des Verfassers in der Zeitschrift »Die Wärme«: »Kondensatwirtschaft für Kraftanlagen«, 1928, Heft 14 und 15; »Die neuzeitige Aufbereitung von Zusatzspeisewasser für Dampfkraftanlagen«, 1928, Heft 23 und 24. Ferner: Ges.-Ing., 1928, Heft 14, »Abwärmeverwertung zur Bereitung hochwertigen Speisewassers«.

Bei den ausgeführten Anlagen treten aber Verluste auf, deren Größe davon abhängt, ob der Speisewasserkreislauf offen oder geschlossen ist. Bei geschlossenen Kreisläufen, z. B. bei hochwertigen Kondensationsmaschinen, können diese Verluste auf 2—5 vH der umlaufenden Speisewassermenge begrenzt werden, in solchen Betrieben aber, wo ein Teil des Dampfkondensates fortläuft, können die Verluste 20 vH und mehr betragen.

Danach richten sich die zuzusetzenden Speisewassermengen und dieses Zusatzspeisewasser muß allen Anforderungen genügen, welche das im Kreisprozeß umlaufende Speisewasser selbst zu erfüllen hat, d. h. es muß ebenfalls stein- und gasfrei sein.

2. Die Verwertung von Abdampf und Zwischendampf zur Speisewasseraufbereitung in Verdampfern[1].

a) Allgemeines.

Das Verdampfungsverfahren ist das idealste Reinigungsverfahren für jedes Wasser. Das in Verdampfern erzeugte Destillat ergibt mit ölfreiem Kondensat gemischt ein Speisewasser, welches weder Stein noch Schlamm im Kessel hinterläßt. Ein solches Wasser ist auch frei von Alkali, es kann infolgedessen niemals ein Stoßen oder Überschäumen der Kessel stattfinden, sodaß Steilrohrkessel bis zur höchsten Verdampfleistung beansprucht werden können. Vor einigen Jahren wurde von England aus die Ansicht verbreitet — und dieser wurde auch in Deutschland beigetreten —, daß reines Destillat für die Kesselspeisung äußerst gefährlich sei, weil es schwere Kesselzerstörungen herbeiführen könne. Die in den letzten Jahren gemachten Erfahrungen und eingehenden Untersuchungen[2] haben demgegenüber aber einwandfrei ergeben,

---

[1] Das Permutitverfahren nützt an sich keine Abwärmequellen aus. Seine Beschreibung entfällt also dem Rahmen dieses Abschnittes. Näheres hierüber aus der Feder des Verfassers s. Zeitschrift »Die Wärme«, 1928, Heft 40, und »Die neuzeitige Speisewasseraufbereitung«, Verlag Otto Spamer, Leipzig, 1929.

[2] Siehe Untersuchungen von Prof. Heyn und Bauer »Die Kondensatwirtschaft« des Verf., S. 156 u. f. Verlag R. Oldenbourg, München-Berlin 1927.

daß erfolgte Zerstörungen nicht auf das Destillat an sich, sondern auf die von dem Destillat und Kondensat aufgenommenen atmosphärischen Gase, und zwar auf Sauerstoff und Kohlensäure, zurückzuführen waren. Aus diesem Grunde muß sorgfältig darauf geachtet werden, daß Kondensat und Destillat bei ihrem Kreislauf durch die Dampfkesselanlage nicht Luft von außen einschnüffeln können. Es gibt heute wirksame Schutzmaßnahmen, welche in Abschnitt 2 f besprochen werden.

Bei den Verdampfern unterscheidet man zwischen Vakuum-, Niederdruck- und Hochdruck-Verdampfern, welche in folgendem einzeln besprochen werden sollen, unter besonderer Berücksichtigung der Verwertung von im Betriebe anfallenden Abwärmequellen.

b) Die Vakuumverdampfer.

Der vornehmste Vertreter dieser Klasse ist, soweit es sich um die Ausnutzung anfallenden Abdampfes handelt, der Balcke-Bleicken-Vakuumverdampfer. Die Arbeitsweise dieser Ver-

Abb. 1. Balcke-Bleicken-Abdampf-Verdampfer für eine Destillatleistung von 3000 kg/h.

dampferbauart beruht darauf, daß warmes Wasser im Vakuum schon bei einer viel niedrigeren als der normalen Siedetemperatur verdampft, vorausgesetzt, daß die Wassertemperatur höher ist als die dem Vakuum entsprechende Dampftemperatur.

Der Betrieb geht in der Weise vor sich, daß das mit dem
verfügbaren Abdampf in einem Vorwärmer erwärmte Wasser
in den Verdampfer eingeführt wird, in welchem ein mäßiges
Vakuum unterhalten wird und welches niedriger ist, als der
Temperatur des eingeführten vorgewärmten Wassers entspricht.
In dem Verdampfer fließt es in feiner Verteilung — also mit

Abb. 2. Balcke-Bleicken-Abdampf-Verdampfer für eine Destillatleistung von
5000 kg/h.

großer Oberfläche — über einen Rieseleinbau, wobei ein Teil
des Wassers verdampft, während das übrige Wasser unter
Abgabe der Verdampfungswärme auf die dem Vakuum entsprechende Temperatur abgekühlt wird. Nach erfolgter Abkühlung wird das Umwälzwasser einem Vorwärmer zugepumpt,
in demselben von neuem auf die gewählte Überhitzungs-
temperatur gegenüber der dem Vakuum entsprechenden
Dampftemperatur vorgewärmt und zuletzt wieder dem Verdampfer zugedrückt. Es ist demnach ein kleines Pumpwerk
erforderlich, um das Rieselwasser umzuwälzen und um den
Kondensator, in welchem die Brüdendämpfe aus dem Verdampfer zu Destillat verdichtet werden, zu entlüften und zu
entwässern.

Infolge der niedrigen Temperaturen ist die Gefahr einer Steinbildung gering. Zudem hat der Verdampfer keine Heizrohre und ist schon aus diesem Grunde längere Zeit ohne Reinigung betriebsfähig. Das Destillat ist infolge der langsamen Verdampfung des Rohwassers auf großer Oberfläche stein- und chlorfrei und verläßt den Kondensator der Verdampferanlage in vollkommen entlüftetem Zustande. Der Kondensator wird mit dem Kondensat aus der Hauptturbinenanlage als Kühlmittel betrieben. Die Verdampfungswärme der Brüden geht also bei der Kondensation auf das Kondensat der

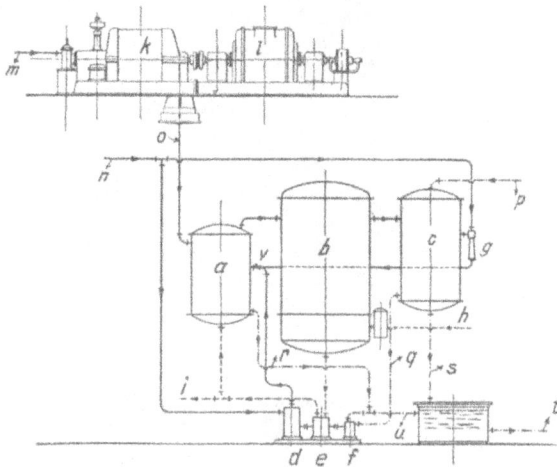

———— Dampf; ————— Wasser; ——·——· Destillat und Kondensat; a = Vorwärmer; b = Verdampfer; c = Kondensator; d = Antriebsturbine; e = Umwälzpumpe; f = Destillatpumpe; g = Dampfstrahlluftpumpe; h = Rohwassereintritt; i = Laugenabfluß; k = Dampfturbine; l = Generator; m = 13 200 kg Frischdampf, 13 ata, 300° C; n = 800 kg Frischdampf, 13 ata, 300° C; o = 13 200 kg Abdampf, 1,1 ata; p = 210 m³ Turbinen-Kondensat, 23° C; q = 12 000 l Destillat; r = 14 000 l Kondensat, 100° C; s = 210 m³ Turbinen-Kondensat, 55° C; t = 236 m³ Speisewasser, 57° C; u = 2600 l Destillat und Kondensat; v = 800 kg Abdampf, 1,1 ata.

Abb. 3. Vakuumverdampfer in unmittelbarer Verbindung mit einer Gegendruckturbine.

Turbinenanlage über. Die Abwärmerückgewinnung ist somit bis auf unumgängliche Leitungs- und Laugenverluste vollkommen.

Abb. 1 zeigt einen Balcke-Bleicken-Abdampf-Verdampfer dieser Art für eine Leistung von 3000 kg/h Destillat und Abb. 2

einen solchen für 5000 kg/h. Man erkennt bei beiden Anlagen den Vorwärmer (rechts), Verdampfer (Mitte), Kondensator (links) und die notwendige Pumpengruppe[1]).

Abb. 3 stellt in schematischer Weise den besprochenen Verdampfer in unmittelbarer Verbindung mit einer Gegendruckturbine dar. Auf den Vorwärmer *a* arbeitet der Abdampf der Gegendruckmaschine mit einer Spannung von 1,1 ata. Ferner wird auch diesem Vorwärmer der Abdampf der Strahlluftpumpe *g* und der Hilfsturbine *d* zugeleitet.

Welche wirtschaftlichen Vorteile sich bei einer solchen Anordnung ergeben können, zeigt folgendes Rechnungsbeispiel:

In einer Kraftzentrale von 30000 kWh Leistung steht Frischdampf von 13 ata und 300⁰ zur Verfügung. Die Dampfturbinen einschließlich Hilfsmaschinen sollen 210 t/h Dampf verbrauchen, welche abzüglich ∼ 5,75 vH Verluste als Turbinenkondensat bei Frischwasserkühlung mit 23⁰ zurückgewonnen werden. An Zusatzspeisewasser werden also ∼ 12 m³/h gebraucht. Um diese Menge als Destillat im Vakuumverdampfer zu erzeugen, sind 14000 kg/h Abdampf erforderlich. Wählt man eine Gegendruckturbine für 800 kWh mit 1,10 ata Gegendruck, so wird diese etwa 13200 kg/h Frischdampf von 13 ata bei 300⁰ Überhitzung verbrauchen. Für die Hilfsmaschinen der Verdampferanlage sind noch 800 kg/h Frischdampf erforderlich, so daß der notwendige Abdampf für die Verdampferanlage zur Verfügung steht. Eine Überschlagsrechnung ergibt bei dieser Anordnung die nachfolgende Wärmebilanz:

Aufgewandt werden an Frischdampfwärme:

1. In der Gegendruckturbine zur Erzeugung von 800 kWh . . . . 9636000 kcal/h

2. In den Verdampfer-Hilfsmaschinen . 584000 »

I. Infolgedessen ist der Gesamtwärmeaufwand . . . . .10220000 kcal/h

[1]) Eine schematische Darstellung des Verdampfers mit ausführlicher Beschreibung findet sich in der Kondensatwirtschaft des Verfassers, Abb. 102, S. 162.

Hiervon werden zurückgewonnen:
1. An Abdampfkondensat aus dem Vor-
   wärmer. . . . . 1 400 000 kcal/h
2. An Destillatwärme . . . . 720 000 »
3. An Brüdenwärme in das Turbinen-
   Kondensat übergeführt. . . . . . . 6 720 000 »
   II. Insgesamt ist der Rückgewinn
   an Wärme . . . . 8 840 000 kcal/h

I. Gesamtwärmeaufwand . . . . .10 220 000 kcal/h
II. Wärmerückgewinn . . . . 8 840 000 »
Gesamtwärmeverbrauch zur Erzeugung
von 800 kWh und 12 m³/h Netto-
destillat . . . . 1 380 000 kcal/h

Es werden somit bei dieser Arbeitsweise 86,5 vH der aufgewendeten Arbeitswärme wieder in den Dampfkessel zurückgeführt, wobei das Turbinenkondensat um 32⁰ erwärmt wird,
sodaß die Gesamtspeisewassermenge von 236 m³/h eine Mischtemperatur von 57⁰ erhält. Bei dieser Wassereintrittstempera-
tur können die Rauchgase noch voll nutzbar gemacht werden.

Auf 1 kWh (in der Gegendruckturbine erzeugt) entfallen
1725 kcal oder bei siebenfacher Verdampfung 0,345 kg Steinkohle. Da aber bei einem gut gewarteten Kraftbetriebe auf
1 kWh (in der Hauptturbine erzeugt) 1,07 kg Steinkohle entfallen, so beträgt der jährliche Mindestverbrauch an Kohlen
unter Zugrundelegung von 7200 Betriebsstunden:

$$\frac{800 \cdot 7200 \cdot 0,725}{1000} = 4175 \text{ t Steinkohle.}$$

Zu dieser Betriebskostenersparnis kommt aber noch der große
Vorteil der Destillatspeisung hinzu, wodurch dauernd stein- und
korrosionsfreie Kessel gewährleistet sind. Rechnet man nur,
daß durch die dauernde Steinfreiheit der Dampfkesselanlage
ein Minderverbrauch an Steinkohle von 2 vH eintritt, so
ergibt sich bei obiger Stundendampfleistung von 236 kg/h,
bei siebenfacher Verdampfung und 7200 Jahresbetriebsstunden
eine jährliche Kohlenersparnis von:

$$\frac{2 \cdot 236 \cdot 7200}{100 \cdot 7} = 4855 \text{ t Steinkohle.}$$

Diese rohe Überschlagsrechnung zeigt schon, daß die Be-
triebsvorteile mit über 8000 t Steinkohlenersparnis jährlich
bei Anordnung der Vakuumverdampfer nach Abb. 3 sehr erhebliche sind und den einmaligen Kostenaufwand für eine solche
Anlage schon nach sehr kurzer Betriebszeit decken.

Bei stark schwankender Abdampfgabe, wie z. B. bei
Fördermaschinen, Pressen, Dampfhämmern, Walzenzugma-
schinen u. a. m. wird dem Abdampfverdampfer ein Wärme-

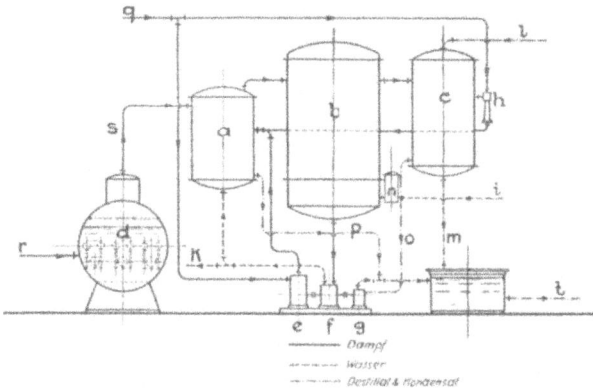

Dampf; ——— Wasser; —·—·— Destillat und Kondensat; a = Vorwärmer; b = Verdampfer; c = Kondensator; d = Akkumulator; e = Antriebsturbine; f = Umwälzpumpe; g = Destillatpumpe; h = Dampfstrahlluftpumpe;
i = Rohwassereintritt; k = Laugenabfluß; l = Kondensateintritt; m = Kon-
dens ataustritt; n = Wasserstandsregler; o = Destillatleitung; p = Destillatleitung; q = Frischdampfleitung; r = Abdampfleitung; s = Abdampfleitung;
t = Speisewasserleitung.

Abb. 4. Vakuumverdampfer mit einem Abdampfspeicher.

austauscher mit Abdampfspeicher vorgeschaltet. Je nach der
Art des jeweiligen Betriebes und der auftretenden Schwankungen in der Dampfgabe kann ein Dampf oder Wasserspeicher
in Frage kommen.

In dem Schaltungsschema der Abb. 4 pufft der Abdampf in
einem Rateauspeicher. Dieser nimmt die überschüssige Wärme
unter Drucksteigerung von 1,0 auf 1,3 ata oder höher auf. Bei den
Dampfpausen der Fördermaschinen gibt das überhitzte Wasser die
aufgespeicherte Wärme in Dampfform bei gleichzeitigem Druckabfall im Speicher wieder frei. Auf diese Weise wird dem Vorwärmer der Verdampferanlage bei richtiger Bemessung des Dampf-
speichers ein dauernd gleichmäßiger Dampfstrom zugeführt.

Nicht immer aber läßt sich der Wechsel der Dampfgabe bei der Schaltungsart nach Abb. 4 betriebssicher genug ausgleichen, um die gesamte Abdampfwärme zu erfassen. Man geht in solchen Fällen dann besser zum reinen Heißwasserspeicher über, wie Abb. 5 zeigt. Der eigentliche Wärmeaustauscher kann dabei entweder mit dem Wasserspeicher kombiniert oder von diesem getrennt aufgebaut werden. Sobald die im Röhrenbündel des Wärmeaustauschers a sich befindliche Rohwassermasse durch den um die Rohre eintretenden

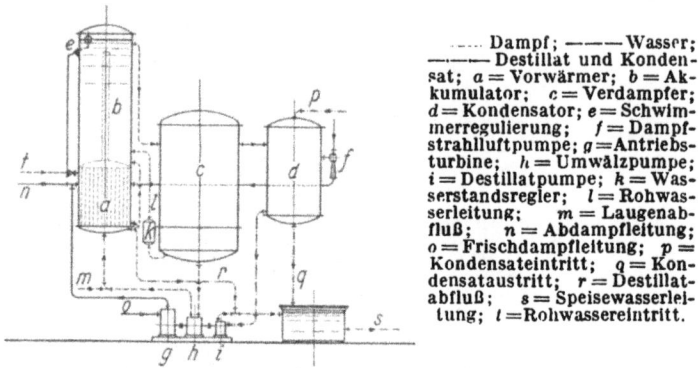

..... Dampf; ——— Wasser; ——·—— Destillat und Kondensat; a = Vorwärmer; b = Akkumulator; c = Verdampfer; d = Kondensator; e = Schwimmerregulierung; f = Dampfstrahlluftpumpe; g = Antriebsturbine; h = Umwälzpumpe; i = Destillatpumpe; k = Wasserstandsregler; l = Rohwasserleitung; m = Laugenabfluß; n = Abdampfleitung; o = Frischdampfleitung; p = Kondensateintritt; q = Kondensataustritt; r = Destillatabfluß; s = Speisewasserleitung; t = Rohwassereintritt.

Abb. 5. Vakuumverdampfer in Verbindung mit einem Heißwasserspeicher.

Abdampf erwärmt wird, steigt der Wasserinhalt in den oberen Teil des Akkumulators b und drückt gleichzeitig das im unteren Speicherteil befindliche kältere Wasser in den Wärmeaustauscher. Je stärkere Dampfstöße kommen, um so schneller und höher wird die geringe Wassermasse im Röhrenbündel erwärmt, wodurch die gesamte Wassermasse des Speichers sich immer schneller umwälzt, bis der ganze Speicherinhalt gleichmäßig hoch erwärmt ist. In der jetzt folgenden Dampfpause zehrt der Verdampfer c von dem im Speicher befindlichen Heißwasservorrat. Hierbei sinkt der Heißwasserspiegel im Speicher, wobei gleichzeitig durch den Schwimmerregler e eine entsprechende Kaltwassermenge wieder eintritt, um bei neuer Dampfgabe die Abdampfwärme wieder aufzunehmen.

Diese Einrichtungen arbeiten wie der Vakuumverdampfer vollständig selbsttätig und passen sich jeder Betriebsschwankung an.

Vielfach findet man noch in Betrieben — besonders in der
Papier-, Textil- und chemischen Industrie, aber auch in Berg-
und Hüttenbetrieben —, daß einzelne Maschinen auf eine Ein-
spritz- oder Mischkondensation arbeiten. Solche veralteten
und höchst unwirtschaftlich arbeitenden Betriebsmethoden
sollten heute, wo man Abdampf und Kondensat nutzbringen-
der verwenden kann als sie mit dem Kühlwasser abzuführen,
verschwinden! Selbst in Fällen, wo man keine Verwendung
für die Wärme des Abdampfes hat, wie es tatsächlich häufiger
vorkommt, sollte man wenigstens das kostbare Kondensat
unter gleichzeitiger Destillaterzeugung durch den Abdampf
zurückholen selbst auf die Gefahr hin, daß der Hilfskondensator
des Vakuumverdampfers mit rückgekühltem oder Frischwasser
beschickt werden muß. Man kann doch wenigstens auf diese
Weise vor der Kondensation des Betriebsdampfes noch als
Nebenprodukt eine fast gleich große Menge chemisch-reinen
und gasfreien Destillats erzeugen und dabei noch das Dampf-
kondensat selbst zurückgewinnen. In all solchen Fällen wiegt
der Nutzen durch Fortfall jeglicher Kesselversteinung die einmaligen Beschaffungskosten des Vakuumverdampfers reichlich
und in kürzester Zeit auf.

Auch in Fällen, wo die Betriebsmaschinen mit Vakuum
arbeiten müssen, läßt sich ohne Störung der Luftleere an den
Maschinen der Vakuumverdampfer einbauen. Folgendes
Rechenbeispiel soll wieder die Verhältnisse für diesen Betriebsfall klarlegen:

Eine Dampfmaschine hat 5000 kg/h Dampfverbrauch und
arbeitet auf eine Misch-Kondensation unter 80 vH Vakuum
bei 11 ata Frischdampfdruck und 300° Überhitzung. Die
gesamte Abdampfwärme geht hierbei restlos im Kühlwasser
verloren. Wird hier ein Vakuumverdampfer zwischengeschaltet,
welcher mit 80 vH Vakuum arbeitet, so erhält man folgendes
Bild:

Der Abdampf wird in voller Menge von 5000 kg/h als
Kondensat zurückgewonnen und gleichzeitig werden noch
4500 kg/h Destillat erzeugt. Außer den 9500 kg stein- und
gasfreiem Kesselspeisewasser werden aber auch noch folgende
Wärmemengen zurückgewonnen:

1. Wärmemenge im Abdampfkondensat =
   5000 · 60 = ... 300000 kcal/h
2. Wärmemenge im Destillat = 4500 · 45 = 202500 »

   Gesamtrückgewinn an Wärme und je
   Stunde . . . . 502500 kcal/h

Dieser Wärmebetrag ergibt in Kohlen umgerechnet bei siebenfacher Verdampfung und bei 7200 Jahresbetriebsstunden eine
Ersparnis von:

$$\frac{502\,500 \cdot 7\,200}{5\,000 \cdot 1\,000} = 725 \text{ t Steinkohle.}$$

In diesem Ergebnis sind aber alle sonstigen Betriebsersparnisse
wie der Fortfall von Kesselstein usw. nicht berücksichtigt.

Im nachfolgenden sollen noch einige Anordnungen besprochen werden, bei welchen der Hilfskondensator der Vor-
dampfanlage durch vorhandene Einrichtungen ersetzt werden
kann:

Am naheliegendsten ist es, einen oder mehrere vorhandene
Kondensatoren der Hauptturbinen zum Niederschlagen der
im Verdampfer erzeugten Brüden auszunutzen. Dieser Weg
ist zwar gangbar, erweist sich aber als unwirtschaftlich, weil
die ganze Verdampfungswärme dabei vom Kühlwasser des
Hauptkondensators aufgenommen wird und somit für eine
weitere Ausnutzung verloren geht. Auf Überseedampfern
wird diese Anordnung in den meisten Fällen trotz des Wärme-
verlustes gewählt, und zwar lediglich aus Gewichts- und Platz-
ersparnis, hierauf wird im Abschnitt 6 des vorliegenden Bandes
zurückzukommen sein.

Auch könnten die erzeugten Brüden des Verdampfers in
einer Großraum-Vakuumheizung ausgenutzt werden, wobei
die Heizkörper als Kondensator dienen. Auch in diesem
Falle paßt sich die Verdampferanlage selbsttätig den ge-
wünschten Verhältnissen an. Im Sommer — also bei geringem
Heizbedarf — könnte in solchen Fällen Warmluft für die
Dampfkesselfeuerung auf einfachste Art durch die Brüden des
Vakuumverdampfers geschafft werden. Auch in Leder-,
Papier-, Zuckerfabriken und für viele andere Industrien ist der
Vakuumverdampfer als Speisewassererzeuger in Verbindung

mit Abwärmeverwertern, z. B. zu Trocknungszwecken, sehr oft äußerst wirtschaftlich.

Es würde zu weit führen, alle Anwendungsgebiete des Vakuumverdampfers hier einzeln durchzurechnen, um die Durchführbarkeit zu erläutern. Es hängt immer von den örtlichen Verhältnissen ab, ob diese oder jene Anordnung angebracht ist. In Betrieben, wo genügend Turbinenkondensat als Kühlwasser zum Niederschlagen der Brüden vorhanden ist, kann auch der Oberflächen-Kondensator durch einen einfachen Einspritz-Kondensator ersetzt werden, welcher dann zweckmäßig — wie in Abb. 6 schematisch dargestellt ist — als

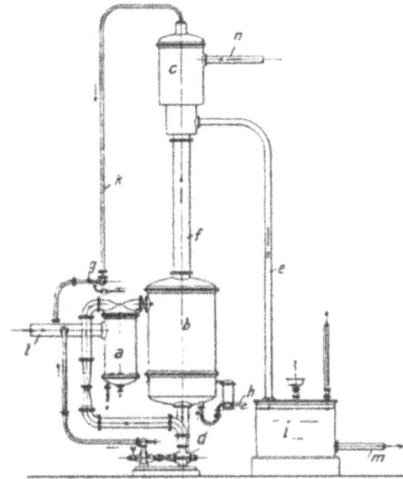

Abb. 6. Balcke-Bleicken-Verdampfer mit barometrisch entwässertem Mischkondensator.

barometrisch entwässerter Kondensator gebaut wird.

Abb. 7 zeigt schematisch eine Balcke-Bleicken Anlage mit einem Sankeydiagramm zum Nachweis des Wärmeverbleibs bzw. zur Darstellung des Wärmeumlaufs. Während aus dem Schema A der Dampf- und Wasserlauf ersichtlich ist, zeigt das Wärmeflußdiagramm B die bei der Destillaterzeugung beteiligten Wärmemengen und die Art ihrer Verwendung. Das Beispiel ist für eine Turbinenanlage von 10000 kWh durchgerechnet. Diese wird bei einem Dampfdruck von 16 ata, 350⁰ Überhitzung und 92 vH Vakuum rd. 57000 kg/h Dampf verbrauchen. Die Kondensations-Hilfsmaschinen erfordern für eine solche Turbinenanlage einen Kraftbedarf von rd. 250 PS = 185 kWh. Als Antriebsorgan ist eine Dampfturbine mit einem Dampfverbrauch von rd. 2950 kg/h gewählt worden. Da auch für die Hilfspumpen der Anlage eine kleine Antriebsturbine und eine Dampfstrahlluftpumpe mit rd. 315 kg/h vorgesehen ist, so stehen zur Destillaterzeugung insgesamt

3256 kg/h Abdampf zur Verfügung, womit der B.-B.-Ver-
dampfer rd. 3000 kg Nettodestillat erzeugt. Die für die Hauptturbine einschließlich Kondensations- und Verdampfer-Hilfsmaschinen erforderliche Gesamtdampfmenge beträgt somit

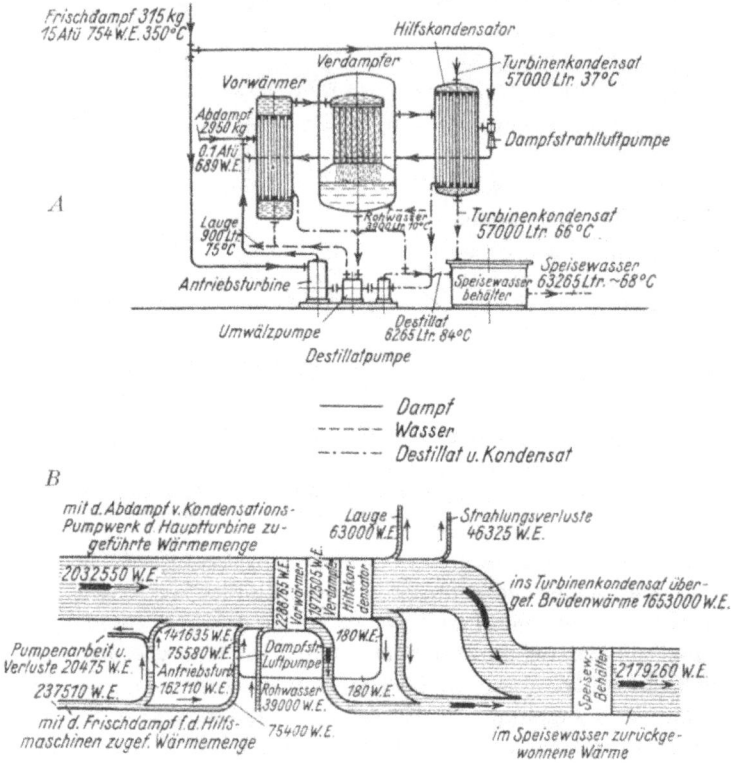

Abb. 7. Schematische Darstellung einer Bleickenanlage mit Wärmeumlauf-
Diagramm für eine Netto-Destillatleistung von 3000 kg/h.

rd. 63 265 kg/h, so daß bei rd. 5 vH Zusatzwasser die 3000 kg
Netto- bzw. 6265 kg Bruttodestillat ausreichen.

Zum Schluß soll noch ein Fall behandelt werden, wo in
Ermangelung von Abdampf oder sonstiger Abwärmequellen
der Vakuumverdampfer mit Frischdampf arbeitet. Diese
Arbeitsweise läßt sich durch Verwendung eines Brüden-Ver-
dichters, und zwar unter Vermeidung eines Brüden-Hilfs-

kondensators trotz des Frischdampfverbrauchs in der einfachen
Apparatur und bei niedrigen Temperaturen wirtschaftlicher
durchführen, als in den Ein- und Zweikörper-Hochdruck-Ver-
dampfern, welche in Abschnitt 2 d besprochen werden sollen.
Eine solche Vakuumverdampferanlage mit Brüdenkompressor ist in Abb. 8 schematisch dargestellt und wieder

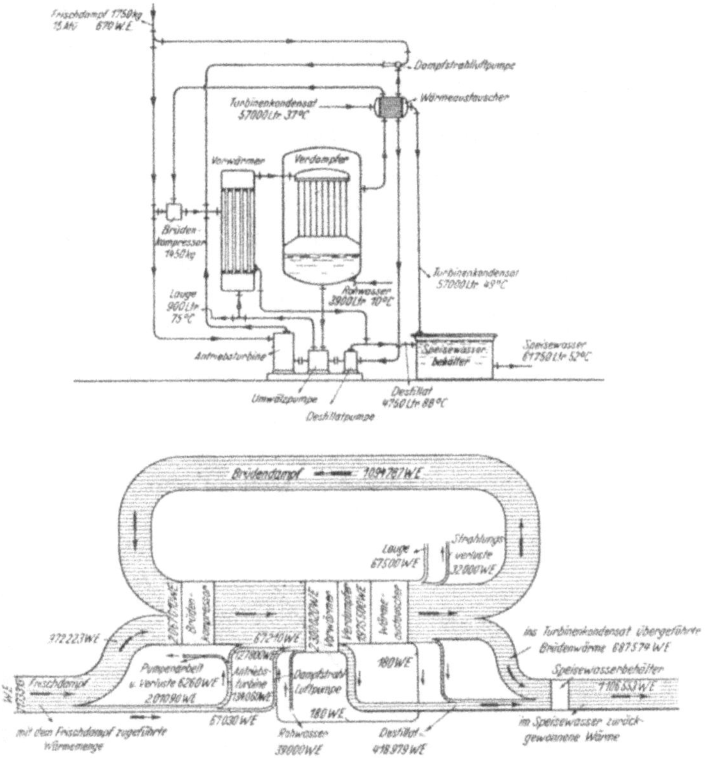

Abb. 8. Vakuumverdampferanlage mit Brüdenverdichter.

der Umlauf der Dampf- und Wassermengen und der Wärmeumlauf gezeigt. Wie bereits erwähnt, fehlt bei dieser Anordnung der Brüdenkondensator. An seine Stelle tritt ein
kleiner Wärmeaustauscher, in welchem nur der im Verdampfer erzeugte Überschuß an Brüden mit Hilfe des Kondensats der Hauptturbine zu Destillat verdichtet werden

Balcke, Abwärmetechnik III.   2

soll, wobei auch der letzte Rest an Arbeitswärme dem Speisewasser wieder zugeführt wird.

Der Hauptvorwärmer der Verdampferanlage dient gleichzeitig als Brüdenkondensator. In ihm werden sowohl der Ar-
beitsfrischdampf, als auch die angesaugten Brüden des Verdampfers unter Abgabe ihrer Verdampfungswärme an das Umwälzwasser zu Destillat verdichtet. Die Hilfspumpen des Verdampfers werden aus Wirtschaftlichkeitsgründen von einer
Dampfturbine angetrieben, deren Abdampf ebenfalls auf den
Vorwärmer der Verdampferanlage arbeitet.

Die Arbeitsweise dieser Anlage ist also folgende:

Der mit hochgespanntem Sattdampf betriebene Brüdenverdichter saugt einen Teil der im Vakuumverdampfer erzeugten Brüden an und drückt diese
mit dem Frischdampf in den Vorwärmer, wobei die Brüden verdichtet und zur Erwärmung des zu verdampfenden Rohwassers herangezogen werden. Frischdampf und
Brüdengemisch geben ihre Wärme
an das Umwälzwasser ab und werden
im Vorwärmer zu Destillat kondensiert.

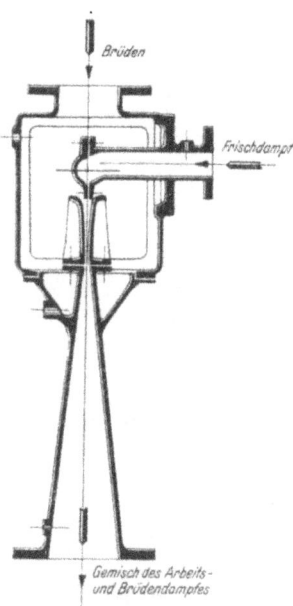

Das überheiße Umwälzwasser
tritt in den Verdampfer ein und
wird unter Freigabe der Überschuß-
wärme im Vakuumraum des Verdampfers abgekühlt. Die Brüden
passieren nun einen kleinen Wärmeaustauscher, durch welchen im
Gegenstrom ein Teil des Turbinen-
kondensats geleitet wird, um die
vom Brüdenkompressor nicht ange-
saugte Brüdenmenge niederzuschlagen, wobei naturgemäß die Brüdenwärme restlos dem Dampfkessel
wieder zugeführt wird. Der weitere Arbeitsverlauf ist aus
Abb. 8 ohne weiteres ersichtlich.

Abb. 9. Brüdenverdichter im
Schnitt.

Abb. 9 zeigt einen Brüdenverdichter der Firma Balcke-Bochum im Schnitt. Der Brüdenverdichter ist eine Wärmepumpe. Der aus einer Düse mit großer Geschwindigkeit austretende Frischdampf saugt die Brüden an, mischt sich mit ihnen und wird in einer Fangdüse aufgefangen. Durch allmähliche Querschnittserweiterung des Diffusors wird der Dampfstrahl verlangsamt, wobei sich die Geschwindigkeitsabnahme in Druck umsetzt, so daß die Brüden auf die gewünschte Austrittsspannung verdichtet werden. Infolge des sehr mittelmäßigen Wirkungsgrades werden solche Verdichter nur dort angewendet, wo der Kraftverbrauch bzw. Dampfverbrauch gegen die Forderung der Einfachheit, geringerer Anschaffungs- und Unterhaltungskosten oder kleinen Raumbedarfes zurückzutreten hat.

c) Die Niederdruckverdampfer.

Die Niederdruckverdampfer, Bauart Balcke und Atlas, werden je nach der erforderlichen Leistung ein- und mehrstufig gebaut und sind mit einem Brüdenkompressor ohne Kondensator ausgestattet. Sie arbeiten mit gedrosseltem Frischdampf oder besser mit Entnahmedampf geeigneter Spannung.

Die Wärme des aus dem Rohwasser entwickelten Dampfes wird zur Entwicklung neuer Brüden mit Hilfe des Brüdenverdichters nutzbar gemacht. Der Brüdenverdichter wird mit hochgespanntem Dampf aus den Kesseln betrieben. Er saugt die Brüden aus dem Dom des Verdampfers an und drückt sie in den Heizraum, um durch diese Förderung der Dampfwärme den Wärmefluß des Systems wirtschaftlicher zu gestalten. In den Heizrohren des Verdampfers kondensieren die Brüden zusammen mit dem Betriebsdampf des Brüdenkompressors. Das Kondensat wird durch einen selbsttätigen Ableiter zu dem Speisewasserbehälter gefördert. Ein Teil des entwickelten Brüdendampfes wird für die Vorwärmung des Rohwassers in einem Oberflächen-Vorwärmer benutzt.

Für kleine Destillatmengen genügt in der Regel der einstufige Apparat. Z. B. zeigt Abb. 10 einen einstufigen Verdampfer für eine Destillatleistung von 1000 kg/h. Dieser arbeitet durch Anwendung des Brüdenverdichters mit verhältnismäßig niedrigem Dampfverbrauch. Der Apparat erfordert im Betrieb keinerlei Bedienung. Die Rohwasserzufuhr und der Laugenabfluß werden völlig selbsttätig geregelt, je nach dem Bedarf an Zusatzwasser. Der Platzbedarf ist infolge der gedrungenen Bauart gering. Das Heizelement kann, wenn eine unzulässige Verschmutzung eintritt, nach Lösen einiger Schrauben leicht aus dem Verdampfungsraum herausgefahren und gereinigt werden.

Für größere Betriebe kommt die Verbundanordnung der Verdampfer in Betracht. Diese liefert mit 1 kg Frischdampf bis zu 5 kg Destillat (Nettoleistung). Abb. 11 zeigt eine solche Anlage von Balcke, Bochum, für 5000 kg/h Destillatleistung.

Abb. 10. Einstufiger Balcke Niederdruck-Verdampfer für eine Destillatleistung von 1000 kg/h.

Bei dem geringen Heizdampfdruck, welcher nur wenig über 1 ata liegt, kann die Temperatur des zu verdampfenden Wassers höchstens etwa 100° betragen. Die schwefelsauren Steinbildner und Chloride können demnach im Verdampfer nicht ausfallen, sie verbleiben vielmehr bei dieser Temperaturstufe im Wasser gelöst und werden mit dem Laugenabfluß weggeführt. Wenn das einzudampfende Rohwasser so viel vorübergehende Härte[1]) enthält, daß eine zu rasche Verschmutzung der Heizflächen eintritt, so kann das Rohwasser vor Eintritt in den Verdampfer geimpft werden[2]). Bei dem Impfverfahren werden die nur mit etwa 20—30 mg in 1 l Wasser löslichen kohlensauren Salze in Chloride von der hohen Löslichkeit von 4 000 000 mg/l umgesetzt.

[1]) = kohlensaure Salze.
[2]) Siehe Kondensatwirtschaft des Verf., S. 133 u. f. Verlag R. Oldenbourg, München-Berlin 1927.

Diese Chloride gehen mit dem Laugenabfluß fort ohne daß die Abflußmenge — eben infolge der hohen Löslichkeit — vergrößert zu werden braucht.

Abb. 11. Zweistufige Niederdruck-Verdampferanlage »Bauart Balcke«
für eine Destillatleistung von 5000 kg/h.

Den Arbeitsvorgang verdeutlicht am besten das Wärme-umlauf-Diagramm der Abb. 12. Es handelt sich um eine Anlage von 3700 kg/h Destillatleistung. Das Schema A zeigt wieder, den Dampf bzw. den Wasser- und Destillatumlauf und das Schema B den zugehörigen Wärmekreislauf.

Der Frischdampf tritt mit Kesselspannung in den Brüden-kompressor ein und expandiert hier auf etwa 0,5 atü. Der Druck wird in Geschwindigkeit umgewandelt, wodurch im Vorraum des Kompressors die Brüden angesaugt und mit dem Frischdampf in den Heizraum des Verdampfers hineingedrückt werden. Hierbei werden die angesaugten Brüden von 0,1 auf 0,5 atü verdichtet und infolge der dadurch bedingten Temperaturerhöhung wieder mit zur Verdampfung weiterer Wassermengen herangezogen.

Das Frischdampf-Brüdengemisch heizt also den Verdampfer I, wobei der Heizdampf kondensiert wird und als heißes Destillat abfließt. Die im Verdampfer I erzeugten

Brüden treten als Heizdampf von 0,3 atü in den Verdampfer II
über und werden hier unter gleichzeitiger Bildung neuer Brüden
zu Destillat verdichtet. Von den im Verdampfer II erzeugten
Brüden von 0,1 atü wird der größte Teil vom Brüdenkompressor angesaugt und, wie oben beschrieben, vor der Kondensation

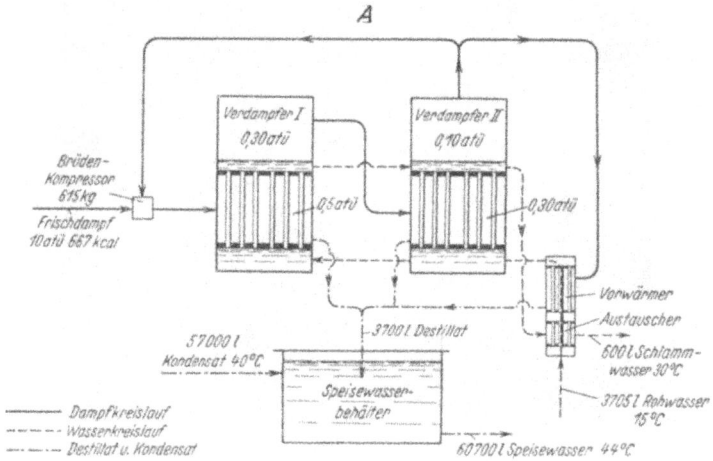

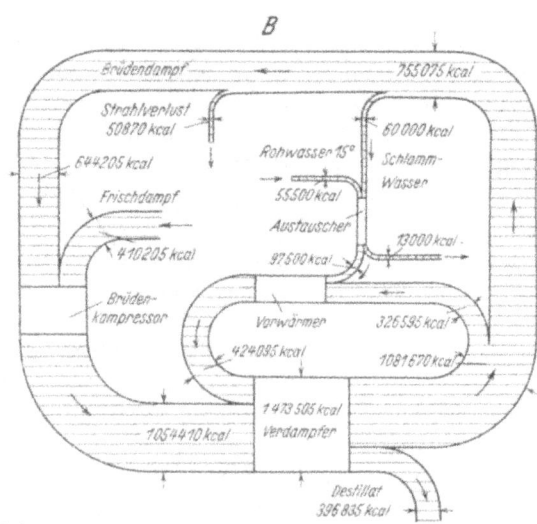

Abb. 12. Schematische Darstellung einer zweistufigen Niederdruck-Verdampfer-
Anlage mit Wärmeumlauf-Diagramm für eine Destillatleistung von 3700 kg/h.

zur Heizung bzw. zur Destillaterzeugung herangezogen, während der Rest zur Vorwärmung des Rohwassers dient und im Oberflächen-Vorwärmer als Destillat gewonnen wird.

Wie aus dem Wärmeschaubild Abb. 12 ersichtlich, fällt durch Verwendung des Brüdenkompressors ein besonderer Kondensator fort; auch werden die im Verdampfer II erzeugten Brüden zur Destillaterzeugung und nicht zur Speisewassererwärmung benutzt.

d) Die Hochdruckverdampfer.

Die Hochdruckverdampfer werden als Mehrkörperverdampfer gebaut. Die erste Stufe (oder Körper) wird mit Frischdampf oder mit Entnahme- oder mit dem Abdampf von Gegendruckmaschinen beheizt. Dieser Mehrkörperverdampfer eignet sich besonders für die Einfügung in den Dampfkreislauf von Höchstdruckanlagen, deren Turbinen den Betriebsdampf für den Verdampfungsprozeß nach vorheriger Arbeitsleistung mit geeigneter Spannung hergeben.

Bei Aufteilung der Leistung in eine mehr oder weniger große Anzahl Verdampferstufen läßt sich der Dampfverbrauch so niedrig halten, daß auch bei weitgehender Stufenvorwärmung des Speisewassers die Abwärme aus dem letzten Verdampfer von dem Turbinenkondensat noch aufgenommen werden kann, so daß auch bei dieser Bauart lediglich Wärmeverluste durch Strahlung und Laugenabfluß entstehen. Infolge des größeren Wärmegefälles, welches bei der Verwendung von Anzapfdampf gegebenenfalls auch von Abdampf aus den Speise- oder Hilfspumpen verfügbar gemacht werden kann, besonders dann, wenn die Rest-Brüdenkondensation im Vakuum erfolgt, erhalten die einzelnen Verdampfer kleinere Abmessungen als die Verdampfer mit Brüdenkompressor. Dieser Umstand erleichtert wesentlich das Herausfahren der Heizkörper für die Reinigung. Die Verdampfer-Bauart ist an sich dieselbe wie bei dem Niederdruckverdampfer mit Brüdenkompressor. Die Kondensation des Heizdampfes erfolgt innerhalb der Rohre. Die Außenflächen sind nach der Herausnahme des Heizelementes ohne weiteres für die Reinigung zugänglich. Mit besonderer Sorgfalt müssen die Einbauten für die Wasserabscheidung durchgebildet werden. Sie sind bei vielen Wasserarten ein sehr wichtiger Bestandteil des Verdampfers, weil ohne sie ein einwandfreies Destillat nicht erzielt werden kann.

Der Betrieb kann in der Weise erfolgen, daß dem ersten Verdampfer der Entnahmedampf oder der Auspuffdampf der Hilfsturbine zugeführt wird, in welchem er kondensiert unter gleichzeitiger Entwicklung von neuen Brüden niedrigerer Spannung aus dem Rohwasser. Diese Brüdendämpfe dienen als

Abb. 13. Mehrkörper-Hochdruckverdampfer »Bauart Balcke« für eine Destillatleistung von 13000 kg/h.

Heizdampf für den zweiten Verdampfer. In diesem und in den folgenden Apparaten geht der gleiche Vorgang vor sich bis zuletzt der in der letzten Stufe entwickelte Brüden (niedrigster Spannung) in einem Oberflächen-Kondensator niedergeschlagen wird, für welchen aus wärmewirtschaftlichen Gründen zweckmäßig das Kondensat der Hauptturbine als Kühlwasser verwendet wird.

Abb. 13 zeigt eine solche Mehrkörper-Hochdruck-Verdampferanlage für eine Destillatleistung von 13000 kg/h der Maschinenbau-A.-G. Balcke, Bochum.

Zum besseren Verständnis ist in Abb. 14 das Verdampferverfahren als Sankey-Diagramm aufgezeichnet. Als Rohwasser ist ein Wasser nach der Analyse der Zahlentafel 1 zugrunde gelegt worden. Man ersieht aus dem Diagramm, daß sämtliche

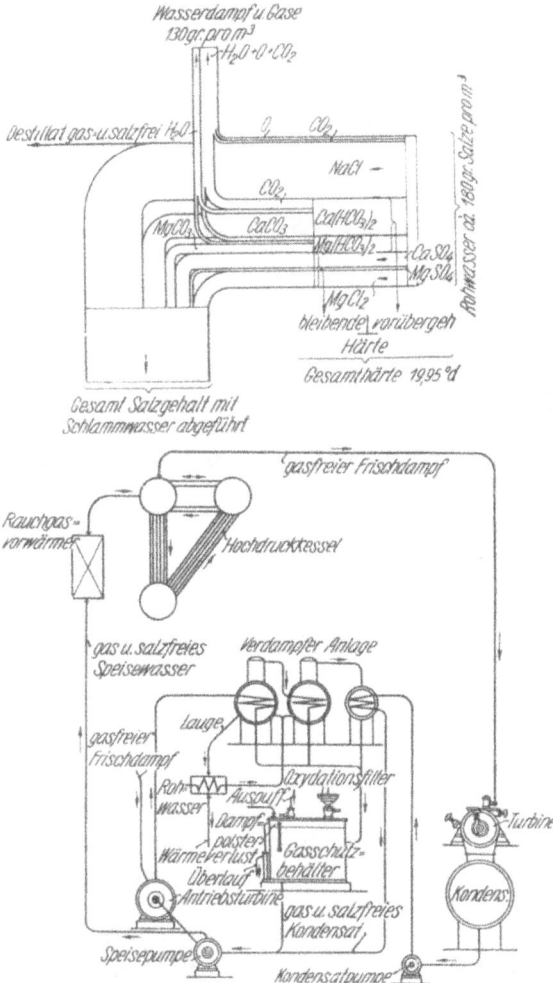

Abb. 14. Darstellung des Verlaufes der chemischen Vorgänge beim Verdampferverfahren.

freie Gase des Rohwassers sowie die halbgebundene Kohlensäure der Bikarbonate als Gase nach oben entweichen. Die Salze werden, da das Destillierverfahren ein rein thermisches

Verfahren ist, im Verdampfer zum Teil als Stein an den Heizröhren abgelagert, während der Rest und die Chloride mit der Lauge abgelassen werden. Nach links im Diagramm verläuft dann das salz- und gasfreie Destillat.

Zahlentafel 1.

Analyse des Rohwassers zum Sankey-Diagramm Abb. 14.

1	Gesamthärte	^{0}d	19,95
	Karbonathärte	^{0}d	10,65
	Bleibende Härte	^{0}d	9,30
2	Kalziumbikarbonat $(Ca(HCO_3)_2)$	g/m^3	211,0
3	Magnesiumbikarbonat $(Mg(HCO_3)_2)$	g/m^3	87,4
4	Gips $(CaSO_4)$	g/m^3	82,0
5	Glaubersalz (Na_2SO_4)	g/m^3	—
6	Chlornatrium $(NaCl)$	g/m^3	324,0
7	Natriumbikarbonat $(NaHCO_3)$	g/m^3	—
8	Magnesiumchlorid $(MgCl_2)$	g/m^3	89,6
9	Magnesiumsulfat $(MgSO_4)$	g/m^3	13,8
10	Ätznatron $(NaOH)$	g/m^3	—
11	Aus Natriumbikarbonat entstehende Soda	g/m^3	—
12	Aus Natriumbikarbonat abgespaltene Kohlensäure	g/m^3	—
13	Gelöste Kohlensäure	g/m^3	6,6
14	Gelöster Sauerstoff	g/m^3	5,5
15	Gesamtgasgehalt des gereinigten Wassers	g/m^3	12,1
16	Bei der Reinigung entstehender Schlamm	g/m^3	—
	Je 1 m³ Rohwasser werden mit der Kessellauge zurückgeführt		—
17	Glaubersalz		—
18	Chlornatrium		—
19	Soda		—
20	Ätznatron		—
21	Gesamtsalzgehalt des Wassers	g/m^3	807,9

Abb. 15[1]) zeigt eine Hochdruck-Verdampferanlage der Atlas-Werke in Bremen. Die Anlage arbeitet in der Weise, daß das Rohwasser vor dem Eintritt in den Verdampfer f_1 durch einen Mischvorwärmer b und durch das Filter e hindurchgeht. In dem Mischvorwärmer wird das Rohwasser durch den Brüdendampf des Verdampfers bei wiederholtem Umlauf bis

---

[1]) Die nachstehenden Ausführungen lehnen sich an das dem Verf. von den Atlas-Werken überlassene Material an, im besonderen an den Aufsatz »Die Thermische Speisewasseraufbereitung« von R. Blaum, Bremen. Z. d. V. d. I., Bd. 71, 1927, S. 285 u. f.

auf etwa 100⁰ vorgewärmt, wobei Sauerstoff und Kohlensäure ausgeschieden und die durch Kohlensäure gebundenen
Karbonate zum Teil ausgefällt werden. In dem nachgeschalteten Filter werden die ausgefällten Stoffe zurückgehalten. Das
Wasser tritt somit schon mit stark verminderter vorüber-
gehender Härte in den zweistufigen Verdampfer ein, wo es nunmehr bei möglichst niedriger Spannung verdampft wird. Die

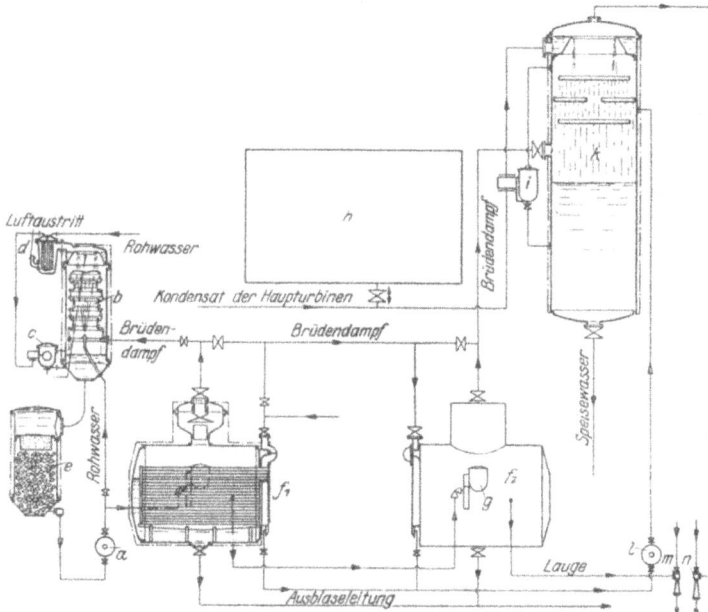

Abb. 15. Schematische Darstellung einer Hochdruck-Verdampferanlage, Bauart
»Atlas-Werke.«

Brüden werden dem Mischvorwärmer und Entgaser k, durch
den das ganze Kondensat fließt, zugeführt und erwärmen das
Kondensat. Damit die Entgasung möglichst hoch getrieben
wird, wird im Entlüfter ein der Mischtemperatur entsprechender Unterdruck durch Wasserstrahlluftpumpen hergestellt.
Vom Mischvorwärmer k muß das Speisewasser unmittelbar
den Kesselspeisepumpen zufließen und darf nicht wieder Ge-
legenheit haben, mit Sauerstoff in Berührung zu kommen. Der
vor den Mischvorwärmer geschaltete Speisewasserbehälter h

dient dazu, Ungleichheiten im Wasserverbrauch auszugleichen. Ein besonderer Gasschutz kann bei dieser Anordnung der Anlage in Fortfall kommen, da alles Wasser durch den Entgaser fließt, bevor es in die Speisepumpen kommt. Die Wärmemenge, die das Kondensat im Mischvorwärmer aufnehmen kann, hängt von dem Verhältnis der Menge des Zusatzwassers ab. Je geringer diese ist und je höher die Temperatur ist, mit der das Speisewasser der Kesselanlage zufließt, um so

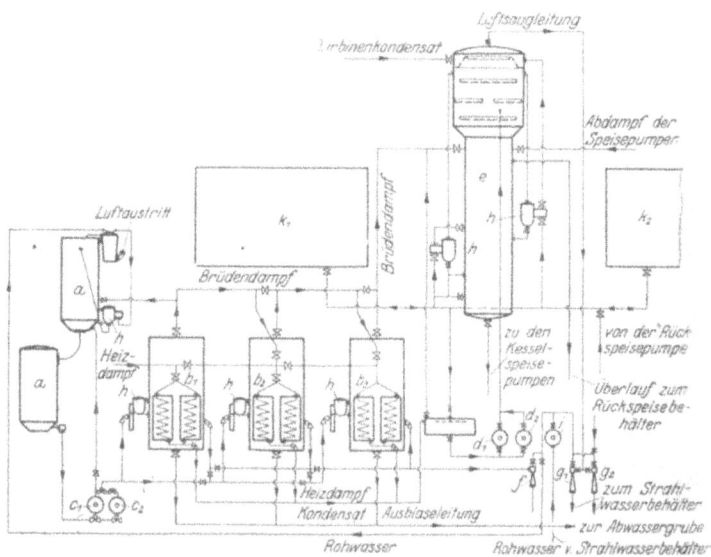

Abb. 16. Schaltbild einer dreistufigen Atlas-Verdampferanlage für das Kraftwerk Harbke.

wärmewirtschaftlicher arbeitet die Anlage. Die Menge des Brüdendampfes hängt davon ab, ob ein- oder mehrstufig verdampft wird. Hierdurch werden naturgemäß auch die Beschaffungskosten beeinflußt.

Abb. 16 zeigt das Schaltbild der dreistufigen Verdampferanlage des Kraftwerkes Harbke der Braunschweigischen Kohlenbergwerke Helmstedt. Mit Rücksicht darauf, daß nur geringe Abdampfmengen zur Verfügung standen und daß die Vorwärmung durch den Rauchgasvorwärmer begrenzt war, wurde eine dreistufige Anlage gewählt, die so geschaltet werden kann, daß auch jeder Verdampfer einzeln oder nur zwei

zusammen arbeiten. Die erzeugten Brüden werden in den Mischvorwärmer und Entgaser geleitet. Das Rohwasser ist Gruben-
wasser von sehr schlechter Beschaffenheit. Die Vorwärmung
hinter dem Mischvorwärmer beträgt 55⁰. Als Heizdampf für
den ersten Verdampfer dient der Abdampf einer der Dampfturbinen von 2,5 at Druck für die Kesselspeisewasserpumpe. Der

Abb. 17. Ansicht der dreistufigen Atlas-Verdampferanlage für das Kraftwerk Harbke.

Dampfverbrauch der Anlage beträgt 3500 kg/h, von dessen
Wärme für den Betrieb nicht mehr als höchstens 8 vH verloren geht, während der Rest dem Kesselspeisewasser wieder
zugeführt wird. Das Kondensat wird mit 55⁰ den Ekonomisern
zugepumpt; eine höhere Vorwärmung wurde mit Rücksicht
auf diese nicht gewünscht.

Abb. 17 zeigt die Ansicht der soeben besprochenen und
von den Atlas-Werken für das Kraftwerk Harbke ausgeführten
Anlage.

30

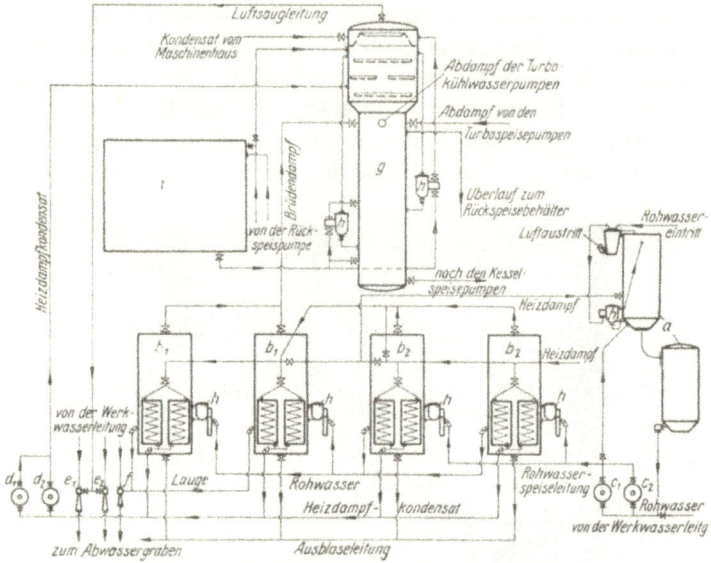

Abb. 18. Schaltschema für eine doppelte, zweistufige Atlas-Anlage für 16 t/h Destillatleistung.

Abb. 19. Werkstattaufnahme einer doppelten zweistufigen Atlas-Verdampferanlage für das Elektrizitätswerk Charlottenburg.

Das Schaltschema für eine doppelte, zweistufige Anlage für 16 t/h Destillatleistung zeigt Abb. 18. Sie wurde für das Werk Charlottenburg der Berliner Elektrizitätswerke A.-G. geliefert. Zum Vorwärmen des Kondensats im Mischvorwärmer wird außer dem Brüdendampf der Verdampferanlage auch der Abdampf der Turbospeisepumpe und der Kühlwasserpumpe benutzt. Die erzielte Temperatur beträgt 80°, der Heizdampf für die Verdampfer wird den Vorschaltturbinen entnommen. Abb. 19 zeigt die Werkstattaufnahme dieser Anlage.

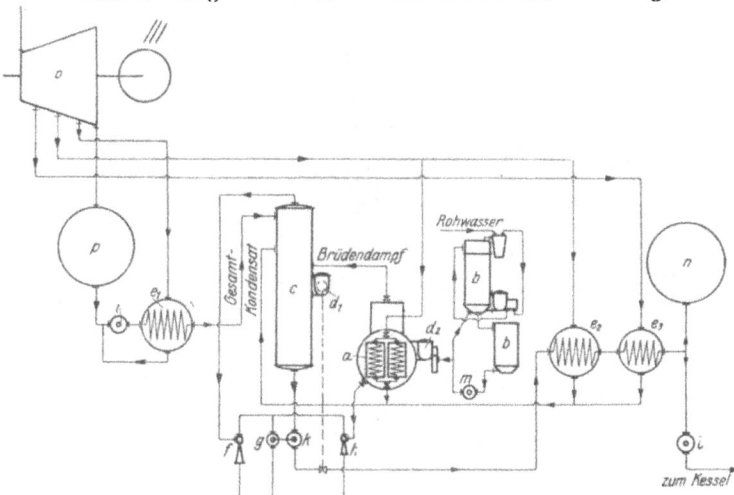

Abb. 20. Schaltschema einer Atlas-Verdampferanlage für ein Großkraftwerk.

Abb. 20 zeigt das Schaltungsschema und Abb. 21 die Ansicht einer Atlas-Verdampferanlage für ein Großkraftwerk.

Abb. 22 zeigt die Atlas-Verdampferanlage im Großkraftwerk Hannover, an welcher nach einjähriger Betriebszeit eingehende Leistungsversuche vorgenommen wurden, deren Ergebnisse hier zusammengestellt sein mögen, schon um zu zeigen, wie solche Versuche an Verdampferanlagen vorgenommen werden.

Die Anlage wird mit dem Abdampf der Turbo-Speisepumpe (4 ata) betrieben.

Das Rohwasser wird in drei hintereinander geschalteten Apparaten verdampft. Die Normalleistung war vertraglich

mit 3000 kg, maximal 4000 kg Reinwasser in einer Stunde fest-
gesetzt. Das Rohwasser wird — wie schon an Hand der Abb. 15
dargelegt —, bevor es in den ersten Verdampfer tritt, vorgewärmt, entlüftet und vorentkalkt. Es fließt der Verdampfer-
speisepumpe durch ein vorgeschaltetes Filter zu.

Abb. 21. Ansicht der Atlas-Verdampferanlage für das Großkraftwerk Klingen-
berg. Destillatleistung = 60 t/h, Entgaserleistung = 1000 t/h.

Der im ersten (Hochdruck) Verdampfer entstehende
Brüdendampf dient als Heizdampf für den zweiten (Mittel-
druck) Verdampfer, dessen Brüdendampf als Heizdampf für
den dritten (Niederdruck) Verdampfer benutzt wird. Der im
dritten Verdampfer erzeugte Brüdendampf wird in einem unter
Vakuum stehenden Kondensator niedergeschlagen. Als Kühlwasser dient das Turbinenkondensat, das also die Wärme des
Brüdendampfes aufnimmt und dem Kessel wieder zuführt. Das
Heizdampfkondensat der einzelnen Verdampfer wird gleichfalls
dem Kondensator zugeführt und von dort mit dem konden-

sierten Brüdendampf durch eine besondere Pumpe der Speisewasserleitung zugebracht. Das Vakuum in dem Kondensator
wird durch eine Wasserstrahlluftpumpe erzeugt.

Die Abb. 22 läßt die einzelnen Apparate und die Schaltungen deutlich erkennen.

Der Zweck des Versuches war, festzustellen, wie groß die
Leistung der Anlage sei, da sich inzwischen gezeigt hatte, daß

Abb. 22. Dreistufige Atlas-Verdampferanlage für das Großkraftwerk Hannover.
Destillatleistung 3000-4000 kg/h.

das Rohwasser, das ursprünglich eine vorübergehende Härte
von 6,31 hatte, sich sehr verschlechtert hatte und jetzt eine
vorübergehende Härte von 10,6 aufwies. Dementsprechend
waren die Verhältnisse, unter denen die Anlage arbeiten sollte,
ganz erheblich viel schlechter als beim Entwurf angenommen.

Der Versuch wurde in der Zeit vom 17. März bis zum
3. April 1925 ausgeführt, und zwar wurde die Anlage so, wie
sie in normalem Betrieb der Zentrale arbeitet, gelassen, jedoch
vorher für den Versuch gereinigt und kleinere Undichtigkeiten
beseitigt. Die erzeugte Reinwassermenge wurde in Meßtanks

Balcke, Abwärmetechnik III.   3

34

genau gemessen. In der Zahlentafel 2 ist das arithmetische Mittel der gemessenen Leistungen wiedergegeben. Es zeigt sich, daß im Durchschnitt eine Leistung von 5030 kg/h gegenüber einer bei erheblich besserem Rohwasser garantierten von 4000 kg maximal erzielt wurde. Die übrigen Werte der Zahlentafel geben die mittleren Druck- und Temperaturverhältnisse für den Heizdampf und den Brüdendampf der einzelnen Apparate an. Wie aus der Spalte 1 ersichtlich, ist der Heizdampf-

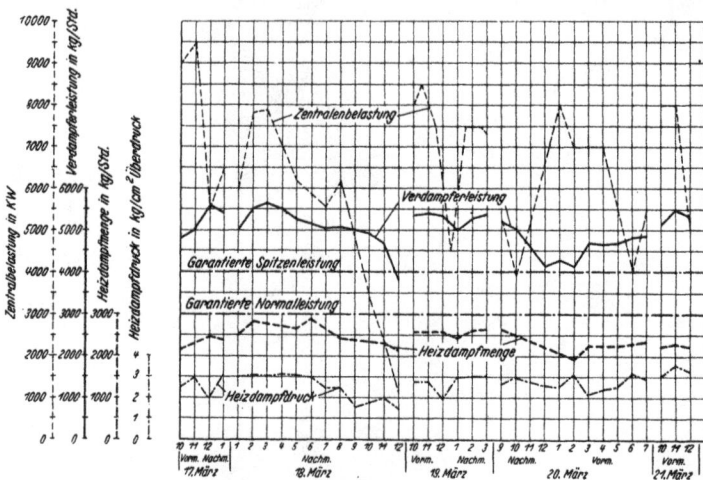

Abb. 23. Versuchsergebnisse an der dreistufigen Atlas-Verdampferanlage für das Großkraftwerk Hannover.

druck des ersten Verdampfers, also der des Abdampfes der Turbospeisepumpe sehr stark verschieden, eine natürliche Folge der wechselnden Belastung der Zentrale.

Wie sich die Anlage dem wechselnden Betrieb anpaßt, ist aus der Kurventafel Abb. 23, welche die Einzelwerte einiger mehrstündlicher Messungen wiedergibt, zu erkennen. Bei höherem Heizdampfdruck ist die Heizdampfmenge größer, die Leistung des Verdampfers also höher. Dieses entspricht einer höheren Belastung der Zentrale. Bei sinkender Zentralenbelastung fällt der Heizdampfdruck und die Heizdampfmenge. Die Leistung des Verdampfers geht entsprechend zurück, bleibt aber immer noch über der Garantieleistung.

Zahlentafel 2.

Versuchsergebnisse an einer Atlas-Hochdruck-3 Stufen-Verdampferanlage im Großkraftwerk Hannover.

Durchschnittliche Tagesergebnisse.

Tag der Messung	I. Stufe Heizdampfdruck atü	I. Stufe Verdampferdruck atü	II. Stufe Heizdampfdruck atü	II. Stufe Verdampferdruck atü	III. Stufe Heizdampfdruck atü	III. Stufe Verdampferdruck atü	Kondensator Kondensatordruck atü	Kondensator Destillatmenge l/h	Spez. Dampfbedarf kg/kg	Zentralenbelastung kW	Messungen in der Zeit von	Bemerkungen
	1	2	3	4	5	6	7	8	9	10		
17/3	2,35	0,75	0,60	0,15	—0,19	—0,65	—0,79	5254	0,45	7860	9h ...|... 1h	Nachtbetrieb, geringe Belastung.
18/3	2,86	0,82	0,64	0,02	—0,09	—0,55	—0,61	5099	0,5	5050	12h ...|... 12h00	
19/3	3,0	0,92	0,73	0,01	—0,08	—0,6	—0,66	5280	0,43	7200	9h30 ...|... 3h	
19—20/3	2,7	0,38	0,68	0,04	—0,14	—0,52	—0,66	4610	0,49	2670	8h ...|... 7h00	Heizung mit Frischdampfzusatz
21/3	3,26	1,12	0,98	0,1	—0,16	—0,68	—0,78	5346	0,457	7300	9h ...|... 12h	
30/3	3,34	1,22	1,15	0,08	—0,03	—0,66	—0,72	5525	0,44	5700	2h ...|... 6h	
31/3	3,62	1,4	1,29	0,14	—0,02	—0,64	—0,74	5523	0,444	6470	8h ...|... 12h	
1/4	3,6	1,38	1,32	0,16	—0,04	—0,65	—0,86	5525	0,434	6800	10h ...|... 12h	Nachtbetrieb, geringe Belastung
2/4	3,14	0,96	0,9	0,08	—0,0	—0,6	—0,67	4040	0,525	1320	1h30 ...|... 3h30	
2/4	2,8	0,72	0,66	0,04	—0,14	—0,65	—0,7	4265	0,464	7000	2h ...|... 4h	
3/4	3,7	1,4	1,4	0,07	—0,02	—0,65	—0,75	5245	0,44	7100	8h30 ...|... 10h30	
3/4	3,1	1,0	0,95	0,06	—0,13	—0,7	—0,8	4660	0,54	6800	8h ...|... 10h	
	3,09	1,0	0,87	0,015	—0,11	—0,63	—0,74	5030	0,482	5940	Durchschnitt aller Versuche vom 17/3—3/4 1925	

3*

Der Heizdampfverbrauch während der Versuche betrug im Mittel 0,482 kg für 1 kg erzeugtes Destillat, gegenüber einem Garantiemittelwert von 0,52 kg für 1 l Destillat.

Während der 18tägigen Versuche wurde einmal nach 14tägigem Betrieb der Hochdruckverdampfer geöffnet. Er zeigte nur eine verhältnismäßig geringe, leicht zu entfernende Schmutzschicht. Bei Beendigung der Versuche wurde der Mitteldruckverdampfer geöffnet. Auch hier zeigte sich keine nennenswerte Verunreinigung. Wie aus der Zahlentafel hervorgeht, hat die Leistung der Anlage am 18. Tage noch 4660 kg in der Stunde betragen. Also war durch die bis dahin festgestellte Ablagerung der im Wasser enthaltenen Verunreinigungen keine nennenswerte Leistungsverminderung hervorgerufen. Mit Rücksicht auf das außerordentlich schlechte Wasser wurden alle 12 Stunden die Verdampfer abgeschlammt. Der Wärmeverbrauch hierfür ist in dem oben angegebenen Gesamtdampfverbrauch mit enthalten.

Das erzeugte Reinwasser war, sowohl während des Versuches, als während der ganzen über einjährigen Betriebszeit absolut rein und enthielt auf 100000 g noch nicht 0,65 g Verunreinigung.

Diese Versuchsergebnisse zeigen die günstige Bauart und Arbeitsweise der Atlas-Verdampfer; denn nach 1¼jährigem Betriebe war die Anlage imstande, die garantierte Leistung nicht nur um 25 vH trotz der inzwischen eingetretenen Verschlechterung des Rohwassers zu überschreiten, sondern das erzeugte Destillat war ebenso steinfrei und gasrein wie zu Betriebsbeginn. Auch zeigen die Versuchsergebnisse, daß sich die Anlage den wechselnden Betriebsverhältnissen anpaßt; denn sie liefert jeweils so viel vergütetes Zusatzwasser, daß die Zentrale keinerlei Rohwasser oder chemisch gereinigtes Wasser den Kesseln zuzuführen brauchte.

Abb. 24 zeigt den Wärmeumlauf bei einer derartigen Hochdruck-3-Stufen-Anlage; hieraus ergibt sich, daß der Wärmeverbrauch für 1 kg erzeugtes Destillat 35 kcal beträgt und sich aus dem Laugen-, Strahlungs- und Leitungsverlust zusammensetzt.

Das in einer richtig konstruierten Verdampferanlage erzeugte Destillat enthält nur noch etwa 2—3 mg Chlor und

Abb. 24. Wärmeumlaufdiagramm bei einer dreistufigen Atlas-Verdampferanlage.

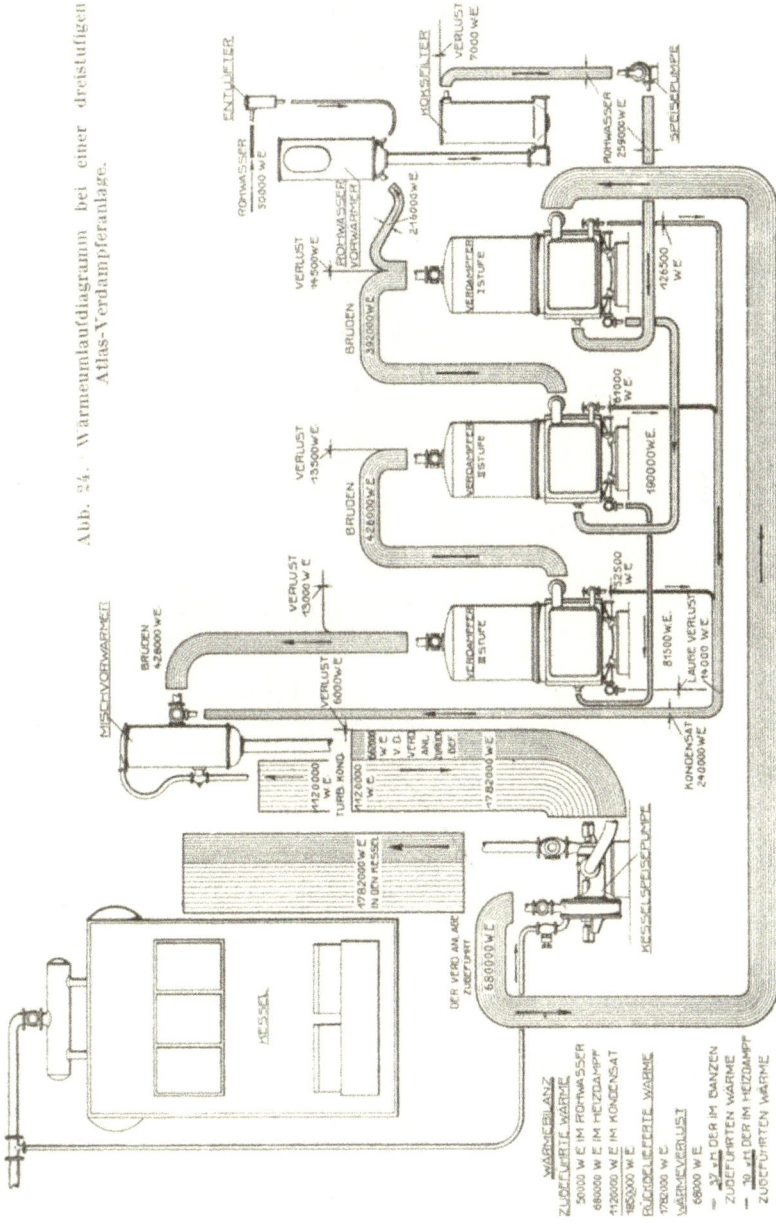

KESSEL

MISCHVORWÄRMER

ENTLÜFTER

ROHWASSER 50300 WE

ROHWASSER VORWÄRMER

KONDENSATOR

VERLUST 7000 WE

ROHWASSER 259000 WE

SPEISEPUMPE

VERDAMPFER I STUFE

VERDAMPFER II STUFE

VERDAMPFER III STUFE

VERLUST 14500 WE

VERLUST 13500 WE

VERLUST 13000 WE

VERLUST 6000 WE

BRÜDEN 392000 WE

BRÜDEN 426000 WE

BRÜDEN 428000 WE

216000 WE

426500 WE

169000 WE

190000 WE

52500 WE

81500 WE

LAURE VERLUST 14000 WE

KONDENSAT 240000 WE

TURB KOND

4112000 WE

4112000 WE

4782000 WE IN DEN KESSEL

4782000 WE

DER VERD AN ARE ZUGEFÜHRT

680000 WE

KESSELSPEISEPUMPE

WÄRMEBILANZ

ZUGEFÜHRTE WÄRME
50000 WE IM ROHWASSER
680000 WE IM HEIZDAMPF
1112000 WE IM KONDENSAT
1852000 WE

RÜCKGELIEFERTE WÄRME
1782000 WE

WÄRMEVERLUST
68000 WE

= 3 % DER IM GANZEN ZUGEFÜHRTEN WÄRME

= 10 % DER IM HEIZDAMPF ZUGEFÜHRTEN WÄRME

38

normal 8—12 mg Trockenrückstand im Liter bei einer Härte von etwa $\frac{1}{4}$° d [1]). Hierbei ist aber von besonderem Vorteil, daß dieser Trockenrückstand weder Kieselsäure noch organische Stoffe (Huminsäuren), die bekanntlich durch kein chemisches Verfahren zu beseitigen sind, enthält. Die verbleibende geringe Destillathärte setzt keinen festen Stein im Kessel ab.

Aus Abb. 25 ist das Verhalten eines abnormal harten Destillats ersichtlich. Es wurden 32 l Destillat von $\frac{3}{4}$° d

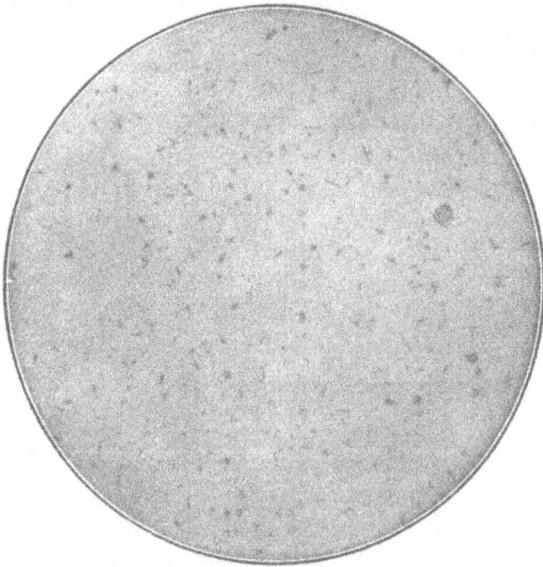

Abb. 25. Abdampfrückstand eines Destillats aus sehr hartem Rohwasser bei 480 facher Vergrößerung.

Härte auf 1 vH des ursprünglichen Volumens in einem Versuchskessel eingedampft. Trotz dieser hohen Konzentration hatte sich kein fester Stein gebildet. Die Abscheidungen bestanden nur aus winzig kleinen Nädelchen, die, wie Abb. 25

---

[1]) Diese Angaben beziehen sich auf gut gewatete Anlagen. Verfasser hat aber oft einen Abdampfrückstand von 20—30 mg/l, ja sogar einmal von 70 mg/l im Verdampferdestillat feststellen müssen. Bei solch schlecht entworfenen Anlagen entfallen alle Vorteile der Destillation, s. auch Aufsatz des Verfassers: Grundsätzliches über die Verfahren zur Speisewasseraufbereitung für Dampfkesselanlagen »Die Wärme«. 1928, Heft 40.

zeigt, erst bei 480facher Vergrößerung erkennbar sind. Auch diese sehr geringen Niederschläge waren locker und durch Abspritzen sofort zu entfernen.

Aus diesem Laboratoriumsversuch läßt sich schon die Geeignetheit von Destillat aus Verdampfern als Zusatzwasser besonders für Hochdruckanlagen erkennen; denn wenn schon ein abnormal hartes Destillat solche überraschenden Eindampfungsergebnisse zeigt, dann müssen diese bei normalem Destillat noch wesentlich besser sein.

e) Die thermisch-chemische Behandlung von Wässern.

Bei weniger empfindlichen Dampfkesseln und dort, wo es sich um die Enthärtung großer Wassermengen handelt, wird auch heute noch die chemische Reinigung angewandt. Von den vielen chemischen Reinigungsverfahren ist das Kalk-Soda-Verfahren das bekannteste. Die Karbonate werden hierbei durch Ätzkalk und die Sulfate durch Soda ausgefällt und in unlöslichen Kalkschlamm und lösliches Glaubersalz (Na_2SO_4) umgesetzt. Die Umsetzung der Härtebildner erfolgt aber sehr träge, so daß zur Beschleunigung der Ausfällung mit etwa 15—30 v H Reagensüberschuß gearbeitet werden muß. Dieser Überschuß verbleibt unbeeinflußt im Kesselwasser und verursacht einen Alkaliüberschuß, welcher um so größer ist,

je härter das Rohwasser, besonders an Sulfathärte ist,

je unvollkommener der Enthärtungseffekt und

je höher der Überschuß an Reagensmitteln ist.

Mit steigender Rohwassertemperatur wird der Reagentienverbrauch zwar geringer, es besteht aber doch ein gewisser Grenzzustand auch bei höheren Temperaturen in bezug auf die Menge der Reagensmittel[1].

Bei dem Speisewasser für Dampfkesselbetriebe muß nun nach dem früher Gesagten neben Steinfreiheit auch Gasfreiheit und Alkaliarmut angestrebt werden. Diese Vorzüge sind nur dann erreichbar, wenn nur mit **einem** Reagensmittel zur Fällung der Sulfathärte gearbeitet wird und Überschüsse an Reagentien vermieden werden.

---

[1] Näheres s. »Die neuzeitige Speisewasseraufbereitung« vom Verfasser. 1929. Verlag von Otto Spamer, Leipzig.

Dieses Ziel wird mit dem thermisch-chemischen Verfahren der Firma Balcke unter Verwendung von Plattenkochern erreicht. Rohwasser von mittlerer Härte, und zwar **bei vorwiegender Karbonathärte,** kann im Plattenkocher auch ohne Zusatz von Chemikalien zu einem brauchbaren gas- und alkalifreien Speisewasser vergütet werden, weil die im Wasser gelösten Bikarbonate bei Temperaturen bis 100^0 sich unter Bildung freier Kohlensäure in Monokarbonate umwandeln und als solche an den Platten des Kochers ausfallen. Diese Art der Enthärtung ist ein rein thermisches Verfahren.

Hat das zu reinigende Rohwasser neben kohlensauren Salzen aber auch Sulfate, so muß entweder Soda- oder Natronlauge, stets aber nur ein Reagensmittel angewendet werden, wobei ein Kalkzusatz grundsätzlich zu vermeiden ist. Die Art des Zusatzmittels muß von Fall zu Fall je nach der Wasserart im Laboratorium ermittelt werden.

Die Umsetzungen erfolgen bei dem thermisch-chemischen Verfahren nach folgenden Gleichungen:

Der schwefelsaure Kalk wird durch Soda ausgefällt nach der Gleichung:

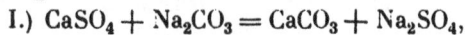

$$\text{I.)} \quad CaSO_4 + Na_2CO_3 = CaCO_3 + Na_2SO_4,$$

wobei sich unlöslicher Kalk und lösliches Glaubersalz bildet.

Der doppelkohlensaure Kalk wird durch Erwärmung und Kochen des Wassers im Plattenkocher ausgeschieden nach der Gleichung:

$$\text{II.)} \quad Ca(HCO_3)_2 = CaCO_3 + CO_2 + H_2O,$$

wobei die Kohlensäure als Gas mit dem im Wasser gelösten Sauerstoff entweicht und der Kalk sich als harter Stein an die elastischen Plattenelemente des Kochers absetzt.

Bei manchen Wässern wird mit Vorteil statt der Soda Natronlauge (Na OH) angewandt. Die Umsetzung erfolgt dann nach der Gleichung:

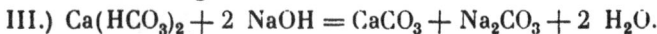

$$\text{III.)} \quad Ca(HCO_3)_2 + 2\,NaOH = CaCO_3 + Na_2CO_3 + 2\,H_2O.$$

Aus dem Ätznatron bildet sich durch den Kochprozeß im Plattenkocher mit der freien Kohlensäure des Wassers und der Bikarbonate Soda. Die so entstandene Soda beeinflußt nun ihrerseits den schwefelsauren Kalk nach der Gleichung I.

Trotzdem die Art der chemischen Umsetzung in diesen Anlagen die gleiche ist, wie in den chemischen, unterscheidet sich doch das chemisch-thermische Verfahren in folgenden wesentlichen Punkten von dem rein chemischen Verfahren:

Bei dem chemisch-thermischen Verfahren wird nur mit einem Reagensmittel gearbeitet und dieses ist nur in der theoretisch zur Umsetzung erforderlichen Menge zugesetzt, während

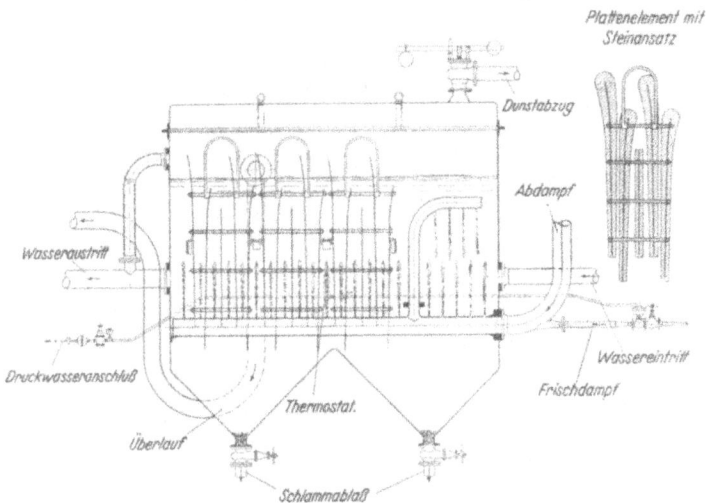

Abb. 26. Balcke-Plattenkocher.

bei den chemischen Reinigern stets erhebliche Überschüsse an Chemikalien verbraucht werden. Infolgedessen fällt die durch die Überschüsse hervorgerufene hohe Alkalität des Speisewassers fort, wodurch der Laugenabfluß und damit auch die Wärmeverluste erheblich geringer werden.

Auch werden die Karbonate nicht durch Ätzkalk, sondern durch Kochung ausgefällt, wodurch nur die halbe Niederschlagsmenge an Schlamm entsteht und dementsprechend der Filter erleichtert wird. Zudem aber wird in den Plattenkochern — im Gegensatz zu allen chemischen Verfahren — ein sauerstoff- und kohlensäurefreies Wasser infolge gleichzeitiger Entgasung gewonnen.

Ferner kann zur Kochung anfallender Abdampf verwendet werden, so daß der Kocher im Rahmen dieser Abhandlung als ein Abwärmeverwerter anzusehen ist.

Abb. 26 zeigt einen Balcke-Plattenkocher im Schnitt. Das Rohwasser wird mittels Heizdampf im vorderen Kocherteil plötzlich auf 100°C erhitzt und dann zwangsläufig durch die Plattenelemente geführt. Die Karbonate setzen sich an den Platten als Stein ab, während der Schlamm in den Trichtern gesammelt und hier abgelassen wird. Die Temperatur wird

Abb. 27. Kocheranlagen Bauart »Balcke-Bochum« für 75 m³/h.

durch das Dunstabzugsventil eingestellt und zwangsläufig durch sicherwirkende Temperatur- und Druckregler eingehalten. Die Plattenelemente sind zu Bündeln vereinigt und leicht herausnehmbar. Da dieselben elastisch gefaßt sind, springt der Stein bei Anklopfen sofort ab. Die Reinigung der Platten erfolgt nur in Zeiträumen von 3—4 Monaten.

Eine Anlage für 75 m³/h Leistung mit vier Kochern zeigt Abb. 27. Diese Anlage ist seit mehreren Jahren auf dem Kraftwerk Prinz Regent der Vereinigten Stahlwerke in Bochum in Betrieb. Das stein- und gasfreie Zusatzwasser wird mit etwa 60 v H Kondensat verspeist.

Aus Abb. 28 ist eine Speisewasseranlage für 75 m³ stündlicher Leistung ersichtlich. Das Rohwasser hat 12,5° d Härte, 7,5 cm³ Sauerstoff und 7,7 cm³ Kohlensäure im Liter und wird auf $0,5^0$ d enthärtet, bei nur $0,5^0$ d Alkalität. Das gereinigte Wasser ist absolut gasfrei. Im Vordergrunde stehen die zwei Kocher, in der Mitte der Sodamischer und im Hintergrunde die Gasschutzbehälter. Eine Reinigung der Kessel ist seit Anfang 1923 nicht erforderlich geworden.

Wie schon eingangs gesagt, bleiben bei jedem chemischen Reinigungsverfahren die im Rohwasser gelösten Alkalisalze, vermehrt um die durch die chemische Umsetzung der Härtebildner entstandenen Salze, auch im gereinigten Wasser gelöst

Abb. 28. Thermisch-chemische Speisewasserbereitungsanlage, Bauart »Balcke-Bochum« für eine Leistung von 75 m³/h.

und gelangen bei der Speisung mit in den Dampfkessel. Hier werden sie sich mit fortlaufender Verdampfung anreichern und müssen zeitweilig als Lauge abgelassen werden. Durch das Ablaugen der Kessel entstehen aber erhebliche Verluste an Wasser, Wärme und Chemikalien, die naturgemäß um so höher sind, je unvollkommener die Reinigung ist.

In Zahlentafel 3 ist das Kalk-Soda-Verfahren dem thermisch-chemischen Verfahren unter Verwendung der Balcke-Plattenkocher gegenübergestellt. Als Maßstab für die Konzentration des Kesselwassers diene die Alkalität des Speisewassers, d. i. die als Überschuß zugesetzte Soda- oder Ätznatronmenge. Spalte 4 und 6 zeigen den wesentlichen Unterschied im Reinigungseffekt zwischen dem Kalk-Soda- und dem Balcke-Verfahren. Spalte 5 und 7 geben Aufschluß über die Endbeschaffenheit des Speisewassers wie es in den Kessel gelangt.

Z a h l e n t a f e l 3.

Vergleichsweise Gegenüberstellung des Kalk-Soda- und des therm.-chemischen Aufbereitungsverfahrens nach Balcke-Bochum.

1 Liter Wasser enthält:	Roh-wasser	Kon-densat	Wasser aus Spalte2 mit Kalk-Soda ent-härtet	Misch-wasser 10 Teile Wasser aus Spalte 4 und 90 Teile Kon-densat (Spalte 3)	Wasser aus Spalte 2 thermo-chemisch ent-härtet	Misch-wasser 10 Teile Wasser aus Spalte 6 und 90 Teile Kon-densat (Spalte 3)
1	2	3	4	5	6	7
Gesamthärte. °d	15	0,0	2,0	0,2	1,0	0,1
Karbonathärte °d	6	—	2,0	0,2	1,0	0.1
Sulfathärte . .°d	9	—	—	—	—	—
Alkalität . . .°d	—	—	4,2	0,42	0,5	0,05
Chlor. . . . mg/l	31,8	—	31,8	3,2	31,8	3,2

Aus dem Schaubild Abb. 29 ist der Verlauf der Anreicherung der Alkalität im Kessel unter völlig gleichen Betriebsbedingungen zu ersehen. Bei Annahme einer Grenz-Konzen-

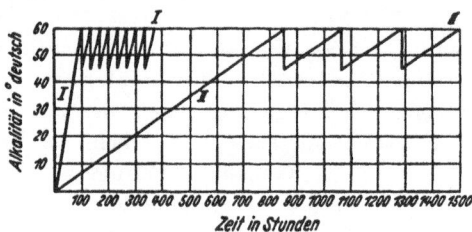

Abb. 29. Verlauf der Anreicherung der Alkalität im Kesselwasser bei der Enthärtung desselben Rohwassers nach dem Kalk-Soda-Verfahren (I) und dem thermisch-chemischen Verfahren nach Balcke (II). (Zu Zahlentafel 3.)

tration von 60°d im Kesselwasser wird bei dem Kalk-Soda-Verfahren die Grenz-Konzentration schon nach rd. 100 Betriebsstunden und bei dem Balcke-Verfahren erst nach 855

Betriebsstunden erreicht sein. Bei gleicher Laugenmenge ist dann die Grenz-Konzentration bei I in 25 und bei II erst in

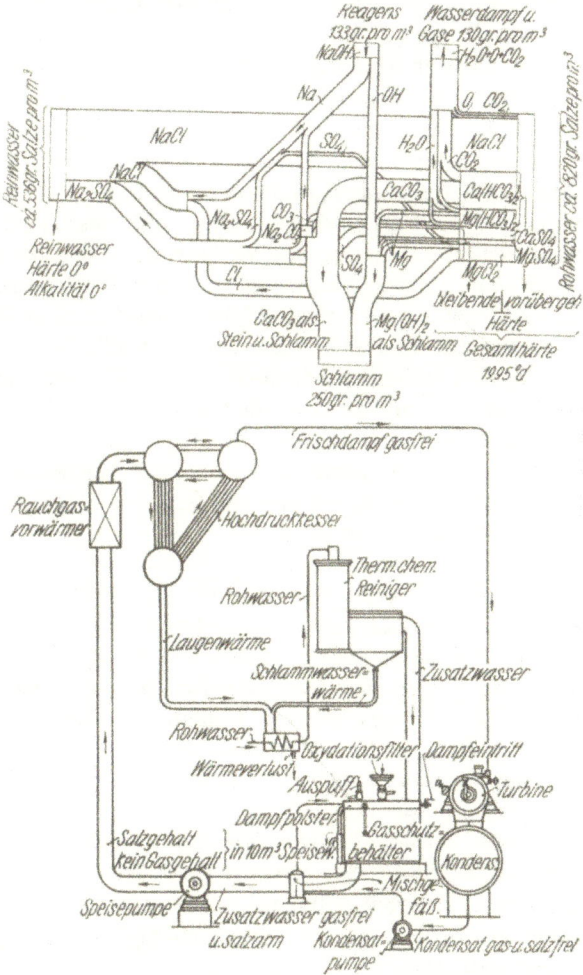

Abb. 30. Verlauf der chemischen Umsetzung beim thermisch-chemischen Verfahren nach Darstellung von Balcke-Bochum.

220 Betriebsstunden erreicht. Es muß also bei Verwendung von Kalk-Soda-Reinigern zehnmal so viel Lauge fließen, als bei dem Balcke-Verfahren mit Plattenkocher.

In Abb. 30 ist der Verlauf des chemischen Umsetzungsprozesses bei dem thermisch-chemischen Verfahren als Sankey-Diagramm aufgezeichnet. Rechts ist die Analyse des Rohwassers, also die härtebildenden und gelösten Salze eines Liters Rohwasser maßstäblich aufgetragen. Das Reagens — im vorliegenden Falle Natronlauge (NaOH) — wird senkrecht von oben eingeführt. Die im Balcke-Plattenkocher ausgeschiedenen Gase, wie Sauerstoff und Kohlensäure, werden senkrecht nach oben abgeleitet, wobei die Karbonate als Stein an den Plattenelementen des Kochers ausfallen. Die durch das eingeführte NaOH ausgefällte Magnesia und der aus der Sulfathärte gebildete Schlamm sowie die Steinmenge der Plattenelemente werden senkrecht nach unten abgeführt. Nach links sind dann die im gereinigten Wasser enthaltenen Salze aufgetragen, und zwar das im Rohwasser befindliche NaCl mit 324 mg/l, das aus dem Magnesium gebildete NaCl und das aus der Umsetzung der Sulfathärte gebildete Glaubersalz (Na_2SO_4).

Da im Kochprozeß keine Überschüsse an chemischen Reagenzien erforderlich sind, so wird das zugesetzte NaOH restlos von den Härtebildnern aufgezehrt.

f) Die Entgasung weicher Wässer.

Wie schon mehrmals betont, kommt es darauf an, das nach irgend einem Verfahren steinfrei gewonnene Zusatzwasser auch von den stets enthaltenen atm. Gasen zu befreien, weil diese gefährliche Zerstörungen an den Rohren und Kesselblechen hervorrufen können. Es ist deshalb notwendig, alle Maßnahmen zur Verhütung solcher Zerstörungen — auch Korrosionen genannt — zu treffen.

Ein durch Verdampfer oder nach dem thermo-chemischen Verfahren aufbereitetes Speisewasser wird schon an sich gasfrei gewonnen, dagegen muß bei allen rein chemisch aufbereiteten Wässern noch für eine nachträgliche Entgasung Sorge getragen werden.

Die Ansichten über die zerstörenden Einflüsse der Gase gehen noch weit auseinander. Es darf aber heute wohl als einwandfrei festgestellt gelten, daß die Ansicht, Sauerstoff und Kohlensäure seien allein nicht korrosiv, vollkommen irrtümlich ist. Jahrelange Forschungsarbeit, besonders der

Firma Balcke in Bochum und der Atlas-Werke, Bremen, haben ergeben, daß Gase, auch jedes für sich allein, Zerstörungen des Kesselmaterials hervorrufen. Sind beide Gase gleichzeitig vorhanden, so treten die Korrosionsangriffe in verstärktem Maße auf. Naturgemäß spielt bei den Zerstörungen auch die chemische Zusammensetzung des Wassers sowie Kesseldruck und Temperatur eine einschneidende Rolle. Wie die Gaskorrosionen sich auswirken, ist aus den Mikroaufnahmen der Abb. 31—34 zu ersehen, welche mit 480facher Vergrößerung aufgenommen worden sind.

Abb. 31 zeigt die Zerstörung an einer polierten Versuchsplatte, welche von einem Wasser mit 3,5 cm³ Sauerstoff und 3,02 cm³ Kohlensäure im Liter Wasser verursacht wurde. Abb. 32 stellt den Angriff eines Wassers von nur 6,1 cm³ Sauerstoff im Liter Wasser bei völliger **Abwesenheit von Kohlensäure** dar und Abb. 33 kennzeichnet umgekehrt die Angriffsfähigkeit eines Wassers von 7,7 cm³ Kohlensäure bei völliger **Abwesenheit von Sauerstoff**. Abb. 34 zeigt das Verhalten des in Abb. 31 genannten Wassers auf das gleiche Material, und zwar unter gleichen Betriebsbedingungen, nur mit dem Unterschiede, daß dieses Wasser vorher völlig entgast worden war. Man erkennt deutlich auf der Versuchsplatte die Politurrillen und man sieht keine Korrosionsansätze.

Ein grundsätzlicher Fehler ist es, wenn man die Korrosionsschäden in schematischer Weise beurteilen wollte; denn jeder Fall muß einzeln beurteilt werden. Es ist angeraten worden, dem Turbinenkondensat seine Angriffsfähigkeit dadurch zu nehmen, daß man es über eine Kalk-Soda-Reinigung leitet. Es soll ihm auf diese Weise der Kohlensäuregehalt entzogen werden. Eine solche Maßnahme wäre vollkommen verfehlt, denn neuzeitliche Turbinenkondensatoren liefern an sich völlig gasreines Kondensat. Zeigt also das Kondensat einen Gehalt an atm. Gasen, so ist in der Rückführung zum Kessel irgendeine Stelle vorhanden, an welcher das gasfreie Kondensat wieder Luft einschnüffelt. Man hat also darauf zu achten, daß das Kondensat richtig zum Kessel zurückgeführt wird, dann bleibt es auch gasfrei. Ebenso unrichtig ist es, gewisse chemisch gereinigte Wässer in kaltem Zustande entgasen zu wollen. Z. B. läßt sich permutiertes Wasser im kalten

48

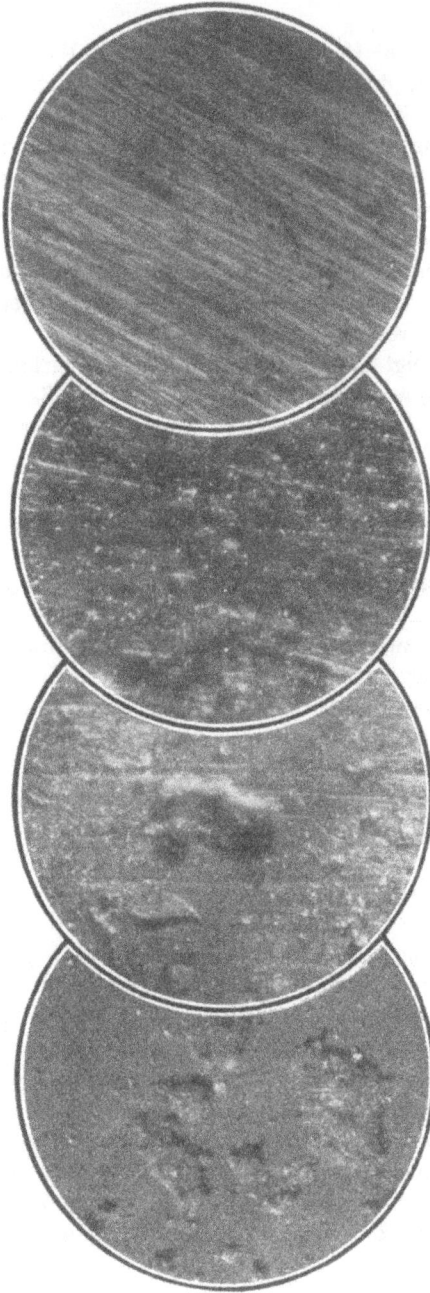

Abb. 31. Abb. 32. Abb. 33. Abb. 34.

Abb. 31—34. Mikroaufnahmen von Gaszerstörungen an besonderen Versuchsplättchen.

Zustande nicht einwandfrei entgasen. Es ist zwar möglich, die Menge der im Wasser gelösten freien Gase bei niedriger Temperatur zu vermindern, es ist aber zu beachten, daß durch das Permutitverfahren doppelkohlensaures Natron $NaHCO_3$ gebildet wird, welches bei Erwärmung im Vorwärmer und Kessel in Soda (Na_2CO_3) und Kohlensäure (CO_2) gespalten wird[1]).

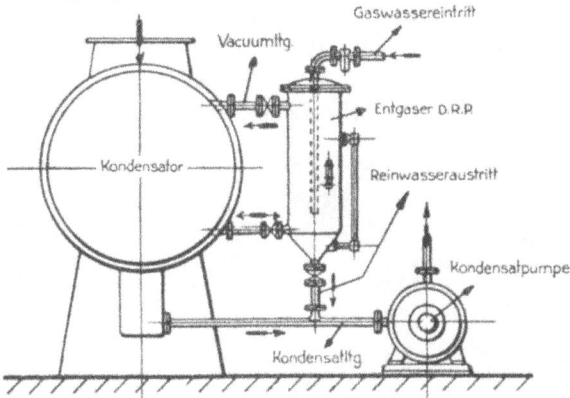

Abb. 35. Vakuum-Entgasungsanlage Bauart »Balcke-Bochum«.

Die Firma Balcke in Bochum baut Entgaser nach drei verschiedenen Verfahren, und zwar:

1. Nach dem rein kalten Entgasungsverfahren für Kaltwasser ohne Wärmeaufwand.
2. Nach dem halb kalten Entgasungsverfahren für Warmwasser ohne und mit Wärmeaufwand.
3. Nach dem warmen Entgasungsverfahren mit Abwärmeverwertung.

Zu dem ersten Verfahren ist zu sagen, daß eine vollständige Entgasung von kaltem Wasser durch eine weit getriebene Zernebelung desselben im luftleeren Raum erzielt werden kann.

Abb. 35 zeigt eine solche Entgasungsanlage, welche unmittelbar an einen Kondensator gekuppelt ist. Das Rohwasser tritt durch einen Filter in das Zerstäubungsrohr und

---

[1]) Verf. beschreibt das Permutitverfahren in seinem Werke »Die neuzeitige Speisewasseraufbereitung«. Verlag Otto Spamer, Leipzig, 1929.

wird mittels Düsen zerstäubt. Durch das hohe Druckgefälle werden die Gase frei und von der Luftpumpe der Kondensation abgesaugt.

Das entgaste Wasser fließt mit dem Kondensat des Kondensators der gemeinsamen Kondensatpumpe zu und wird unter Gasschutz der Speisepumpe zugedrückt.

Abb. 36 zeigt die Wirkung derartiger Entgaser. Links ist die Rostwirkung des Rohwassers und rechts die des entgasten Wassers mit 72facher Vergrößerung wiedergegeben. Die Mikroaufnahme links zeigt den achtstündigen Verdamp-

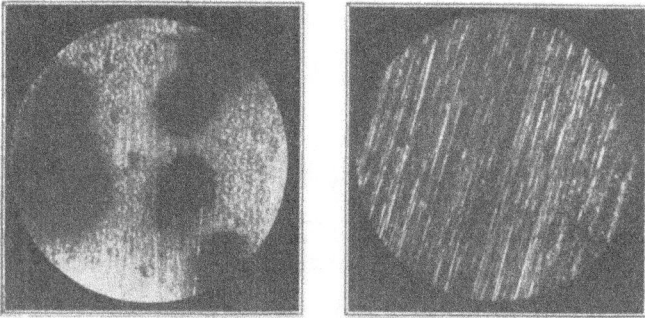

Abb. 36. Wirkung der kalten Entgasung (nach Abb. 35) bei stark sauerstoffhaltigem Rohwasser.

fungsversuch mit einem Wasser von 7 cm³ Sauerstoff in 1 l, während das Bild rechts den elfstündigen Versuch mit dem gleichen, aber entgasten Wasser darstellt. Während links die Politurrillen fortkorrodiert sind, bleiben sie rechts bei gasfreiem Wasser vollkommen erhalten. Ein Rostangriff konnte nicht festgestellt werden.

Abb. 37 zeigt eine nach dem vorbeschriebenen kalten Verfahren arbeitende Entgasungsanlage, Bauart Balcke, Bochum, von 50 m³/h Leistung.

Das unter 2 genannte Entgasungsverfahren arbeitet ohne nennenswerten Wärmeaufwand und eignet sich besonders für warm anfallende Wässer wie Heizungskondensat u. a. m. Die hierbei aufgewandte Wärme wird dem Kreislauf des Speisewassers bis auf die geringen Ausstrahlungsverluste restlos wieder zugeführt.

Abb. 38 zeigt eine Entgasungsanlage der Firma Balcke
welche nach dem unter 3 gekennzeichneten warmen Verfahren mit Abwärmeverwertung arbeitet. Dieses Verfahren
eignet sich besonders für schwer zu entgasende Wässer, weil
sich hier das zu entgasende Wasser im Siedezustand befindet.
Das Rohwasser tritt durch einen Wasserstandsregler in den
Entgaser ein und durchfließt während seines Durchlaufes durch
den Kessel verschiedene Zellen, wobei es zum Richtungswechsel
genötigt ist. In der ersten Kammer befindet sich das Heizelement, in welchem durch die zur Verfügung stehende Abwärme

Abb. 37. Große Entgasungsanlage Bauart »Balcke-
Bochum« für eine Leistung von 50 m³/h.

das zu entgasende Wasser auf Kochtemperatur gebracht wird.
Die Kammern sind durch eingehängte Scheidewände erzeugt
worden. Während nun das Wasser an diesen Scheidewänden
entlangstreicht, setzen sich die durch den Richtungswechsel
des Wassers beim Austritt aus einer Kammer gebildeten Gas-
blasen an die Platten an und wirken hier korrodierend, indem
sie hier ihren Gehalt an Sauerstoff oder Kohlensäure verlieren.
Teilweise steigen aber auch die schwimmenden Gasbläschen
bis zur Oberfläche empor und werden hier von einer Dampfstrahlpumpe abgesaugt oder durch die Kochschwaden selbsttätig ins Freie abgeleitet. Es werden also hier die sonst in der
Kesselanlage, in den Vorwärmern oder im Leitungsstrang
auftretenden Korrosionen in einen Vorbehälter verlegt, in

4*

52

welchem durch zweckmäßigen Einbau die sonst in der Heizung
auftretenden Gaszerfressungen zwangsmäßig herbeigeführt
werden. Das Übel wird somit an der Wurzel gefaßt.

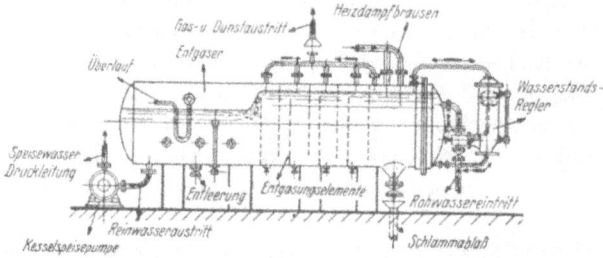

Abb. 38. Warmer Entgaser. Bauart »Balcke-Bochum«.

Das Ersaufen des Entgasers wird durch den Wasserstandsregler verhütet, welcher die Eintrittsmengen des Wassers in
den Entgaser in Abhängigkeit von der Wasserstandshöhe
regelt. Unter dem Heizelement befindet sich ein Schlamm-

Abb. 39. Warme Entgasungsanlage (nach Abb. 38) für
eine Leistung von 150 m³/h, Bauart »Balcke-Bochum«.

ablaß. Bei der Entgasung findet nämlich gleichzeitig eine teilweise Erhärtung des Wassers statt, weil durch den Kochprozeß
ein Teil der Karbonate ausfällt und sich in den Trichter unterhalb des Kochraumes ansammelt und abgelassen werden kann.

Die in Abb. 39 dargestellte Anlage, welche nach diesem
Verfahren arbeitet, entgast stündlich 150 m³ permutiertes

Wasser und spaltet gleichzeitig das durch die Permutierung erzeugte Natriumbikarbonat in Soda und Kohlensäure, wobei außer den atm. Gasen auch die an $NaHCO_3$ gebundene Kohlensäure aus dem Wasser entfernt wird. Der benötigte Heizdampf wird der beschriebenen Entgasungsanlage in Form von Auspuffdampf einer Walzenzugmaschine zugeführt.

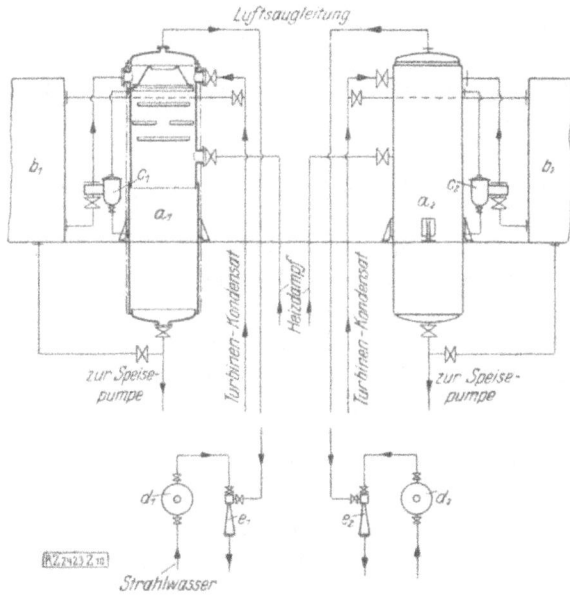

Abb. 40. Schematische Darstellung des Atlas-Entgasers.

Auf dem gleichen Verfahren — Entgasung des Wassers im Siedezustand — beruhen auch der Atlas- und Permutit-Entgaser. Abb. 40 stellt den Atlas-Entgaser schematisch dar. Das im Entgaser über Rieselflächen herabfließende, fein verteilte Wasser trifft auf von unten eintretenden Ab- oder Anzapfdampf, welcher nun das Wasser auf die dem im Entgaser herrschenden Unterdruck entsprechende Siedetemperatur erhitzt und entgast. Der Unterdruck wird durch Wasserstrahlpumpen hergestellt. Die Einheiten werden in solchen Abmessungen gebaut, daß das gesamte in der Dampfkraftanlage umlaufende Speisewasser vor Eintritt in die Kesselanlage entgast werden kann.

3. Die Abgasverwertung zur Speisewassererzeugung.

Heute richtet sich das Bestreben immer mehr darauf, einen Verdampfer zur Erzeugung von stein- und gasfreiem Zusatzwasser herauszubilden, welcher mit höheren Drücken und infolgedessen mit höheren Temperaturen arbeiten kann. Die Temperatur des im Verdampfer gewonnenen Kondensats muß 100⁰ betragen, wenn das entgaste Kondensat unfähig werden soll, atm. Gase wieder aufzunehmen. Zu gleicher Zeit wird durch das Heraufdrücken des Temperaturunterschiedes für die Verdampfung auf eine höhere Stufe die Ein- und Austrittstemperatur für das Kühlwasser des Niederschlagsapparates auf Werte hinaufgetrieben, welche das Kühlwasser als Umlaufwasser für eine Pumpenheizung geeignet machen. Somit würde der Kühlturm ganz oder teilweise durch eine wärmenützende Anlage ersetzt werden können, sofern es nicht an sich möglich ist, als Kühlmittel das Kondensat des Speisewasserstromkreises zu verwenden.

Zu den vorstehenden Erwägungen kommt bei der Ausbildung einer Hochdruckverdampferanlage noch hinzu, daß man das Speisewasser mittels Stufenvorwärmer, welche mit Anzapfdampf beheizt werden, soweit vorwärmt, daß der Gesamtwirkungsgrad der Anlage unter Berücksichtigung der Anlagekosten so hoch wie nur eben möglich getrieben wird. Damit wird der Ekonomiser seine Bedeutung als Speisewasservorwärmer verlieren, welche er bei Normalanlagen hat, und es wird gut sein, sich rechtzeitig danach umzusehen, um für diese beträchtliche Abwärmequelle eine andere zweckmäßige Verwendungsmöglichkeit zu finden, sofern nicht die Rauchgase zur Vorwärmung der Verbrennungsluft herangezogen werden.

Das Zerstäuber-Verfahren von Szamatolski-Berlin arbeitet mit hohem Druck und zieht den Ekonomiser als Wärmequelle für das Destillationsverfahren heran. Wie beim Bleicken-Verdampfer tritt das Wasser gegenüber den im Verdampfer herrschenden Druck überhitzt ein und wird mittels eines Düsenstockes in den Verdampferraum hineingestäubt.

Durch die Zerstäubung soll eine feine Zernebelung, ähnlich wie beim kalten Entgasungsverfahren[1]) der Firma Balcke zum

---

[1]) Siehe S. 49 des vorliegenden Bandes.

Zwecke der vollkommenen Entgasung, erzielt werden. Bei der Einstäubung von Wasser durch eine geeignete Düse in einen unter Vakuum stehenden Raum, müssen die einzelnen Tröpfchen des zerstäubten Wasserstrahles bei Eintritt in das Vakuum zerplatzen, weil der Tropfen in seinem Kern eine höhere Spannung besitzt, wie dem umgebenden Druck entspricht. Wird der Wasserstrahl in einen Raum gestäubt, welcher nicht unter Vakuum sondern im Gegenteil unter Überdruck steht, so tritt zwar die vorgeschilderte Erscheinung infolge des Druckunterschiedes vor und hinter der Düse gleichfalls auf, aber bei weitem nicht mit der Heftigkeit wie bei der Einstäubung in einen Vakuumraum. Man wird also bei allen unter Überdruck stehenden Verdampfern den Vorgang des Zerplatzens durch die Maßnahme gewaltsam steigern müssen, daß man die Tropfen in möglichst feiner Form mit möglichst hoher Geschwindigkeit aufeinanderprallen läßt, damit sie beim gegenseitigen Aufprall infolge der frei werdenden kinetischen Energie völlig zerplatzen. Je feiner die Tropfen sind, um so höher ist der thermische Wirkungsgrad des nebenher laufenden Verdampfungsprozesses, weil eine schnelle Wärmeabgabe nur an der Oberfläche eines Tropfens möglich ist. Die Wärmeleitfähigkeit nimmt von der Oberfläche eines Tropfens zum Kern bekanntlich äußerst stark ab.

Der Arbeitsvorgang beim Szamatolski-Verfahren ist im übrigen an Hand der Abb. 41 der folgende:

Dem Ekonomiser *1* wird aus dem Fuße des Verdampfers *8* durch die Leitung *2* mit Hilfe der Pumpe *3* Wasser von 130⁰ zugeführt und auf 162—163⁰ erwärmt.

Durch die Fortsetzung der Leitung *2* kommt das heiße Wasser in den Entkalker und Entlüfter *4*, obgleich es selbst einer Entkalkung nicht mehr bedarf. Dem Entkalker wird aber durch die Leitung *5* mit eingeschalteter Pumpe auch das notwendige unreine Zusatzwasser mit 33⁰ zugeführt, nachdem es in dem Vorwärmer *6* durch die durch Rohr *7* abfließende heiße Lauge von ∼ 8⁰ C Eintrittstemperatur auf diese mittlere Temperatur erwärmt worden ist. In dem Entkalker entsteht ein Wassergemisch von 160⁰. Das Wasser hält sich in dem Entkalker längere Zeit auf, die Härtebildner $CaCO_3$ und $CaSO_4$ scheiden sich aus, ebenso der größte Teil der Luft. Die Steinbildner schlagen sich an geeigneten Vorrichtungen, wie Bleche, nieder; der Stein wird von Zeit zu Zeit entfernt, die Luft wird zeitweilig oder ständig abgeblasen. Der Vorentkalker und die

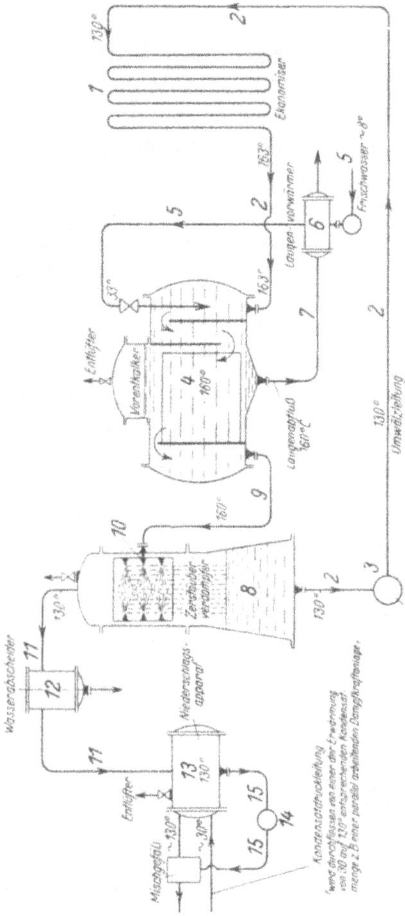

Abb. 41. Schematische Darstellung des Szamatolski-Verdampfer-Verfahrens.

Zuleitung steht unter einem so hohen Druck, daß eine Dampf-blasenbildung vermieden wird.

Das gereinigte Wasser tritt durch die Leitung *9* in den Düsenstock *10* des Verdampfers *8*. Hier wird es durch eine oder mehrere Düsen mit oder ohne Prallfläche zerstäubt und zum Teil verdampft. Der nicht verdampfte Teil sammelt sich am Fuß des Verdampfers und tritt von neuem den Kreislauf durch Erhitzer, Entkalker und Verdampfer an.

Der erzeugte Dampf gelangt mit dem im Verdampfer ausgeschiedenen Rest der Luft durch Leitung *11* und Wasserabscheider *12* in den Niederschlagapparat *13*, wo er zu Destillat niedergeschlagen wird, wobei die Verdampfungswärme an das den Oberflächen-Niederschlagsapparat als Kühlmittel durchlaufende Kondensat übergeht und die Luft zurückbleibt und abgeblasen wird. Eine kleine Pumpe *14* drückt das gewonnene Destillat durch Leitung *15* in den Kondensatkreislauf, der unter Kesseldruck steht.

Der Hauptvorteil des Szamatolski-Verfahrens liegt auf wärmewirtschaftlichem Gebiet, weil der Entsteinungs- und Entgasungsprozeß mit sehr geringem Arbeitsaufwand in einem Nebenprozeß unter Ausnutzung eines Teils der fühlbaren Rauchgaswärme fast kostenlos durchgeführt werden kann. Dies ergibt sich aus folgendem Rechnungsbeispiel:

Ein bestehender Ekonomiser möge das gesamte Speisewasser einer Dampfturbinenanlage unter Kesseldruck um 60° C vorwärmen. Der Dampfverbrauch der zugehörigen 1000-kW-Kondensationsturbine möge 6 kg/kWh, also bei Vollbetrieb 6000 kg/h betragen. Ohne Berücksichtigung der Verluste werden alsdann 6 m³/h Wasser stündlich um 60° C erwärmt, wozu 360000 kcal den Rauchgasen entzogen werden. Man kann nun diesen Erwärmungsprozeß in zwei voneinander unabhängige Prozesse teilen, bei dem in jedem Prozeß 6 m³ um 30° C erwärmt werden. Der Ekomoniser muß in diesem Falle geteilt werden, wenigstens soweit der Wasserumlauf in Frage kommt. Der erste Teil muß unter 8 ata Druck arbeiten, der zweite unter Kesseldruck oder unter dem Druck, unter dem er bisher stand. Im ersten Teil werden stündlich 6 m³ Umlaufwasser von 130°C Anfangstemperatur auf 162—163°C erwärmt. Dieses Wasser macht den Kreislauf durch die vorbeschriebene Verdampferanlage und gibt 30° C von seiner Temperatur durch Vermittlung des erzeugten Dampfes an das Kondensat bzw. Speisewasser des Kessels ab. Das Speisewasser geht dann weiter durch den zweiten Teil des Ekonomisers, nimmt den Rest der Wärme auf und gelangt mit derselben Temperatur in den Kessel wie früher. Nebenbei aber ist eine Destillatmenge gewonnen, welche als Zusatzwassermenge vollkommen genügt. Das Umlaufwasser ist imstande, 180000 kcal zur Dampf- bzw. Destillatbildung herzugeben, gleich theoretisch 300, praktisch mindestens 240 kg/h Destillat, gleich 4 v H der Speisewassermenge. Entspricht dieser Prozentsatz nicht der gewünschten Destillatmenge, so läßt sich ohne weiteres eine Vergrößerung oder Verkleinerung durch eine Veränderung der Wärmeentziehung im ersten Teil des Ekonomisers oder durch Veränderung der Umlaufwassermenge oder durch Veränderung der Temperaturdifferenz zwischen Erhitzer und Verdampfer erzielen.

Der Arbeitsaufwand der Verdampferanlage ist sehr gering. Bei guter Isolierung der Anlage kann die Wärmeausstrahlung so vermindert werden, daß dieser Verlust außeracht gelassen werden kann. Die drei kleinen Pumpen verbrauchen bei der beispielsweisen Anlage 5—6 PSe. Die Wärme, die durch den Laugenabfluß verloren geht, ist bei 60 kg/h Laugenabfluß nicht höher als 1980 kcal/h.

Die in Abb. 41 beschriebene Schaltung erlaubt nun die Zusammenschaltung von Destillier- und Heizanlage. Nach Abb. 42 tritt das Umlaufwasser mit 130⁰ aus dem Zerstäuber in die Heizanlage und kühlt sich hier durch Wärmeabgabe auf 90⁰ ab. Das gesamte Umlaufwasser tritt dann mit 90⁰ in den Ekonomiser und erwärmt sich hier auf 163⁰, durchläuft den Entkalker und Zerstäuber und tritt mit 130⁰ den Rücklauf durch die Heizanlage zum Ekonomiser an. Die Zahlenwerte sind in Abb. 42 eingetragen.

Der heute von der Firma Szamatolski, Berlin-Reinickendorf, gebaute Apparat zeigt gegenüber den hier beschriebenen Ausführungsmöglichkeiten wesentliche Vereinfachungen; z. B. sind Entkalker und Entgaser in einem Apparat von großer Einfachheit zusammengebaut worden, grundsätzlich aber ist das Verfahren das gleiche geblieben. Als Ekonomiser eignet sich hier ganz besonders der ebenfalls von der Firma Szamatolski gebaute Hochdruck-Ekonomiser, welcher in Band I, S. 150 u. f., beschrieben worden ist.

Der Niederschlagsapparat kann auch durch einen Oberflächen-Luftvorwärmer ersetzt werden zur Vorwärmung der

Verbrennungsluft. Der Wärmeübergang Rauchgas → Wasser, Brüden → Luft beim Szamatolski-Verfahren ist dabei besser als der unmittelbare Wärmeübergang Rauchgase → Luft im Luftvorwärmer ohne Zwischenschaltung des Szamatolski-Verdampfers.

Es ist auch möglich, den Vorwärmer des Balcke-Bleicken-Vakuumverdampfers durch einen Abhitzeverwerter zu ersetzen. Es werden in diesem Falle die Abgase von Verbren-

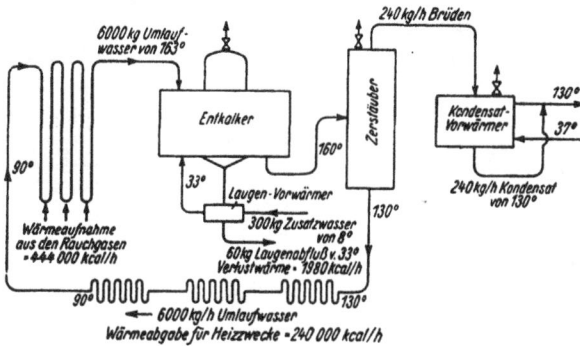

Abb. 42. Gekuppelte Destillier- und Heizanlage nach dem Szama-tolski-Verfahren.

nungs-Kraftmaschinen oder Öfen herangezogen, um das aus dem Verdampfer rückfließende, abgekühlte Umwälzwasser wieder auf die Eintrittstemperatur zu erwärmen. Bei einer derartigen Ausgestaltung der Anlage muß vor dem Abhitzeverwerter eine Drosselklappe in die Gaszuleitung eingebaut werden, welche in Abhängigkeit von der Eintrittstemperatur des Umlaufwassers in den Verdampfer durch einen Thermostaten selbsttätig geregelt wird.

4. Die Verwertung nutzbarer Abwässer zur Speisewassererzeugung.

Bei heißgekühlten Verbrennungskraftmaschinen[1]) kann der Bleicken-Verdampfer ausgezeichnet zur Erzeugung von Destillat aus der Kühlwasserabwärme herangezogen werden.

---

[1]) Über die Heißkühlung von Großgasmaschinen siehe »Abwärmetechnik« des Verf., Bd. I, S. 54 u. f. und Bd. II, S. 106 u. f.

Abb. 43 zeigt eine Großgasmaschine in Aufsicht. Das aus der Gasmaschine kommende Kühlwasser tritt durch die Leitung *2* mit etwa 96° in den Verdampfer *3* ein und wird hierselbst durch Entziehung einer entsprechenden Verdampfungswärme auf 83° gekühlt. Mit dieser Temperatur tritt dann das Kühlwasser in einen zweiten Verdampfer *4* ein, welcher gegenüber dem ersten Verdampfer *3* ein besseres Vakuum besitzt und welches derartig beschaffen ist, daß das 83grädige Kühlwasser auf etwa 70° abgekühlt wird und alsdann mit dieser Temperatur durch die Leitung *5* wieder dem Kühlmantel der Gasmaschine zufließt. Die beiden Vakuumverdampfer *3*

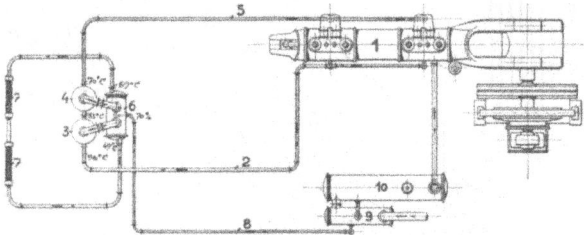

Abb. 43. Kühlwasserverwertung zur gekuppelten Destillaterzeugung und Raumbeheizung.

und *4* sind an einen Kondensator *6* angeschlossen, dessen Vakuum entsprechend den 70° Austrittstemperatur aus dem Verdampfer *4* theoretisch 69 v H betragen muß. Demgemäß müßte die Kühlwasser-Austrittstemperatur aus dem Kondensator theoretisch 70° betragen; unter Hinzurechnung der Wandungsverluste im Kondensator tritt das Kühlwasser mit etwa 68° aus dem Kondensator aus. Es kann nun den Rippenheizkörpern einer Warmwasserheizung zugeführt und hier unter entsprechender Erwärmung von Luft, z. B. zur Beheizung von Werksräumen auf etwa 50° rückgekühlt werden. Mit dieser Temperatur wird es wieder in den Kondensator bzw. Vorwärmer zurückgeleitet. Der Kühlwasserstromkreis ist also durch eine Warmwasserumlaufheizung und somit der sonst notwendige wärmevernichtende Kühlturm durch eine wärmeausnützende Heizanlage ersetzt worden. Das in den Verdampfern *3* und *4* herrschende Vakuum wird durch eine Drosselregelung in den Vakuumleitungen zwischen den Verdampfern und dem Kondensator *6* hergestellt. Das in den Verdampfern erzeugte Kondensat kann dann durch die Leitung *8* und den Vorwärmer *9* einem Abhitzekessel zugeführt werden, woselbst es durch die heißen, aus der Maschine kommenden Abgase verdampft wird. Näheres über Abhitzekessel wurde im Band I, S. 89 und 162 u. f. gesagt, auf welche Quelle hier verwiesen werden muß.

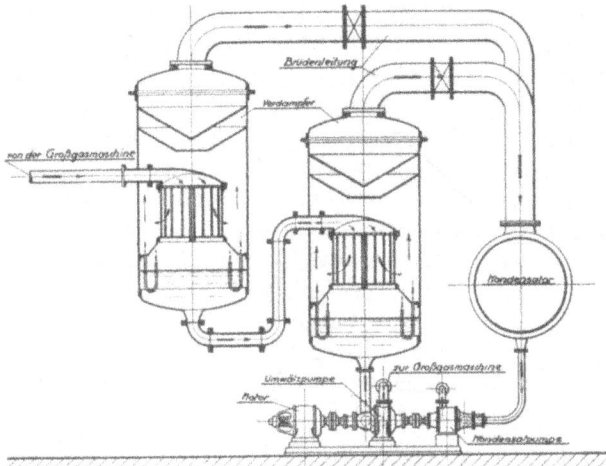

Abb. 44. Balcke-Bleicken-Zweikörper-Verdampfer für die Kühlwasser-verwertung nach Abb. 43.

Konstruktiv hat der Bleicken-Verdampfer bei der vorbeschriebenen Art der Heißwasserverwertung den großen Vorzug, daß der Vorwärmer fortfällt, weil die Wiedererwärmung des Umlaufwassers in die Kühlräume der Großgasmaschine hineinverlegt wird. Er hat den Nachteil, daß ein Zweistufen-Verdampfer notwendig wird, denn es hat sich herausgestellt, daß der günstigste Temperaturunterschied zwischen ein- und austretendem Umwälzwasser etwa 10—13° beträgt. Darüber hinaus spielt sich der Prozeß der Verdampfung zu unruhig ab; das gewonnene Destillat wird durch mitgerissenes Rohwasser wieder härter und gashaltiger. Abb. 44 zeigt den konstruktiven Aufbau des Zweikörper-Verdampfers *3, 4* des Schaltungsschemas. Abb. 43. Man erkennt, daß der Rieselapparat des Bleicken-

Verdampfers außerordentlich einfach gebaut ist. Das Wasser rieselt an den Flächen entlang und verdampft hierbei zum Teil, und zwar unter Abkühlung des nicht verdampften Restes auf die dem Vakuum entsprechende Temperatur. Der Rieseleinbau vermittelt also nicht den Wärmeaustausch. Es fällt somit der Einfluß der Trennwand der Oberflächenwärmeaustauscher hier fort. Sollte sich eine zu starke Verschmutzung der Rieselflächen ergeben, so kann infolge der niedrigen Temperatur das Wasser vorher geimpft werden, genau wie bei den in Abschnitt 2b—d besprochenen Verdampfern.

Dipl.-Ing. Bleicken, Hamburg, fällt das Verdienst zu, zum ersten Male darauf hingewiesen zu haben, daß es möglich ist, das Zusatz-Kesselspeisewasser bei Kondensationsanlagen durch Verdampfung des Kühlwassers in Unterdruck-Verdampfern zu gewinnen. Der erste Vorschlag zur wirklichen Abwärmeverwertung des Kühlwassers ist von Prof. Josse, Berlin, gemacht worden, dem aber noch gewisse Mängel anhafteten. Das Josse-Verfahren wurde durch den Verfasser im Verein mit der Firma Balcke in Bochum in Gestalt der Kühlwasserverdunsteranlagen ergänzt und wirtschaftlich ausgestaltet. Auf das Josse- und Balcke-Verfahren soll hier der Vollständigkeit halber kurz eingegangen werden[1]).

Abb. 45 zeigt das Schema des Josse-Destillators, bei welchem wie beim Bleicken-Verdampfer überhitztes Wasser in einen Vakuumraum eingespritzt wird, wo es so lange verdampft, bis der nicht verdampfte Rest die Vakuumtemperatur angenommen hat. Das Kühlwasser wird aus der Kühlwasserwarmleitung e vom Verdampfer f angesaugt. Ein Teil des Wassers verdampft hier, während der größere Rest sich dabei durch Entziehung der Verdampfungswärme auf die von der Austrittstemperatur des Kühlwassers aus dem Kondensator i bedingte Vakuumtemperatur abkühlt. Die sich durch Verdampfung des Wassers bildenden Brüden werden nach dem in der Kühlwasserkaltleitung d der Kondensation, und zwar vor dem Hauptkondensator a liegenden Vorkondensator i überdestilliert. Der Vorkondensator und der Verdampfer werden durch eine Dampfstrahlpumpe m evakuiert. In dem Vorkonden-

---

[1]) Im übrigen sei auf die »Kondensatwirtschaft« des Verf., S. 165 u. f., Verlag R. Oldenbourg, München-Berlin 1927, verwiesen.

sator *i* schlägt sich der Dunst als Kondensat nieder und wird durch eine Kondensatpumpe *k* abgesaugt. Das in dem Verdampfer nicht verdampfte Wasser wird durch eine Vakuumschleuderpumpe *h* abgesaugt und zweckmäßig dem Kühlerbassin zugedrückt. Theoretisch ist dieser Vorschlag ohne weiteres möglich, in der Praxis haften ihm aber zwei schwer zu beseitigende Mängel an. Einmal ist es durch das Einschalten des Vorkondensators in die Kühlwasserhauptleitung vor dem Hauptkondensator nicht möglich, einen Vakuumabfall des

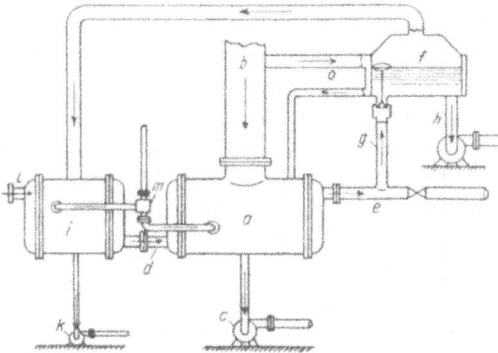

Abb. 45. Schematische Darstellung des Josse-Abdampf-Kühlwasser-Destillators.

letzteren und damit einen Mehrdampfverbrauch der Dampfkraftmaschine zu verhindern, anderseits ist infolge eintretender Versteinung des Vor- und Hauptkondensators eine Konstanterhaltung des Temperaturgefälles zwischen Warm- und Kaltwasserseite und damit die Konstanterhaltung der stündlichen Destillatleistung des Verdampfers bei weniger gutartigen Kühlwässern ausgeschlossen.

Bei Einschalten des Verdampfers in die Warmwasserleitung der Kondensation wird dem warmen Kühlwasser die zur Destillation notwendige Verdunstungswärme entzogen. Diese Verdunstungswärme wird dem kalten Kühlwasser der Kondensation im Vorkondensator bei Niederschlag der Brüden zu Destillat wieder zugeführt. Unter Annahme eines Barometerstandes von 760 mm HgS, 14° C Lufttemperatur und 73 v H Luftfeuchtigkeit wird in einem normalen Kühler das Kühl-

wasser (bei 60facher Kühlwassermenge bezogen auf den Dampfverbrauch der Kraftmaschine in kg/h) auf 27⁰ C rückgekühlt.
Bei Fortlassung der Vakuum-Verdampferanlage würde demnach
das Kühlwasser mit 27⁰ C in den Hauptkondensator treten
und mit 37⁰ C aus diesem heraus zur Berieselung des Kühlers
fließen. Unter Hinzurechnung der Rohrwandungsverluste
würde im Hauptkondensator das Vakuum 92,7 v H entsprechend einer Temperatur von 40⁰ C sein. Wird nun der Vorkondensator eingeschaltet, so erwärmt sich hier bei Niederschlag der Brüden bei günstigster Bauart des Vorkondensators
das Kühlwasser von 27 auf 29⁰ C; es tritt demnach mit 29⁰ C
in den Hauptkondensator und mit 39⁰ C aus demselben heraus.
Bei gleichen Rohrwandungsverlusten würde die Vakuumtemperatur im Hauptkondensator 42⁰ C und dementsprechend
das Vakuum 91,95 (bez. auf 760 mm HgS Barometerstand)
betragen. Der Schaden, welcher durch solche Vakuumabfälle
hervorgerufen wird, ist beträchtlich, weil der Dampfverbrauch
bei größeren Dampfturbinen um etwa 2 v H bei einem Minder-
vakuum von 1 v H steigt[1]). Hinzu kommt der Leistungsbedarf für die Vakuumschleuderpumpe, welcher die Aufgabe
zufällt, das im Verdampfer unter Entziehung der Verdampfungswärme abgekühlte, nicht verdampfte Wasser abzusaugen
und gegen die Atmosphäre dem Kühlerbassin zuzudrücken.
Dieser Leistungsbedarf ist bedeutend und stellt eine weitere
Schwäche des beschriebenen Destillationsverfahrens dar.

Bei den Balcke-Kühlwasserverdunsteranlagen liegt der
Kondensator der Verdampferanlage in einem eigenen Kühl-
wasserstromkreis mit eigener Wasserrückkühlanlage, wobei das
an sich geringe zur Verdampfung zur Verfügung stehende
Temperaturgefälle durch Tiefkühlung des Ablaufwassers des
Vorkondensators erhöht wird. Es fallen somit von vornherein
die dem vorbeschriebenen Destillationsverfahren anhaftenden
Mängel beim Balcke-Kühlwasser-Verdunster fort.

Der Verdunster wird auf die Berieselung des Kühlturms gesetzt. Er saugt sich aus der Warmwasserdruckleitung der Kondensation das Wasser selbst an und entwässert sich barometrisch
zum Kühlbassin hin. Auf diese Weise ist eine Kühlwasser-

---

[1]) Siehe Bd. I, S. 52 und Abb. 10.

pumpe für den Verdampfungsprozeß nicht notwendig und ihr Leistungsbedarf wird somit eingespart. Der noch bestehende Nachteil, daß Vor- und Hauptkondensator versteinen und hiermit die Destillatleistung des Verdampfers schwankend wird, kann durch Zuschalten einer Balcke-Impfanlage behoben werden.

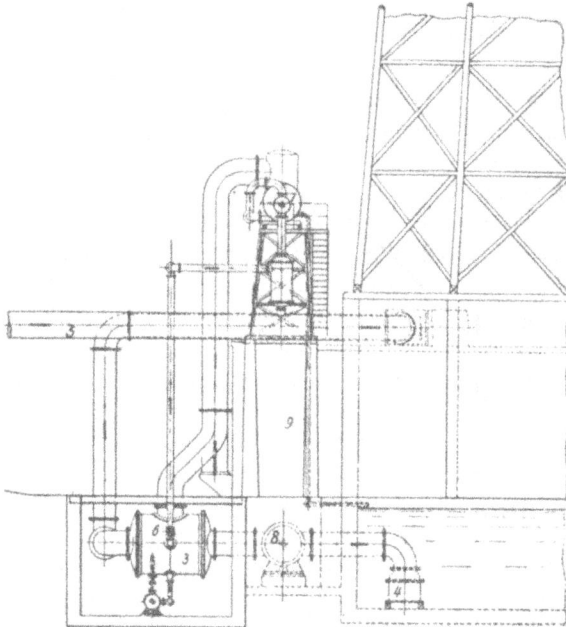

Abb. 46. Schematische Darstellung einer Balcke-Kühlwasser Verdunsteranlage.

Abb. 46 zeigt eine Verdunsteranlage in schematischer Darstellung. Von der sechseckig ausgebildeten Berieselung eines Querstrom-Kaminkühlers wird eine Sektion abgeschaltet, die derartig ausgebildet ist, daß das zum Niederschlagen der Brüden im Hilfskondensator 3 benötigte Wasser tiefgekühlt, d. h. daß die Sektionsfläche nur mit der Hälfte oder einem Drittel der bei normalen Kühlern üblichen Belastung beaufschlagt wird. Die Kühlwasserpumpe 8 saugt das Wasser durch einen Seiher 4 aus dem Kühlwasserbassin des abgetrennten Segmentes an, drückt es durch den Hilfskondensator 3 und von dort auf die Berieselung des abgetrennten Kühlerseg-

Balcke, Abwärmetechnik III.   5

mentes zurück. Das Bassin des Segmentes ist vollständig von dem übrigen Sammelbecken des Kaminkühlers getrennt. Die Kühlwasserpumpe der Hauptkondensation (welche in der Abb. 46 nicht mit eingezeichnet ist) saugt sich das Wasser aus dem übrigen Bassin an, drückt es durch den Hauptkondensator und durch die Warmwasserleitung 5 zur Berieselung des normalen Kühlers zurück. Aus der Warmwasserleitung 5 der Hauptkondensation saugt der Verdunster 7 das warme Kühlwasser an. Hier verdampft ein Teil des Wassers infolge des im Verdunster herrschenden und von der Vakuumtemperatur des Hilfskondensators abhängigen Unterdruckes. Der nicht verdampfte größere Rest kühlt sich dabei durch Entziehung der Verdunstungswärme auf die dem Vakuum entsprechende Temperatur ab und fällt durch das barometrische Fallrohr vom Verdampfer zum Kühlerbassin des normalen Kühlers zurück.

Aus dem Gesagten ist zu erkennen, daß der Hilfskondensator in einem besonderen Kühlwasserstromkreis liegt und daß das Kühlwasser infolge der in der besonderen Berieselungssektion des Kaminkühlers vorgenommenen Tiefkühlung mit einer geringeren Temperatur in den Hilfskondensator einströmt, als das Kühlwasser in den Hauptkondensator. Da nun der Verdunster 7 in den Stromkreis der Hauptkondensation, und zwar auf die Warmwasserseite geschaltet ist, erhöht sich das Temperaturgefälle, welches der Einspritztemperatur des Warmwassers der Hauptkondensation in den Verdampfer und der Austrittstemperatur des Kühlwassers aus dem Hilfskondensator entspricht und welches zum Destillationsprozeß zur Verfügung steht, um 3—4°.

Anderseits kann durch die Einschaltung des Verdunsterkondensators in einen eigenen Kühlwasserstromkreis ein Vakuumabfall des Hauptkondensators durch Einbau einer Kühlwasserverdunsteranlage nicht eintreten. Der Arbeitsdampf der Luftpumpe des Hilfskondensators wird entweder zur Vorwärmung des im Hilfskondensator erzeugten Kondensates herangezogen oder er geht, wie in der Abb. 46 gezeigt, in einen Vorwärmer, welcher in der Saugleitung zum Verdampfer 7 eingebaut ist. Es ist auf diese Weise möglich, das an sich immer noch geringe Temperaturgefälle zwischen Verdampfer und Hilfskondensator um weitere Grade zu erhöhen.

Aus vorstehendem ist zu erkennen, daß die Anordnung des Hilfskondensators in die Gesamtanlage für die Wirtschaftlichkeit ausschlaggebend ist.

Es ist aber neben der oben gekennzeichneten Schaltungsart noch eine weitere Einschaltungsmöglichkeit für den Verdunster dann gegeben, wenn auf einem größeren Werke mehrere Kondensationen vorhanden sind, die mit verschieden hohem

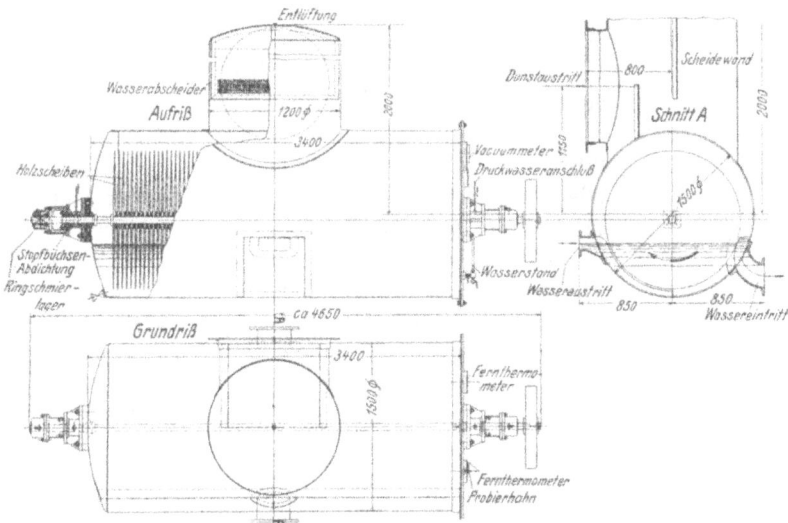

Abb. 47. Kühlwasser-Verdunster mit umlaufendem Scheibenaggregat.

Vakuum arbeiten, z. B. eine Turbinenkondensation und eine Kolbenmaschinenkondensation. In diesem Falle kann der Kühlwasserverdunster sehr einfach zwischen beide Kondensationen eingeschaltet werden, und zwar derart, daß er das Kühlwasser der Kondensation mit niedrigem Vakuum verdampft und die Dämpfe in den Kondensator mit höherem Vakuum schickt. Diese Möglichkeit wird sich auf großen Werken häufig finden.

Der Scheibenverdunster 7 der Abb. 46 ist in Abb. 47 besonders dargestellt. Das Kennzeichnende seiner Bauart ist der Abbildung ohne weiteres zu entnehmen. Die zur Verdunstung erforderliche große Oberfläche wird durch rotierende große Holzscheiben geschaffen, die bei ihren Umläufen in die

5*

Wassermenge am Boden des Verdampfers ein- und austreten
und so eine große Wasserfläche von geringer Stärke dem
Vakuumraum darbieten. Der Wasserein- und austritt ist so
angeordnet, daß das zur Verdunstung eingeführte Wasser
gleichmäßig den ganzen Apparat durchfließt, wobei der Wasser-
abfluß im Innern des Apparates so ausgebildet ist, daß das
Wasser an der tiefsten Stelle entnommen wird und durch den
seitlich höher liegenden Stutzen abfließt, welcher durch seine
Lage zugleich den Wasserspiegel im Verdunster festlegt.

Eine nach diesen vorstehenden Angaben von der Firma
Balcke, Bochum, erbaute Anlage zeigte folgende Betriebs-
ergebnisse:

Das Kühlwasser, welches verdunstet wurde, hatte eine
Härte von 20—29⁰ franz., das Destillat hingegen nur eine
solche von 0,25—0,5⁰ franz. Das Destillat war ferner frei von
Chlor, Sauerstoff und Kohlensäure. Auf das Kühlwasser-
verdunsterverfahren kann nicht genug als ein äußerst wirtschaftliches und billiges Verfahren hingewiesen werden.

Abwärmeverwertung zur Eindickung von Flüssigkeiten und Laugen.

Die Eindickung von Flüssigkeiten oder Laugen — d. h. die Entziehung eines großen Teiles des in der Flüssigkeit enthaltenen Wassers — geschieht fast ausschließlich durch Kochen. In industriellen Betrieben wird dieser Kochprozeß in besonderen Verdampfern vorgenommen, welche in kugel-, birnförmiger oder zylindrischer Gestalt gebaut und heutzutage fast stets mit Dampf beheizt werden. Abb. 48—50 zeigen die drei Grundformen solcher Kocher. Um eine möglichst große Heizfläche und hiermit eine große Verdampfungsleistung zu erzielen, erhalten diese Verdampfer im Innern ein Heizrohrsystem, dessen Rohre von der Flüssigkeit durchströmt und äußerlich von dem Heizdampf umspült werden. Abb. 49 und 50 zeigen den Einbau eines solchen Heizrohrsystems in den Kochapparat.

Als Heizdampf wird Frischdampf oder Anzapfdampf verwendet, er kondensiert an der Oberfläche der Heizrohre und gibt seine Verdampfungswärme an die zu beheizende Flüssig-

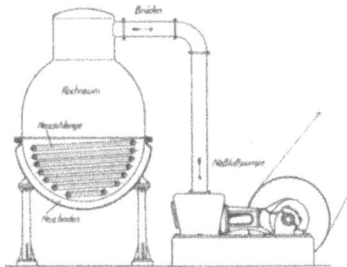

Abb. 48. Kugelförmiger Kocher.

keit ab. Das hierdurch im Kochraum oberhalb des Heizsystems verdampfende Wasser entweicht entweder als Brüdendampf ins Freie oder wird bei der meist gebräuchlichen Vakuumverdampfung einem Kondensator oder einer Naßluftpumpe zugeführt und niedergeschlagen.

Unter der Vakuumverdampfung ist das Kochen unterhalb 100° zu verstehen, also bei einem Druck, welcher niedriger ist, wie 1 ata. Der sich abspielende Verdampfungsprozeß ist grundsätzlich der gleiche wie bei den im Abschnitt I beschriebenen Vakuumverdampfern. Eine Vakuumverdampfung ist

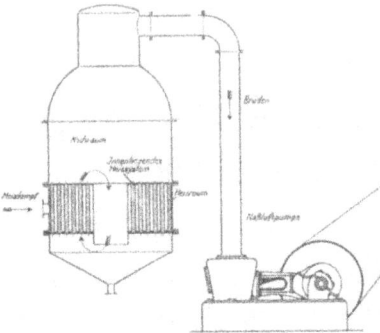

Abb. 49. Kocher mit innenliegender Heizfläche.

nur möglich, wenn der Verdampfer gegen die äußere Atmosphäre vollkommen abgedichtet ist und wenn durch eine Luftpumpe der jeweils gewünschte Unterdruck im Verdampfer und damit die niedere Kochtemperatur im Verdampferinnern dauernd erzeugt wird. Auf diese Weise können Kochtemperaturen erzielt werden, welche tiefer als 40° liegen. Das Kochen im Vakuum hat den Zweck, die einzudampfende Flüssigkeit vor hohen Temperaturen zu schützen und gleichzeitig die Heizfläche des Verdampfers und damit die Anlagekosten möglichst weitgehend herabzudrücken.

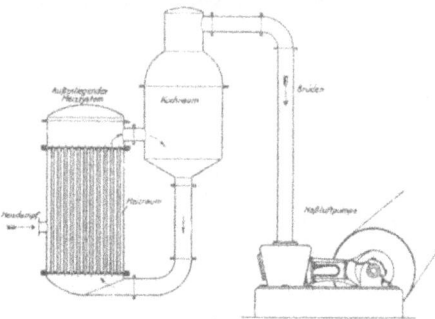

Abb. 50. Kocher mit außenliegender Heizfläche.

Anderseits hat das oben geschilderte Verfahren den Nachteil, daß als Heizmittel Dampf von höherer Spannung verwendet werden muß, welcher Umstand einen erheblichen Dampf- und Kohlenverbrauch mit sich bringt. Nach dem obigen Verfahren kann mit 1 kg Heizdampf theoretisch höchstens 1 kg Wasser verdampft werden, praktisch aber wird infolge der Strahlungsverluste nicht mehr als 0,9 kg mit 1 kg Heizdampf verdampft. Der große Dampfverbrauch ist hieraus leicht erklärlich.

Da bei einem solch hohen Dampfbedarf die Eindickung vieler Flüssigkeiten praktisch zu teuer wurde, ging man schon

frühzeitig dazu über, Maschinenabdampf als Heizdampf zu ge-
brauchen, und zwar unter Verwendung von Gegendruckmaschinen. Unter Anwendung höherer Heizdampfspannungen
führte man die im Verdampfer entstehenden Brüden — welche,
abgesehen von Strahlungs- und inneren Verlusten, die gesamte
ursprünglich aufgewandte Wärme in sich tragen — einem
zweiten, bei einem höheren Vakuum kochenden Verdampfer
als Heizdampf zu. Man verteilte also die gesamte Leistung auf
mehrere Stufen (Mehrfach-Effektanlagen) und ging somit die
gleichen Wege wie bei der Herausbildung der in Abschnitt 1

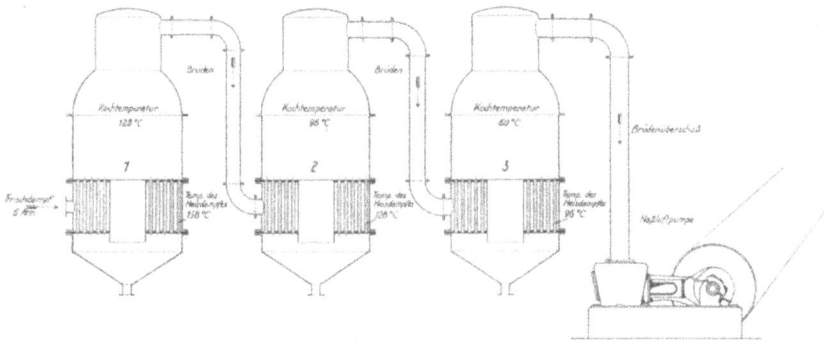

Abb. 51. Dreifach-Effektschaltung.

beschriebenen Mehrkörper-Verdampferanlagen zur Bereitung
von hochwertigem Zusatzspeisewasser, wenn die einzudickende
Flüssigkeit die Anwendung höherer Temperaturen gestattete.
Abb. 51 zeigt das Schema einer Dreifach-Effektschaltung.

Auf diese Weise können theoretisch mit 1 kg Frischdampf
bei einer Zweifach-Effektanlage 2 kg Wasser und bei einer
Dreifach-Effektanlage 3 kg Wasser verdampft werden. Praktisch liegen aber die wirklichen Verdampfungsziffern tiefer,
und zwar aus den gleichen Gründen, wie eingangs geschildert.
Maximal lassen sich etwa folgende Verdampfungsziffern erzielen:

1 kg Frischdampf verdampft {
1,75 kg in einer Zweifach-Effektanlage
2,5 kg in einer Dreifach-Effektanlage.

Eine Weiterentwicklung dieser Schaltung ist denkbar und auch versucht worden. Man kam aber praktisch nur bis zur Vierfach-Effektanlage — einer Schaltung, die man in Zuckerfabriken finden kann —, und zwar aus folgendem Grunde:

Die Wasserverdampfung, bezogen auf 1 m² Heizfläche, entspricht bei Verdampfern dem Temperaturunterschied zwischen der Flüssigkeit und dem zu heizenden Dampf. Daher genügt bei einem Apparate, der nach der zuerst geschilderten Art nur mit Frischdampf geheizt wird, eine kleine Heizfläche, um in einer Stunde eine große Wassermenge zu verdampfen; es steht eben eine genügend hohe Temperaturspanne zwischen der

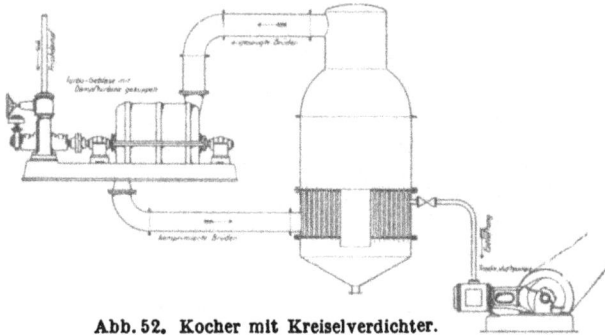

Abb. 52. Kocher mit Kreiselverdichter.

Flüssigkeit und dem Heizdampfe zur Verfügung. Arbeitet z. B. der Apparat mit einem Vakuum, welches einer Dampftemperatur von 60⁰ entspricht und hat der Heizdampf einen Druck von 6 ata — also eine Sattdampftemperatur von 158⁰ —, so beträgt der Temperaturunterschied 98⁰. Bei einer Mehrfach-Effektanlage (wie z. B. in der Abb. 51 dargestellt) muß dagegen dieser Temperaturunterschied auf verschiedene Verdampfer verteilt werden, wenn mit Zudampf von derselben Spannung und mit dem gleichen Vakuum wie oben in der letzten Verdampferstufe gearbeitet werden soll. Es muß also unter Voraussetzung der gleichen Gesamtwasserverdampfung je Stunde bei einer Doppel-Effektanlage die Heizfläche doppelt so groß gemacht werden, wie bei einem einzigen Apparat. Es müßten zwei Apparate von je der gleichen Größe wie im ersten Falle aufgestellt werden und daraus ergibt sich sinnfällig, daß eine Kohlenersparnis nur mit größeren Anlagekosten erkauft werden kann.

Im allgemeinen werden bei den Doppel- bzw. Dreifach-Effektanlagen die größeren Anlagekosten durch die erzielten Kohlenersparnisse zu rechtfertigen sein, zumeist ist aber mit einer Dreifach-Effektanlage dann auch das Optimum erreicht. Es mußte daher, wenn ein weiterer Fortschritt erzielt werden sollte, ein Verfahren herausgearbeitet werden, bei dem unter gleichzeitiger Erzielung einer großen Kohlenersparnis die Anlagekosten gegenüber einer Mehrfach-Effektschaltung energisch herabgedrückt wurden. Ein weiterer Anreiz zur Herausbildung eines neuen Verfahrens lag in folgendem wesentlichen Umstand begründet:

Wie eingangs schon erwähnt, steht sehr oft der Anwendbarkeit einer Mehrfach-Effektanlage der Umstand entgegen, daß die Flüssigkeit in den ersten Apparaten zu hohen Temperaturen ausgesetzt wird. Es gibt nämlich viele Flüssigkeiten, wie z. B. Milch, Fruchtsäfte, bestimmte Gerbstoffbrühen, Leim und Gelatineprodukte, die keine hohen Temperaturen vertragen, da andernfalls eine Umwandlung in eine minderwertige Substanz oder eine Zersetzung eintreten würde. Die Fabriken, die derartige Produkte verarbeiten, haben daher die Mehrfach-Effektschaltung bisher nur in Sonderfällen anwenden können, sie mußten zumeist mit einer Einfach-Effektanlage mit einer Vakuumtemperatur von 50—70⁰ und mit entspanntem Heizdampfe von geringer Temperatur arbeiten. Ein neu herauszubildendes Verfahren mußte sich also insbesondere diesen Verhältnissen anpassen, wenn ein wirklicher Fortschritt erzielt werden sollte.

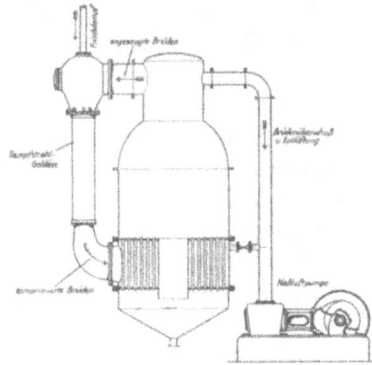

Abb. 53. Kocher mit Dampfstrahlverdichter.

Dieser Fortschritt gelang mit der Einführung der Wärmepumpe. Die Wärmepumpe kann sowohl als Kreiselverdichter nach Abb. 52 wie als Dampfstrahlverdichter nach Abb. 53

ausgebildet werden, und zwar handelt es sich in den Abbildungen um Ausführungen der Lurgi-Gesellschaft für Wärmetechnik in Frankfurt a. M. Die Brüden des Verdampfers werden durch den Verdichter angesaugt, unter Temperaturerhöhung verdichtet und nach erfolgter Verdichtung als Heizdampf in das Heizsystem des Verdampfers zurückgedrückt. Es handelt sich also grundsätzlich um den gleichen Arbeitsvorgang wie bei den einstufigen Niederdruckverdampfern der Firma Balcke in Bochum, soweit dieselben mit Thermokompressor arbeiten (s. Abb. 9). Das Charakteristische beider Verfahren ist die Wiederverwendung der im Kochraum entstehenden Brüden als Heizdampf für denselben Verdampfer.

Die beiden oben entwickelten Bedingungen für eine neuzeitliche Eindickanlage, nämlich mäßige Anlagekosten und tiefe Kochtemperaturen der Flüssigkeit erfüllt das Lurgi-Verfahren. Die Flüssigkeiten werden bei Temperaturen eingedickt, die keine Zerstörungen mehr hervorrufen können. Auch haben die Heizflächen eine so tiefe Temperatur, daß durch die Berührung der Flüssigkeit mit denselben ein Verbrennen, eine Zersetzung oder ein Anbrennen nicht erfolgen kann.

Die Dampf- und Kohlenersparnisse können bei dem Brüdenverdichtungsverfahren »Metallbank-Gensecke« theoretisch beliebig hoch sein, praktisch können sie über die des Vierfach-Effektes hinausgetrieben werden. Sie sind abhängig von der Druck- und Temperatursteigerung der Brüden im Verdichter. Je kleiner diese Steigerung gewählt werden kann, um so größer fallen die Ersparnisse aus. Die Größe der Heizfläche und damit der Anlagepreis steigen aber umgekehrt mit erniedrigter Druck- und Temperatursteigerung im Kompressor der Anlage.

In manchen Fällen, z. B. bei inkrustierenden Flüssigkeiten, darf der Temperaturunterschied an der Heizfläche ein bestimmtes, auf Erfahrung beruhendes Maß nicht unterschreiten, wenn noch eine gute Kochung und Umwälzbewegung der Flüssigkeit gewahrt bleiben soll. Die Vorteile der Brüdenverdichtung können jedoch auch in diesem Falle aufrecht erhalten werden, wenn bestimmte Zusammenschaltungsmöglichkeiten zwischen dem Brüdenverdichtungs- und dem Mehrfach-Effektverfahren zur Anwendung gelangen. Abb. 54 und 55 zeigen zwei derartige Schaltungen.

Ein weiterer großer Vorteil des Brüdenverdichtungsverfahrens besteht in der erheblichen Ersparnis an Kühlwasser,
welche besonders in wasserarmen Ländern eine mitentschei-
dende Rolle spielen kann. Diese Ersparnis läßt sich wie folgt
erklären:

Beim Einfach-Effektapparat muß bei Vakuumbetrieb das
gesamte verdampfte Wasser im Kondensator niedergeschlagen
werden, bei den Mehrfach-Effektanlagen sind nur noch die
Brüden des letzten Apparates niederzuschlagen, da die Dämpfe

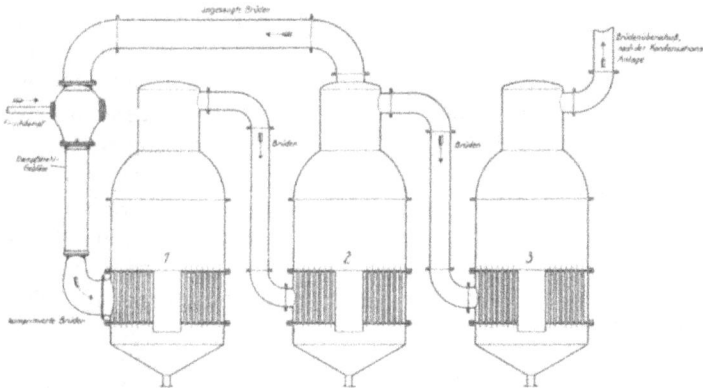

Abb. 54. Kupplung des Mehrfacheffekt- mit dem Brüdenverdichtungsverfahren.

der vorgeschalteten Apparate im Röhrenheizsystem des jeweils folgenden Verdampfers kondensieren. Bei einer Brüdenverdichtung mittels Kreiselverdichters sind nun theoretisch
überhaupt keine Brüden niederzuschlagen, d. h. der Kondensator und damit das Kühlwasser könnte ganz fortfallen. Praktisch ist allerdings eine kleine Kondensationsanlage erforderlich, deren Wasserbedarf gering ist. Wird dagegen ein Dampfstrahlgebläse als Wärmepumpe angewendet, so ist ein Brüden-
überschuß niederzuschlagen, der der Menge nach so groß ist,
wie der Frischdampfzusatz, aber es sind auch in diesem Falle
weniger Brüden zu kondensieren, als wie bei der Dreifach-
Effektschaltung gleicher Leistung.

Die Kühlwasserersparnis steigt und fällt allgemein mit
der Dampfersparnis. Beträgt die Dampfersparnis 60 v H,

so beträgt auch die Kühlwasserersparnis 60 v H. Schon hieraus ergibt sich sinnfällig, daß das Brüdenverdichtungsverfahren einen großen Vorteil dort bieten muß, wo Wasserarmut herrscht, weil sich meistens die teure Anlage von Tiefbrunnen, Wasserbassins, Rückkühlwerken und Pumpen erübrigen läßt.

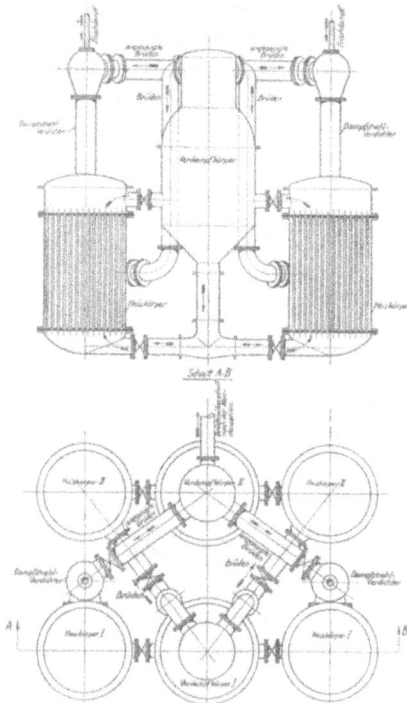

Abb. 55. Kupplung des Mehrfacheffekt- mit dem Brüdenverdichtungsverfahren.

Das Brüdenverdichtungsverfahren ist ferner dort von besonderem Werte, wo es sich darum handelt, die Leistungsfähigkeit einer Fabrik, z. B. von Meiereien, Konservenfabriken usw. zu steigern. Sehr oft ist eine Leistungssteigerung nicht ohne weiteres möglich, weil die vorhandene Kesselanlage, die Wasserhaltung oder Kondensationsanlage für eine stärkere Belastung nicht mehr ausreicht. Hier kann dadurch eine Leistungssteigerung erzielt werden, daß man die möglicherweise vorhandene ältere Mehrfach-Effektanlage durch eine Anlage mit Brüdenverdichtung ersetzt. Man kommt auf diese Weise jedenfalls wesentlich billiger fort als wenn man die Kesselanlagen unter Beibehaltung des alten Eindickverfahrens erweitern würde. Steht für eine Eindampfanlage Abdampf bis zu 2 ata zur Verfügung und darf dieselbe im Mehrfach-Effekt arbeiten, so kommt die Verdichtungsverdampfung nur in Frage, wenn für den Abdampf eine anderweitige Verwendungsmöglichkeit vorhanden ist. Doch kann auch bei niedrig gespanntem Abdampfe der Dampfstrahlverdichter Vorteile bringen, wenn die einzudampfende Flüssigkeit nur eine niedrige Kochtemperatur gestattet, weil das Dampfstrahlgebläse auch mit Abdampf betrieben werden kann.

Von wesentlichem Einfluß auf die Anwendungsmöglichkeiten des Brüdenverdichtungsverfahrens können noch zwei Umstände sein, welche in der Praxis häufig zur Erörterung stehen und daher auch an dieser Stelle kurz besprochen werden sollen, nämlich: Die Inkrustation der Heizfläche und die Siedepunktserhöhung der Flüssigkeit.

Viele Flüssigkeiten, z. B. Milch, Laugen usw., scheiden während des Kochprozesses an den Wandungen des Heizsystems feste oder schlammige Bestandteile aus, die ihrerseits den Wärmedurchgang und damit die Verdampfungsleistung der Anlage erheblich herabsetzen. Um auch in diesen Fällen eine gute Kochung durchzuführen, muß das Temperaturgefälle an der Heizfläche erhöht werden. Dadurch könnten die Vorteile der Brüdenverdichtung in Frage gestellt werden. Bei dem Brüdenkompressionsverfahren Metallbank-Gensecke wird daher durch eine zweckentsprechende Bauart der Verdampfer die Krustenbildung von vornherein wirksam vermindert. Auch ist die niedrige Heizwandtemperatur insofern von großem Vorteil, als ein Anbrennen organischer Stoffe nicht eintreten kann und die anorganischen Teilchen sich nur in Form von losem, leicht entfernbarem Schlamm absetzen können.

In besonderen Fällen, z. B. bei der Eindickung von Sulfitablauge, Schwarzlauge, Natronlauge, Milch u. a., wird die Heizfläche auf besondere, außerhalb des eigentlichen Verdampferkörpers liegende Heizkörper verteilt, deren Rohrsystem leicht zugänglich ist, um eine schnelle und leichte Reinigung zu ermöglichen. Bei fortlaufender Kochung werden die einzelnen Heizkörper abschaltbar angeordnet, so daß also ohne Betriebsstörung eine Reinigung möglich ist (s. Abb. 55).

Viele einzudickende Flüssigkeiten, hauptsächlich die der chemischen Industrie, weisen Siedepunktserhöhungen auf. Kocht z. B. eine Flüssigkeit in einem offenen Kessel erst bei einer Flüssigkeitstemperatur von 105°C, statt bereits bei 100°C, so hat sie eine Siedepunktserhöhung von 5°C. Die aufsteigenden Brüden haben in diesem Falle nicht etwa die erhöhte Temperatur von 105⁰ C, sondern nur 100⁰ C. Hieraus folgt, daß bei Anwendung des Brüdenverdichtungsverfahrens bei derartigen Flüssigkeiten eine größere Temperaturerhöhung, d. h. ein Mehraufwand an Energie, entsprechend der Siede-

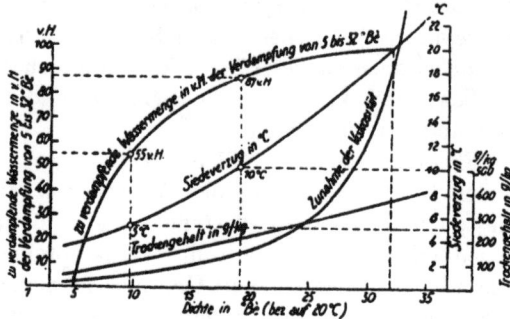

Abb. 56. Schaubild des Verdampfungsverlaufes für Natrium nitrat (NaNO₃).

punktserhöhung notwendig ist. Für das sonst energiesparende Brüdenverdichtungsverfahren bestehen hiernach keine günstigen Aussichten bei all den Flüssigkeiten, die eine erhebliche Siedepunktserhöhung über 10⁰ C aufweisen. Eine endgültige

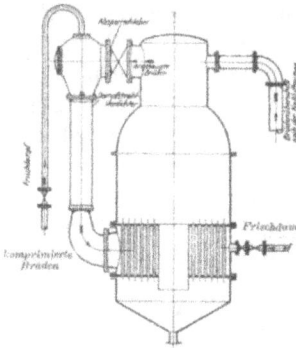

Abb. 57. Kocher mit Brüdenverdichter und Frischdampfzusatz.

Entscheidung muß natürlich in jedem Falle besonders getroffen werden, wobei zu beachten ist, daß die übrigen wirtschaftlichen Eindampfverfahren unter den gleichen Schwierigkeiten leiden. Auch ist zu bedenken, daß starke Siedepunktserhöhungen fast stets erst gegen Ende der Eindickung, also bei einer höheren Konzentration der Flüssigkeit, auftreten und daher das Brüdenverdichtungsverfahren immer noch zu Anfang der Eindickung angewendet werden könnte. In diesem Falle würde der größte Teil des Wassers bei einer niedrigen Konzentration ausgetrieben, wie z. B. Abb. 56 für Natriumnitrat (NaNO₃) zeigt. Für die Eindickung kann dann ohne nennenswerte Einbuße an Wirtschaftichkeit Frisch-

dampf allein verwendet werden, wie es auch beim Mehrfach-Effektverfahren vielfach geschieht. Beim Brüdenverdichtungsverfahren wird dann die in Abb. 57 schematisch
dargestellte Schaltung benutzt, welche den großen Vorteil der
Einfachheit hat und die Aufstellung eines Endeindickers vermeidet. Diese Ausführungsart ist wiederholt zur Anwendung
gelangt.

Die Frage, ob für eine Brüdenverdichtungsanlage ein
Kreisel- oder ein Dampfstrahlverdichter verwendet werden
soll, muß von Fall zu Fall geprüft werden. Ein Kreiselgebläse
erfordert höhere Anlagekosten und ist schwieriger zu bedienen
als ein Dampfstrahlgebläse, dessen Bedienung so einfach ist,
wie die eines jeden Ventiles. Anderseits läßt sich aber mit dem
Kreiselgebläse eine so hohe Wirtschaftlichkeit erreichen, daß
auch die erhöhten Anlage- und Bedienungskosten in vielen
Fällen schnell abgeschrieben werden können. Auch spielt bei
der Wahl des zweckmäßigsten Verdichters folgender Unterschied zwischen beiden Kompressortypen eine wesentliche
Rolle: Es ist bekannt, daß das Dampfvolumen der Brüden mit
abnehmender Kochtemperatur stark zunimmt. Bekannt ist
auch, daß der Kraftbedarf eines Kreiselgebläses mit zunehmendem Brüdenvolumen — auch bei gleichem Dampfgewicht —
wächst. Aus diesen beiden Tatsachen folgt, daß der Energiebedarf und die Größe des Kreiselgebläses am geringsten und
daher die Wirtschaftlichkeit einer derartigen Anlage am größten
ist, wenn die Kochtemperatur möglichst hoch gewählt wird.
Bei dem Dampfstrahlkompressor liegen die Verhältnisse gerade
umgekehrt; dieser wird am wirtschaftlichsten bei möglichst
tiefer Kochtemperatur arbeiten.

Steht billiger elektrischer Abfall- oder Nachtstrom zur
Verfügung, so kann das Kreiselgebläse mittels eines Elektro-
motors angetrieben werden. Die Wasserverdampfung erfolgt
dann fast ohne jeglichen Dampf- und Kohlenverbrauch. Das
Brüdenverdichtungsverfahren ist daher berufen, auch in
wasserreichen Ländern, die aber keine eigenen Brennstoff-
quellen besitzen, der Eindampfung neue, überaus wirtschaftliche Wege zu weisen. Welche Schaltungsart für die jeweils
vorliegenden Verhältnisse am zweckmäßigsten ist, muß die
Wirtschaftlichkeitsberechnung ergeben.

Das Kreiselgebläse kommt demgegenüber praktisch nur für kleinere Temperaturerhöhungen in Frage, da bei hoher Drucksteigerung und starker Temperaturerhöhung mehrere Druckstufen notwendig sind und hierdurch die Anschaffungskosten für das Gebläse und für den Antriebsmotor rasch steigen.

Die Wirtschaftlichkeit des Brüdenverdichtungsverfahrens kann bei Anwendung eines Kreiselgebläses durch die Verwertung des Abdampfes der Antriebsturbine für den Kompressor als zusätzlicher Heizdampf noch erhöht werden (siehe Abb. 58). Einerseits kann die von dem Gebläse zu fördernde

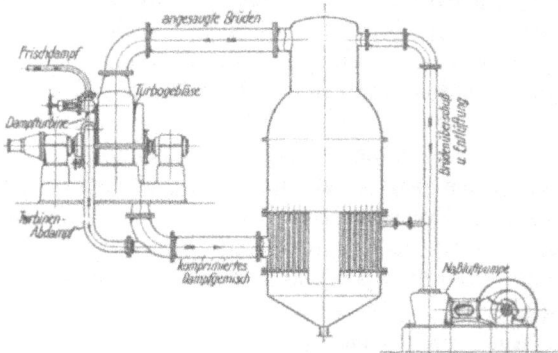

Abb. 58. Kocher mit Kreiselverdichter und Abdampfverwertung.

Brüdenmenge um die Menge des Turbinenabdampfes vermindert werden, wodurch der Kraftbedarf und die Anlagekosten sinken; anderseits wird infolge des Vakuums in der Heizkammer des Verdampfers der Dampf der Antriebsturbine noch weitgehendst zur Arbeitsleistung und die Verdampfungswärme voll für den Wärmekreislauf ausgenutzt.

Die Abb. 59—61 zeigen einige von der Lurgi-Gesellschaft für Wärmetechnik, Frankfurt a. M., ausgeführte Brüdenverdichtungsanlagen mit gleichzeitiger Angabe der jeweils wichtigsten technischen Daten zur Eindickung von Tomatensaft, für Milch und Weintraubensaft.

Zum Schluß sei noch auf die Zusammenschaltung des Brüdenkompressions-Verdampfers mit einer neuzeitlichen Zerstäubungstrocknungsanlage hingewiesen. Die völlige Trock-

Abb. 59. Kompressions-Vakuum-Verdampfer für Milch, Bauart »Metallbank-Gensecke«.

Ausführung mit Turbokompressor und elektrischem Antriebe desselben.

Technische Daten der Anlage:

Stündliche Wasserverdampfung . . . . = 1500 kg
Kochtemperatur . . . . = 60° bis 65°
Eindickungsverhältnis . . . . = 1 : 4
Energieverbrauch des Brüdenkompressors . . = 30 bis 32 kW

Abb. 60. Kompressions-Vakuumverdampfer für Weintraubensaft, Bauart
»Metallbank-Gensecke«.

Ausführung mit Dampfstrahlkompressor: „Metallbank-Gensecke" und
Naßluftpumpe.

Technische Daten der Anlage:

Stündliche Wasserverdampfung des Kompressions-
Verdampfers . . . . = 1700 kg
Kochtemperatur . . . . = 65°
Stündlicher Dampfverbrauch . . . . = 810 kg von 7 ata
Kühlwassserbedarf . . . . = 16 cbm

Technische Daten der Anlage:

Tagesleistung der Anlage
(2 Verdampfer und 2 Boulen) = 120 000 kg Tomaten
Eindickungsverhältnis des
  Tomatensaftes . . . . = 1 : 6 bis 1 : 7
Kochtemperatur . . . . = 45° bis 50°

Ergebnis des Leistungsversuches jedes
Verdampfers nach einmonatigem Betriebe:

	gemessen:	gewähr-leistet:
Mittlere stündliche Wasser-verdampfung in kg	1885	1800
Mittlerer stündlicher Frisch-dampfverbrauch in kg . . .	842	900
Mittlerer Frischdampfdruck in at	8,7	9,5

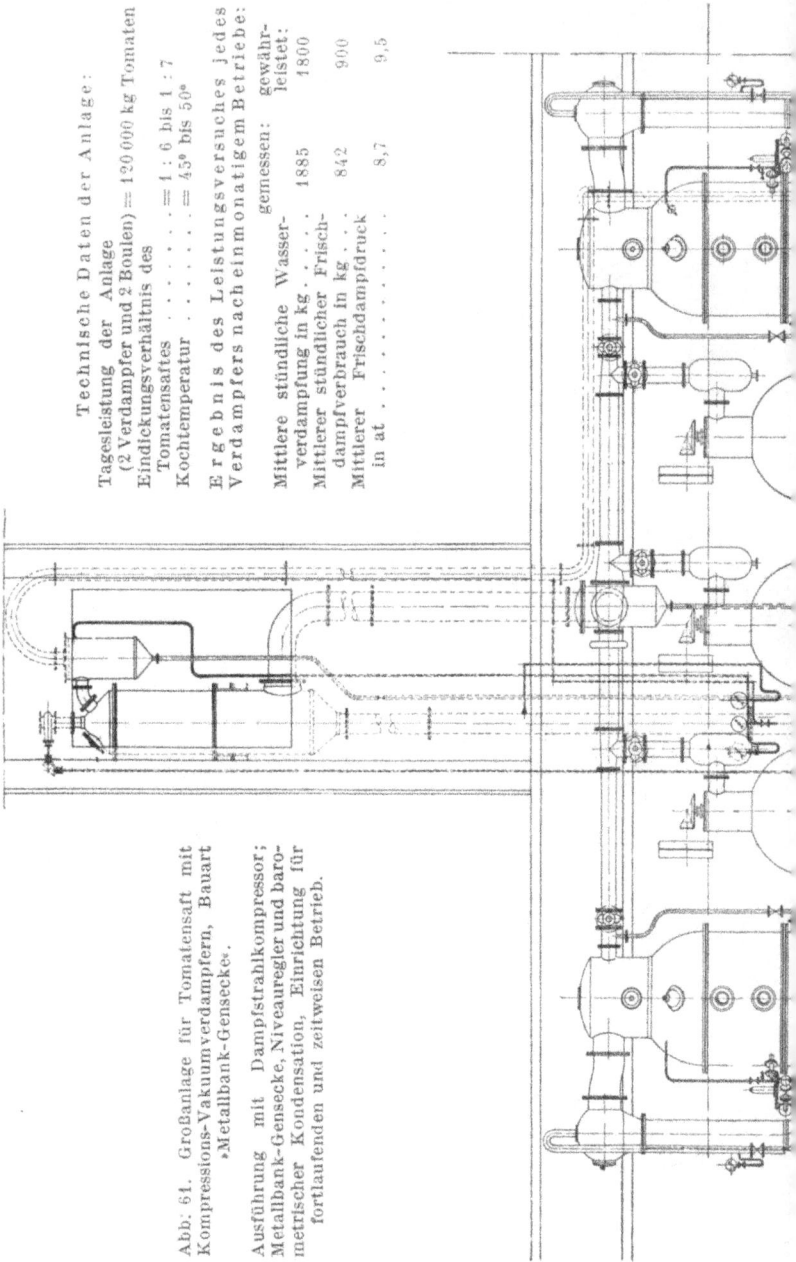

Abb. 61. Großanlage für Tomatensaft mit Kompressions-Vakuumverdampfern, Bauart »Metallbank-Gensecke«.

Ausführung mit Dampfstrahlkompressor; Metallbank-Gensecke, Niveauregler und barometrischer Kondensation, Einrichtung für fortlaufenden und zeitweisen Betrieb.

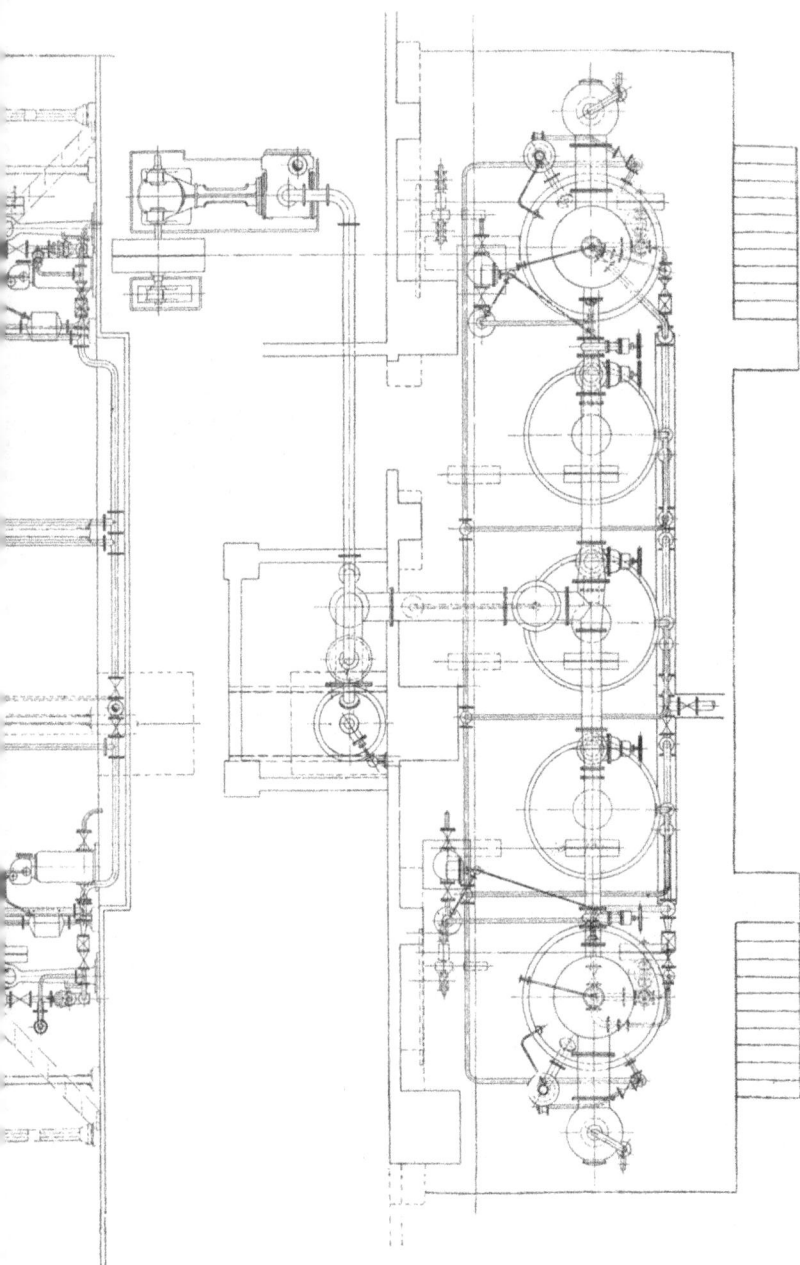

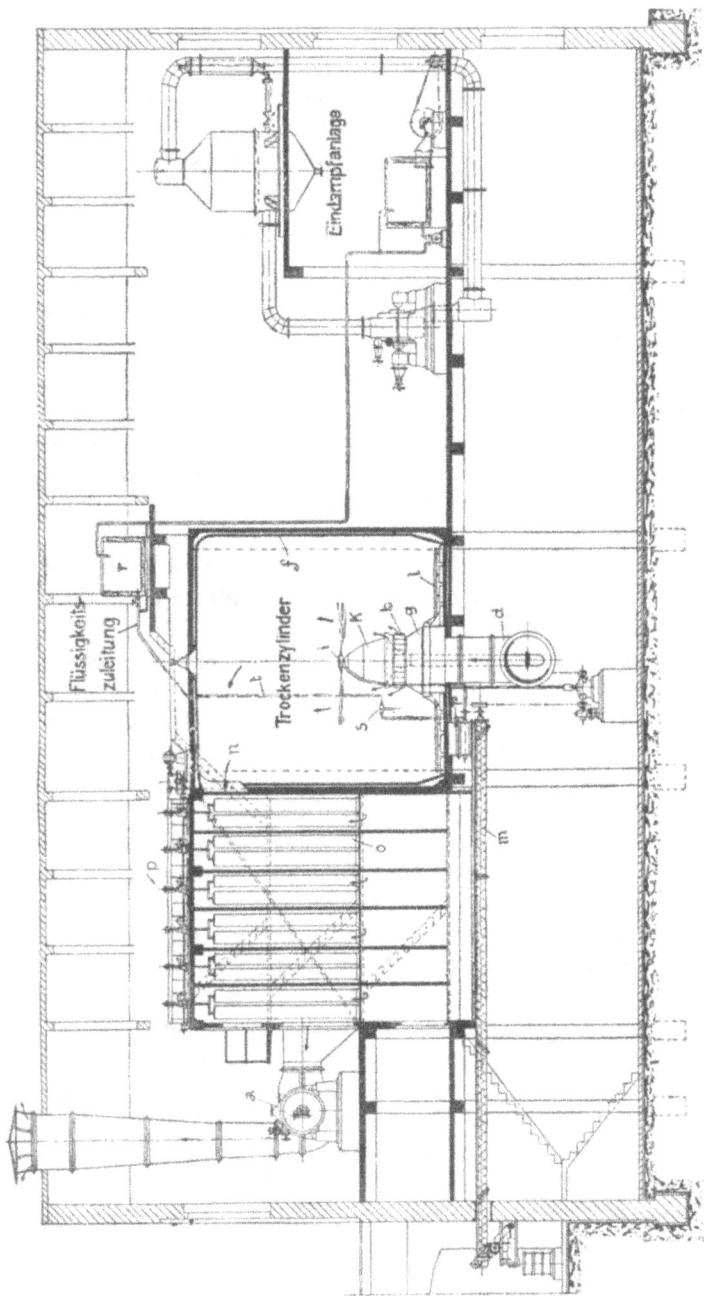

Flüssigkeits-
zuleitung

Trockenzylinder

Eindampfanlage

Abb. 62. Darstellung des Krause-Trocknungsverfahrens der Metallbank-Lurgi-Gesellschaft.

6*

nung von Flüssigkeiten kann auf die verschiedenste Art erfolgen. Es gibt aber bisher nur einen Weg, auf dem ähnlich wie beim Brüdenverdichtungsverfahren das Produkt in erster Linie eine schonende Wärmebehandlung erfährt. Dieser Weg wird von dem Krause-Trocknungsverfahren der Metallbank-Lurgi-Gesellschaft beschritten.

Bei diesem in zahlreichen Fabriken angewandten Verfahren (s. Abb. 62) wird die zu trocknende Substanz mittels einer Zerstäuberscheibe von sehr hoher Umlaufzahl nebelförmig in den Trockenraum zerstäubt. Vorgewärmte Luft bringt in Bruchteilen einer Sekunde das Wasser in den mikroskopisch kleinen Substanzteilchen zum Verdunsten und führt es ins Freie fort. Infolge der Kürze der Zeit und der niedrigen Temperatur kann irgendeine Umwandlung oder Entmischung der Ursprungsstoffe nicht erfolgen. Das getrocknete Gut fällt teils als feines Pulver auf den Boden des Trockenraumes, wo es durch Räumer fortlaufend entfernt wird, teils wird es aus der abziehenden Luft durch Schlauchfilter oder durch eine elektrische Entstaubung abgeschieden.

In einigen Werken sind beide Verfahren zu einer wirtschaftlichen und wärmetechnischen Einheit verbunden worden, wobei der Kompressionsverdampfer die Voreindickung übernimmt. Beispielsweise haben verschiedene neuzeitlich eingerichtete Milchpulverfabriken mit Erfolg die besprochene Zusammenschaltung angewandt.

Abb. 63 zeigt eine Mehrfach-Effektanlage zum Eindicken von Dünnlauge der Atlaswerke, Bremen, unter gleichzeitiger Gewinnung von Destillat aus den erzeugten Brüden als Zusatzspeisewasser für die Dampfkraftanlage des Betriebes.

Die Eindickanlage arbeitet zweistufig. Sie wird mit Abdampf von 1,5 atü aus der allgemeinen Nutzdampfleitung des Werkes beheizt. Der Brüdendampf aus der zweiten Stufe wird in den beiden rechts im Bilde sichtbaren Oberflächenvorwärmern niedergeschlagen, und zwar wird in dem einen die Dünnlauge von 15° C auf 90° C vorgewärmt, während der andere Vorwärmer in einer Abzweigung der Speisewasserleitung des Werkes liegt. Dieser Leitung werden auch die Heizschlangen-Kondensate der beiden Verdampfer zugeführt, ebenso das aus den beiden Vorwärmern ablaufende Kondenswasser.

Durch besondere Ein- und Aufbauten an den Verdampfern
ist es erreicht worden, daß der ausgetriebene Brüdendampf
praktisch vollkommen laugefrei abzieht und deswegen das
Kondenswasser als destilliertes Zusatzspeisewasser Verwendung
finden kann. Durch diese Maßnahme ist erreicht, daß die
Betriebskosten der Eindickung sich auf die geringen Strah-
lungsverluste der Apparatur und den Kraftverbrauch der
Pumpen beschränken.

Abb. 63. Atlas-Mehrfacheffekt-Eindickanlage.

Das zuletzt angeführte Beispiel zeigt wie anpassungsfähig
und wirtschaftlich die Verdampferanlagen zum Eindicken von
Flüssigkeiten und Laugen bei zweckmäßiger Einschaltung
in den jeweiligen Betrieb sein können und wie anfallende
Abwärmemengen für diesen Zweck nutzbringend verwendet
werden können.

Für die Wirtschaftlichkeit von Eindampfanlagen ist bei
der Anwendung des Brüdenverdichtungsverfahrens der Energiebedarf des notwendigen Brüdenverdichters von erheblicher
Bedeutung. Es soll deshalb zum Abschluß dieses Abschnittes
auf die Charakteristik der verschiedenen Brüdenverdichter

eingegangen werden, um das Bild über den heutigen Stand der Eindampfverfahren abzuschließen.

Bedeutet:

G das stündlich umzuwälzende Brüdengewicht in kg,
λ_{th} das adiabatische Wärmegefälle zwischen dem Dampf-drucke vor und hinter dem Gebläse in kcal,
$\varDelta t$ den Temperaturunterschied an der Heizfläche,
η den Wirkungsgrad des Gebläses,

so ist der Kraftbedarf N in PSe gleich

$$ N = \frac{427 \cdot G \cdot \lambda_{th}}{75 \cdot \eta \cdot 3600}. $$

Bei kleineren Temperaturunterschieden von $\varDelta t$ bis 20^0 C und bei trockenem Dampfe kann

$$ \lambda_{th} = \frac{r}{T} \cdot \varDelta t $$

gesetzt werden, wenn r die innere Verdampfungswärme in kcal/kg und T die absolute Temperatur bedeutet.

Durch Einsetzen des Wertes für λ_{th}^{-} in die Gleichung für den Kraftbedarf folgt

$$ N = a \cdot \frac{r}{T} \cdot \varDelta t, $$

worin a eine Konstante ist. |

Der Quotient $\frac{r}{T}$ nimmt mit zunehmender Kochtemperatur wie folgt ab:

Kochtemperatur =	50^0	70^0	90^0	110^0 C
$\frac{r}{T}$ für $\varDelta t = 1^0$ C =	1,76	1,62	1,50	1,38

Der Energiebedarf des Turbogebläses wächst hiernach bei gleichem $\varDelta t$ ziemlich linear mit abnehmender Kochtemperatur; im übrigen ist er dem Temperaturunterschied $\varDelta t$ proportional.

Beim Dampfstrahlgebläse hingegen wächst mit abnehmen-der Kochtemperatur das verfügbare Spannungsgefälle, welches durch die Adiabate des Mollier-Diagramms Abb. 64 gekenn-zeichnet ist. Damit wächst aber auch die von 1 kg Frischdampf geforderte Brüdenmenge.

Der Frischdampfverbrauch läßt sich aus der bekannten Düsenausfluß-Formel bestimmen. Diese lautet:

$$\text{für Sattdampf:}\quad D = 69{,}8 \cdot f \cdot \sqrt{\frac{p}{v}},$$

$$\text{für Heißdampf:}\quad D = 73{,}3 \cdot f \cdot \sqrt{\frac{p}{v}}.$$

In dieser Gleichung bedeutet:

D den stündlichen Frischdampfverbrauch der Düse in kg,

f den Querschnitt der Düse an der engsten Stelle in cm^2,

p den Dampfdruck vor dem Strahlapparate in at abs,

v das Dampfvolumen entsprechend dem Dampfdruck p in m^3 [1]).

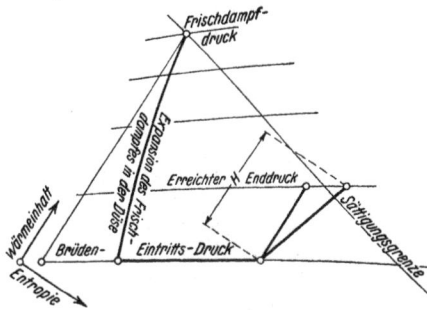

Abb. 64. Darstellung des verfügbaren Spannungsgefälles bei Dampfstrahlgebläsen im Mollierdiagramm.

In der Abb. 65 sind einige Kurven über den Frischdampf-verbrauch des Dampfstrahlverdichters, Bauart Metallbank-Josse-Gensecke, gegenüber dem eines Kreiselverdichters dar-gestellt. Dem Vergleich ist gesättigter Frischdampf von 11 ata zugrunde gelegt und weiterhin die stündliche Heizdampfmenge mit 1100 kg, entsprechend einer Wasserverdampfung von 1000 kg gewählt worden. Da der Antrieb des Kreiselkompres-

---

[1]) Über die Entwicklung der Düsenausflußformel siehe Näheres in der »Kondensatwirtschaft« des Verf. Verlag R. Oldenbourg, München-Berlin 1927, woselbst auf S. 87 u f. die Dampfstrahlpumpe theoretisch behandelt ist.

sors in verschiedener Form erfolgen kann, sind folgende drei Betriebsfälle für den Vergleich angenommen worden:

1. Betriebsfall: Kondensationsturbine:

Enddruck = 0,08 ata, Gütegrad = 0,45.

2. Betriebsfall: Gegendruckturbine mit Verwertung des Abdampfes als Heizdampf:

Gütegrad = 0,45.

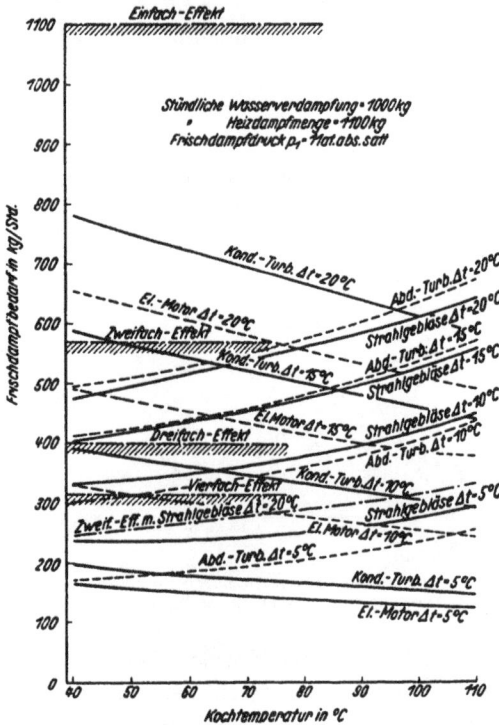

Abb. 65. Vergleichende Darstellung des Energieverbrauches von Dampfstrahl- und Kreiselverdichtern.

3. Betriebsfall: Elektromotorischer Antrieb:

Gütegrad der Hauptturbine der elektrischen Zentrale $\eta = 0,65$, Enddruck = 0,04 ata;

Gütegrad der elektrischen Energieübertragung zwischen der Welle der Hauptturbine und der Welle des Gebläses = 0,75.

Die Kurven der Abbildung zeigen recht einleuchtend die
Vor- und Nachteile der einzelnen Kompressor-Bauarten. So
liefert der Kreiselverdichter mit Abdampfverwertung seiner
Antriebsturbine bei niedrigem Temperaturunterschied an der
Heizfläche die besten Ergebnisse und übertrifft bei Vakuum-
verdampfung die beiden anderen Antriebsarten, nämlich die
Kondensationsturbine und den elektromotorischen Antrieb
erheblich. Bei größeren Temperaturunterschieden und bei
Druckverdampfung erweist sich dagegen der elektrische An-
trieb als vorteilhafter.

Der Dampfstrahlverdichter ergibt bei Vakuumverdampfung und bei hohen Temperaturunterschieden die größte Dampfersparnis. In Anbetracht seiner Billigkeit, seiner einfachen
Bedienungsweise, Fortfall von Schmierung usw. wird demnach
in den meisten Betriebsfällen seine Verwendung am zweckmäßigsten sein.

Bei anderen Betriebsverhältnissen ändert sich natürlich
das jeweilige Bild, und zwar nach folgenden Richtlinien:
Der Wirkungsgrad des Dampfstrahlverdichters ist ziemlich
unabhängig von der Größe der stündlichen Leistung, dagegen
verbessert er sich beim Kreiselgebläse und seinem Antriebe mit
zunehmender Leistung.

Die Verwendung von überhitztem Dampf bietet für Dampfstrahlverdichter keinen Vorteil und kann außerdem bei Eindampfanlagen insofern störend wirken, als hinter dem Dampf-
strahlapparate ebenfalls überhitzter Dampf auftritt, der auf
den Wärmedurchgang der Heizfläche, auf die Inkrustations-
verhütung und auf die Güte des Produktes — wie eingangs er-
läutert — schädigend einwirkt. Es muß daher die Überhitzung
im Dampfstrahlgebläse durch besondere Wassereinspritzung
beseitigt werden.

Bei Verwendung von Kreiselverdichtern ist dagegen die
Lieferung von überhitztem Dampf für die Erhöhung des Wirkungsgrades der Antriebsturbine und damit des Gesamtaggre-
gates direkt zu fordern. Wie Abb. 66 zeigt, verschiebt sich
hierdurch das Kurvenfeld sehr zugunsten der Kreiselverdichter.

Mit der Wahl anderer Dampfdrücke verschiebt sich das in der Abb. 65 dargestellte Verhältnis zwischen den einzelnen Verdichter-Bauarten wesentlich.

In der Abb. 65 ist außerdem vergleichsweise auch der Dampfverbrauch für den Mehrfacheffekt eingetragen. Es zeigt sich, daß das Dreifacheffekt-Verfahren (es sei denn, daß Abdampf zur Verfügung steht) durch das Brüden-Verdichtungsverfahren in der Dampfersparnis übertroffen wird. Vergleicht man z. B. mit ihm einen mit $\Delta t = 10^0$ C arbeitenden Dampfstrahlverdichter und legt eine gleiche Leistung zugrunde, so

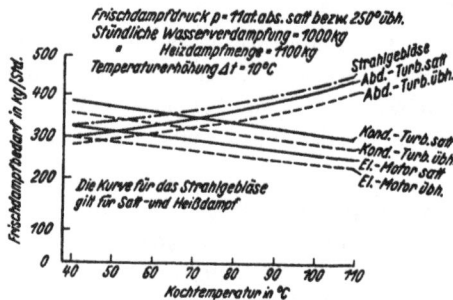

Abb. 66. Vergleichende Darstellung des Energiebedarfes von Dampfstrahl- und Kreiselverdichter bei Verwendung überhitzten Dampfes.

müßte zunächst dieselbe Heizfläche, die bei dem Verdichtungs-Verdampfer in einem einzigen Apparate unterzubringen ist, auf drei Verdampfer verteilt werden, wodurch sich die Anlagekosten erheblich erhöhen. Ferner sind die beiden ersten Verdampferstufen höheren Temperaturen ausgesetzt. Während der Verdichtungsverdampfer z. B. bei 50⁰ C kochen wird und eine Heizflächentemperatur von nur 60⁰ C hat, muß bei einer Dreifach-Effektanlage der erste Verdampfer bereits mit einer Heizwandtemperatur von mindestens 80⁰ C arbeiten. Für viele Flüssigkeiten wird diese Temperatur aber bereits zu hoch sein.

Der Dampfverbrauch der kombinierten Schaltung Dampfstrahlverdichter — Doppeleffektanlage (s. Abb. 54) ist ebenfalls in der Abb. 65 eingezeichnet. Man kann leicht den Vorteil dieser Schaltung erkennen, die gestattet, auch im ersten Verdampfer mit einer noch niedrigen Temperatur zu arbeiten, wobei die etwas höheren Anlagekosten der zwei Verdampfer durch eine wesentlich größere Dampfersparnis binnen kurzem abgeschrieben sind.

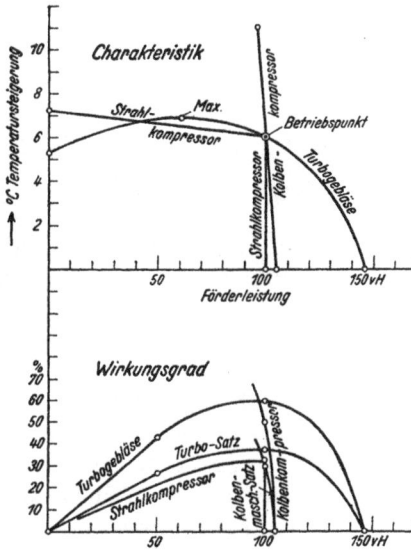

Abb. 67. Vergleichende Charakteristik zwischen Dampfstrahl-, Kolben- und Kreiselgebläsen.

Zum Schluß ist in Abb. 67 noch eine vergleichende Charakteristik von Dampfstrahl-, Kolben- und Kreiselverdichtern gebracht. Die in dieser Abbildung dargestellten Kurven bieten für die Beurteilung der bei der Verdichtungsverdampfung auftretenden Erscheinungen gute Anhaltspunkte.

Abschnitt 3.

Abwärmeverwertung zur Trocknung von Gütern[1]).

Bei einem Trocknungsprozeß wird dem zu trocknenden Gute die in demselben enthaltene Feuchtigkeit ganz oder zum Teil entzogen, wobei die entzogene Feuchtigkeit an einen anderen Stoff·übergehen muß, welcher das Bestreben hat, seinerseits diese intensiv aufzunehmen.

In industriellen Betrieben benutzt man infolge der oft recht erheblichen Mengen an Trockengut aus wirtschaftlichen Gründen ganz allgemein vorgewärmte Luft zur Aufnahme der dem Trockengute zu entziehenden Feuchtigkeit. Die Luft hat das Bedürfnis, sich mit Feuchtigkeit zu sättigen und dieses Bedürfnis ist naturgemäß um so größer, je wärmer die Luft ist. Wie schon in Band I, S. 132, ausgeführt, entspricht jeder Temperatur eine bestimmte Menge Wasser, welche die Luft aufzunehmen vermag. Über diese Menge hinaus, welche dem völlig gesättigten Zustande bei der bestimmten Temperatur entspricht, findet keine weitere Aufnahme von Wasser mehr statt.

Bei der Erwärmung von Luft bleibt der absolute Feuchtigkeitsgehalt der gleiche, während der relative Feuchtigkeitsgehalt ansteigt. Will man die Aufnahmefähigkeit der Luft an Wasser vergrößern, so ist dies möglich, wenn die Luft soweit abgekühlt wird, daß ihr Sättigungsgrad unterschritten wird. Es scheidet sich dann ein Teil der Feuchtigkeit aus. Wird dann derartig vorbehandelte Luft wieder erwärmt, so hat sie nunmehr, trotz gleicher Temperatur, einen geringeren Feuchtig-

---

[1]) Auf das Trocknungswesen wird Verfasser in ausführlicher Weise in seinem Werke »Neuzeitige Trocknungs- und Entnebelungsanlagen«, Leipzig, 1929, Verlag Otto Spamer, eingehen.

keitsgehalt, wie anfänglich und ist daher imstande, beim Trockenprozeß mehr Wasser aus dem Gute herauszuziehen. Dieses Verfahren ist zwar kostspielig, wird aber z. B. in den Kühlräumen der Schlachthöfe an regnerischen Tagen doch angewendet. Im allgemeinen begnügt man sich aber damit, die Luft lediglich zu erwärmen. Es muß in einem solchen Fall naturgemäß eine größere Luftmenge für den Trockenprozeß verwendet werden.

Auf die Grundlagen der Trocknung ist in Band I, S. 126 f., schon eingegangen worden. Auch wurden dort die beiden grundsätzlichen Trocknungsverfahren für niedere und mittlere Temperaturen gebracht, nämlich die Kanal- und die Kammertrocknung. Auch wurden daran anschließend die Lufterhitzer-Bauarten besprochen, welche für die Erwärmung der Luft zu sorgen haben. Die dort gemachten Angaben sollen an dieser Stelle durch folgende Ausführungen eine vertiefende Erweiterung erfahren.

Je verteilter das Trockengut im Trockenraume untergebracht ist, desto gleichmäßiger und schneller wird die Trocknung vor sich gehen. Grundsätzlich ist darauf zu achten, daß der trocknende Luftstrom gleichmäßig das gesamte Trockengut trifft bzw. umstreicht. Aus diesem Grunde ist auch die Art der Stapelung des Trockengutes vor allem in bezug auf Lage und Richtung zum trocknenden Luftstrom von entscheidendem Einfluß auf den Erfolg des jeweiligen Trocknungsvorganges.

Auch vertragen sehr viele Güter kein rasches Trocknen, sie würden reißen, sich werfen oder ihre Farbe verändern, unscheinbar oder wertlos werden. In diesem Falle muß zum Gegenstromprinzip übergegangen werden, d. h. das Trockengut muß allmählich entgegengesetzt der Stromrichtung der Luft durch den Luftstrom hindurch geführt werden. Auf diese Weise kommt das zu trocknende Material allmählich in weniger feuchte und heißere Luftzonen. Bei Anwendung des Gegenstromprinzips wird also das Gut vorwärts bewegt und die Trockenluft in entgegengesetzter Richtung umgewälzt (s. Bd. I, Abb. 66), während bei der Kammertrocknung das Trockengut ruht und nur die Luft umgewälzt wird (s. Bd. I, Abb. 65).

Beiden Verfahren ist also die Luftumwälzung gemeinsam. Bei einem jedesmaligen Kreislaufe wird ein Teil der feuchten

Luft ins Freie ausgestoßen und durch Frischluft ersetzt, so
daß nach und nach die gesamte umlaufende Luftmenge mehrmals durch Frischluft ersetzt wird. Je nach der Luftmenge,
die von der Umwälzluft abgelassen bzw. ihr als Frischluft
wieder beigemischt wird, kann der Trockenprozeß verlangsamt
und beschleunigt werden; denn durch Einstellung der jedesmal
einströmenden Frischluftmenge wird in beiden Trocknungsverfahren der Feuchtigkeitsgehalt der Luft und damit auch die
Geschwindigkeit des Trocknungsvorganges geregelt[1]).

Ist das Trockengut wenig empfindlich, so wird der Trockenprozeß meist ohne besondere Regelvorrichtung durchgeführt
(z. B. in Wäschereien). Die von außen entnommene Luft wird
in diesem Falle an Heizkörpern unter einem Lattenrost erwärmt, durch den Trockenraum geleitet und alsdann wieder
unmittelbar ins Freie durch einen Abluftschacht ausgestoßen.
Auf diese Weise sind z. B. die Wäschetrocknereien bei kleinen
Waschanstalten ausgebildet. In größeren Wäschereibetrieben
sind allerdings diese primitiven Trocknungsanlagen durch
Ketten-Trocknungsanlagen nach dem Kanal-Trockensystem
ersetzt worden, bei denen jedoch die Heizfläche zur Lufterwär-
mung unter dem Apparate, und zwar in seiner ganzen Länge
angeordnet ist.

Die Berechnung der Trockenapparate erstreckt sich auf
die Größe der Heizflächen, welche zur Erwärmung der Trockenluft erforderlich sind, auf die Größe der Ventilatoren und der
Kanäle zur Luftförderung und zuletzt auf den stündlichen
Wärme- bzw. Dampfverbrauch. Die notwendigen Rechnungs-
unterlagen wurden im I. Bande, S. 77 und S. 126, gegeben.

Zur Ausführung von Trockenanlagen sind aber sehr um-
fangreiche Erfahrungen notwendig, besonders wenn die Zuführung der in Lufterhitzern auf die Eintrittstemperatur vorgewärmten Luft von außen erfolgt; denn in diesem Falle ist
sehr oft eine gleichmäßige Verteilung der Luft außerordentlich
erschwert, welcher Umstand häufiger ein ungleichmäßiges Ab-
trocknen des eingebrachten Trockengutes zur Folge hat.

---

[1]) Abschnitt 9 dieses Bandes bringt die zur Regelung des Trocknungsvorganges notwendigen Meßmethoden zur Bestimmung der
Temperatur und des Feuchtigkeitsgehaltes von Luft.

Ein sehr wichtiges Anwendungsgebiet für beide Verfahren ist die Holzindustrie. Hier werden Battens zumeist im Kammertrocknungsverfahren, Fußbodenbretter, Latten und Schalholz nach dem Kanal-Trocknungsverfahren getrocknet. Fourniere erfordern ein besonderes Verfahren. Abb. 68 zeigt die Zentralstation der Heizapparate, Ventilatoren, Feuchtig-

Abb. 68. Daqua-Zentralstation für eine Holztrocknungsanlage.

keitsregler und Antriebsvorrichtung für eine Holztrocknungsanlage mit vier Kammern der Firma Danneberg & Quandt, Berlin.

In den meisten Holz verarbeitenden Industrien steht für die Beheizung der Trocknungsanlage Abdampf, ev. auch Vakuumdampf bei Kondensationsmaschinenbetrieb, zur Verfügung. Man kann aber auch Niederdruckdampf von einem besonderen Niederdruckdampfkessel, welcher mit einer Spänevorfeuerung ausgerüstet wird, oder auch Frischdampf unmittel-

bar vom Hochdruckkessel — aber nur, wenn eine andere Dampf-
art nicht in Frage kommt — verwenden.

Die Hauptsache ist, daß der zur Verfügung stehende oder
zu beschaffende Dampf nicht überhitzt ist. Überhitzter
Dampf ist für eine praktische Holztrocknung nicht verwendbar.
Es kommt also nur gesättigter Dampf in Frage.

Bei der Holztrocknung wird eine intensive Bespülung der
Hölzer als Grundbedingung gefordert, um eine schnelle und
wirtschaftliche Trocknung durchzuführen. Die Lufterhitzer-
systeme nach Abb. 70, Band I, erzeugen die Luftbewegung
in den Trocknungsräumen durch Ventilatoren, welche heute
zumeist durch Elektromotoren angetrieben werden und einen
guten Wirkungsgrad haben. Es wird zuweilen behauptet, daß
die notwendige Luftbewegung durch den natürlichen Auftrieb
in der Trockenkammer und damit kostenlos erzeugt werden
könnte. Eine solche Behauptung ist vollkommen abwegig,
denn hier wird die Luftbewegung zwar nicht durch motorische
Kraft, aber durch Wärme erzeugt, ein Verfahren, welches
dem Ventilatorbetrieb an Wirtschaftlichkeit bei weitem nach-
steht, denn Wärme ist lediglich eine Modifikation der Kraft
und der Trocknungsbetrieb lediglich durch Wärme ist erheblich teurer als derjenige mit Ventilatorbetrieb.

Für die Wirtschaftlichkeit von Trocknungsanlagen ist die
Verwertung im jeweiligen Betrieb anfallender Abwärmemengen wesentlich. Es seien deshalb im folgenden fünf
Trockenanlagen gebracht, welche zugleich weitgetriebene Abwärmeverwertungsanlagen darstellen.

Für Ziegeleien ist die Lösung der Trocknungsfrage der
nassen Ziegelformlinge von größter wirtschaftlicher Bedeutung.
Sachgemäße künstliche Trocknung von nassen Ziegelform-
lingen ist eines der schwierigsten Probleme der Trocknungs-
technik. Dies liegt in der verschiedenen Beschaffenheit der
zu Ziegeln verarbeiteten Tonsorten begründet, insbesondere
muß das verschiedene Verhalten von Ton gegen Wärme und
Luftzug bei der Trocknung von derartig empfindlichem
Trockengut genügend beachtet werden. Es gibt Tone, die gegen
Wärme und Luft fast unempfindlich sind, und Tone, die beim
Beginn der Trocknung weder Luft noch Wärme vertragen.

Wegen der langen Trockendauer und der dadurch verur-
sachten hohen Zinsen, ferner wegen der zu großen Abhängigkeit
von der Witterung und Haltung umfangreicher Trockenschup-
pen hat sich bereits eine Reihe neuzeitlich geleiteter Ziegeleien
der künstlichen Ziegeltrocknung zugewandt.

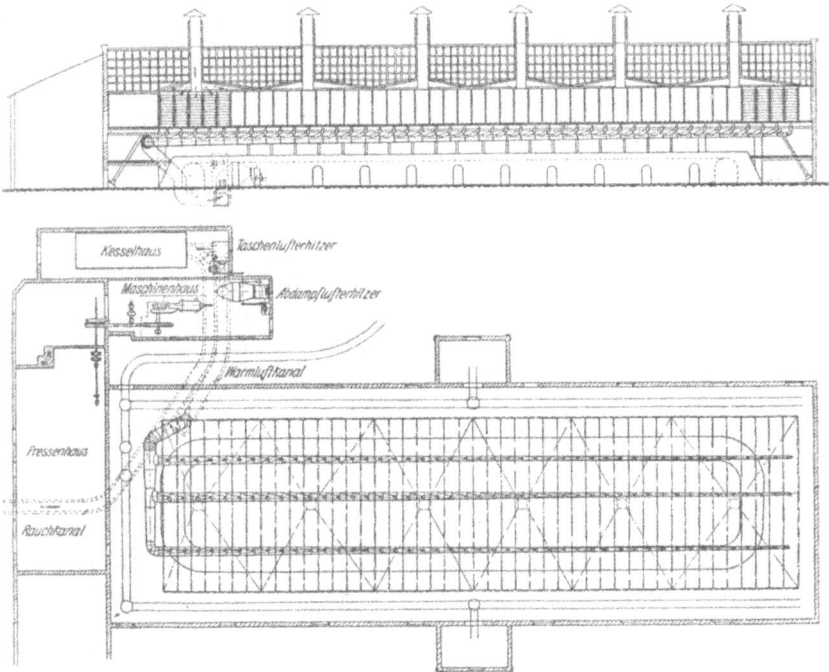

Abb. 69. Gesamtanordnung einer Großraum-Ziegeltrocknungsanlage mit
ABAS-Abgas- und Abdampf-Lufterhitzer.

Abb. 69 zeigt eine neuere, von der Abwärme-Aus-
nutzung und Saugzug G. m. b. H. „ABAS" in Berlin ausgeführte künstliche Großraum-Ziegeltrocknung mit Abdampf-
und Abgasausnutzung für eine Trockenleistung von etwa
20 000 Ziegelsteinen je Tag.

Der Trockenraum ist in eine Anzahl offener Trockenkammern unterteilt, so daß die strahlende Wärme des
Ringofens für den Trockenvorgang wirksam mit ausgenutzt
wird.

Zur Abführung der mit Feuchtigkeit angereicherten Abluft ins Freie sind über die Länge des Trockenraumes in gleichen Abständen in der Mitte sechs Abzugsschlote mit Regenhauben angeordnet.

Zur Fortleitung der Warmluft von den Erzeugungsstellen und zur Verteilung der Warmluft auf die einzelnen Trockenkammern dient ein unterhalb derselben verlegtes Blechrohrleitungsnetz mit in die Trockenkammern ausmündenden Ausblasestutzen. Letztere enthalten Regelklappen, durch welche die Warmluftzuführung sich in weiten Grenzen einstellen läßt. Der Boden einer jeden Trockenkammer wurde teilweise abgedeckt, wobei die in der Mitte vorgesehenen Bretter verschiebbar bzw. hochklappbar ausgeführt wurden.

Den Trockenkammern dieser Anlage werden mittels Ventilatoren stündlich etwa 68000 m³ Luft mit einem Wärmeinhalt von etwa 1000000 kcal zugeführt. Hierbei ist die Luftbewegung so gering gehalten, daß starker Luftzug, der ev. ein Reißen der nassen Ziegelformlinge verursachen könnte, vermieden wird.

Die genannte Warmluftmenge wird durch einen Abdampflufterhitzer und einen Abgas-Taschenlufterhitzer erzeugt.

Der Abdampflufterhitzer wurde hinter der Dampfmaschine aufgestellt, während der Abgas-Taschenlufterhitzer hinter dem Dampfkessel angeordnet wurde. Die Abgase des Dampfkessels treten durch einen Kanal in den Abgas-Taschenlufterhitzer und verlassen denselben nach ihrer Ausnutzung durch einen Abgaskanal, welcher sie ins Freie abführt. Um auch den Abgas-Taschenlufterhitzer vorübergehend ausschalten zu können, ist ein Umgehungs-Abgaskanal vorgesehen worden.

Der im Maschinenhaus angeordnete Abdampflufterhitzer wird stündlich mit etwa 2000 kg Abdampf gespeist. In die Abdampfleitung von der Dampfmaschine zum Abdampflufterhitzer ist ein Abdampfentöler eingebaut, um eine Verkrustung der Heizfläche des Dampflufterhitzers und dadurch die Verschlechterung des Wärmeüberganges zu vermeiden.

Die Warmluft des Abdampflufterhitzers wird ebenfalls in den vom Abgas-Taschenlufterhitzer zur Ziegeltrocknungsanlage führenden Warmluftkanal eingeblasen, an welchem das Warmluftverteilungsnetz anschließt.

Als Heizmittel für Abgas-Taschenlufterhitzer können Abgase von Dampfkesselfeuerungen, Lokomobilen und Industrieöfen Verwendung finden.

Wo außer zum Betriebe eines Abdampflufterhitzers noch überschüssiger Abdampf verfügbar ist, läßt sich dieser in einer Rippenrohrheizungsanlage für die Ziegeltrocknung wirtschaftlich ausnutzen.

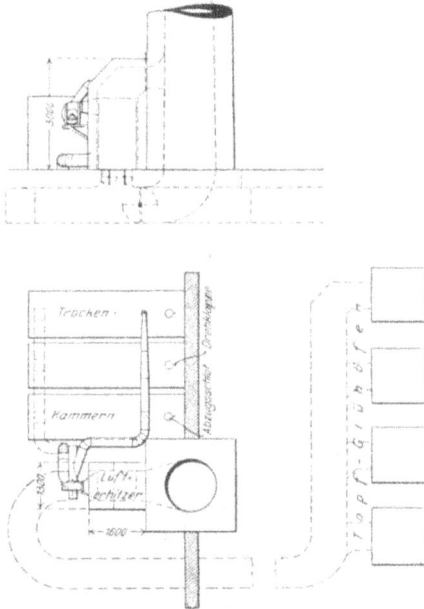

Abb. 70. Dreikammer-Drahtbundtrocknungsanlage
mit Abwärmeverwertung.

Abb. 70 zeigt den Grund- und Aufriß einer ausgeführten Dreikammer-Drahtbund-Trocknungsanlage, welche früher mit direkter Feuerung und jetzt mit Abwärmeausnutzung der Abgase von vier Topfglühöfen und mechanischer Lüftung betrieben wird. Der für diese Abwärmeausnutzungsanlage aufgestellte Abgas-Taschenlufterhitzer liefert stündlich rd. 2800 m³ Luft von 90⁰ bei einer Eintrittstemperatur von 0⁰. Die Warmluftmenge tritt durch einen unterirdischen Kanal durch Eintrittsöffnungen von unten her in die drei Trockenkammern

7*

100

ein. Zwecks Regelung der Warmluftzufuhr sind die Eintrittsöffnungen mit Kegelschieber ausgestattet.

Die Temperatur der in den Abgas-Taschenlufterhitzer
eintretenden Abgase beträgt $\sim 500^0$, nach erfolgtem Wärmeaustausch werden sie mit $\sim 200^0$ zum Schornstein und ins
Freie abgeführt. Der Leistungsbedarf des zur Luftförderung
benötigten Ventilators beträgt bei einer Luftmenge von
2800 m³/h gegen eine Wassersäule von 50 mm etwa 0,8 PS h.

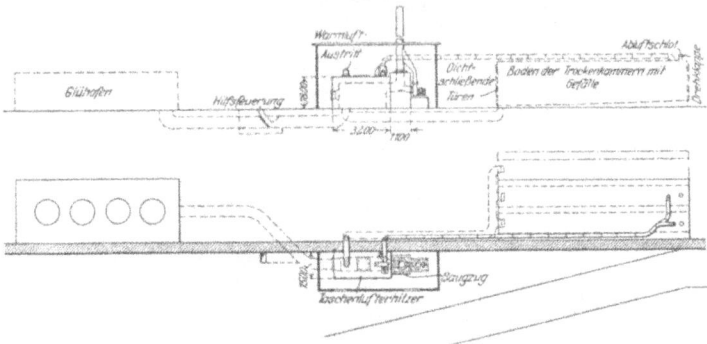

Abb. 71. Drahtbundtrocknung mit Abhitzeverwertung.

Der Trockenvorgang geht bei der Drahtbund-Trocknungs-
anlage[1]) nach Abb. 70 und 71 in der Weise vor sich, daß zu
Beginn der Trocknung etwa 1 Stunde lang Warmluft in die
Trockenkammern gedrückt wird, von wo sie stark mit Feuchtigkeit angereichert durch drei kurze Abzugsschlote ins Freie
entweicht. Auf diese Weise wird durch die zugeführte Warmluft die größte Feuchtigkeit von den Drahtbunden aus den
Trockenkammern abgeführt und die weitere Trocknung mit
dem wärmewirtschaftlicheren Umluftbetriebe ermöglicht, bei
welchem die Warmluft aus den Trockenkammern zur neuen
Aufwärmung im Abgas-Taschenlufterhitzer unter Beimischung
von etwas Frischluft durch den Ventilator zurückgesaugt wird.
Vor Übergang zum Umluftbetrieb werden die Öffnungen der
drei kurzen Abzugsschlote durch Drosselklappen geschlossen.
Hierauf werden die sechs durch zwei Rohrleitungen mit

---

[1]) Siehe auch Brandt » Künstliche Drahttrocknungsanlagen
mit Abwärmeausnutzung«, Stahl und Eisen 1925, Nr. 38.

dem Ventilator verbundenen Saugöffnungen an den Trocken-
kammerdecken geöffnet. Der Ventilator saugt die in die
Trockenkammern gedrückte und dort mit Feuchtigkeit an-
gereicherte Warmluft zur neuen Aufwärmung im Kreislauf
zurück.

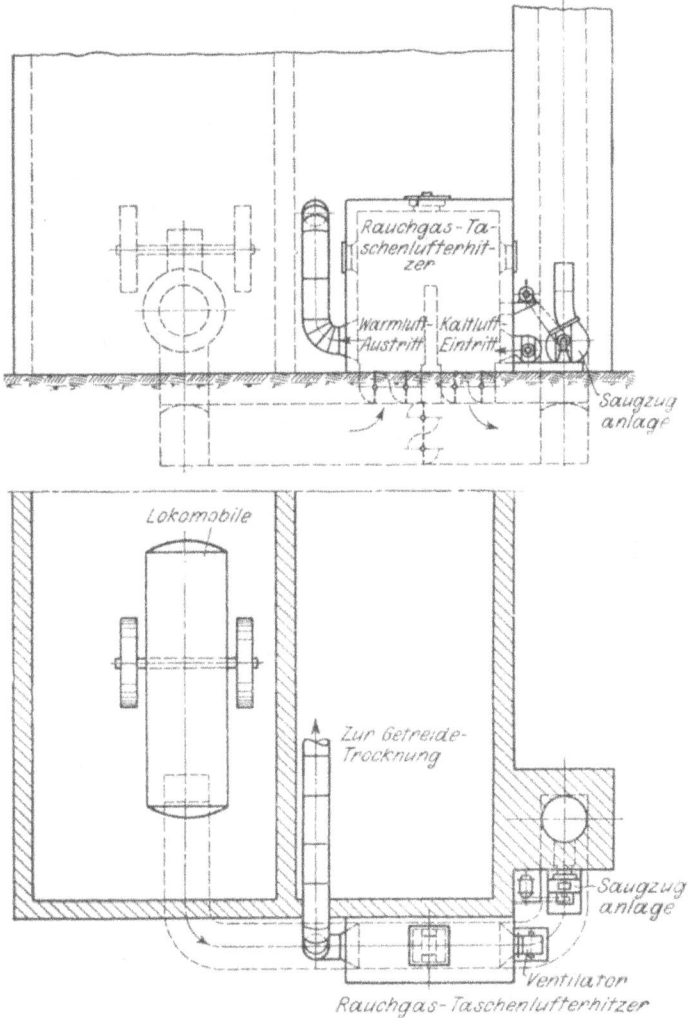

Abb. 72. Rauchgasverwertung zur Trocknung von Getreide.

Eine weitere ausgeführte künstliche Trocknungsanlage
zur Trocknung von Drahtbunden nach der Beize zeigt Abb. 71.
Bei dieser Anlage werden die auf Gestellwagen gestapelten

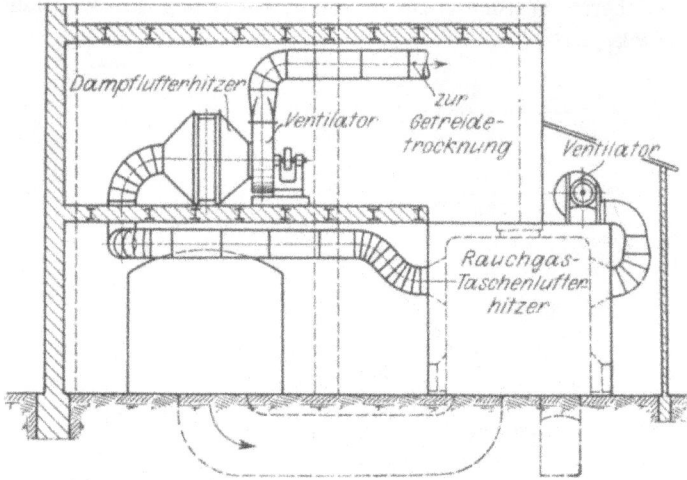

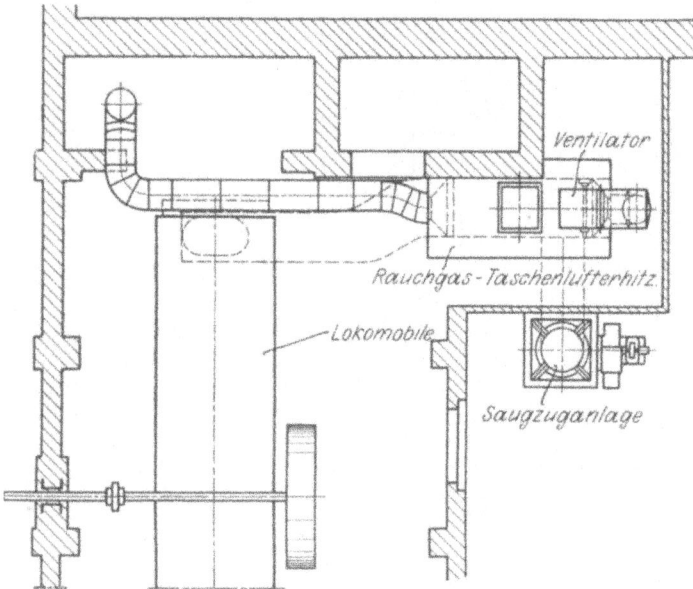

Abb. 72 a. Rauchgasverwertung zur Trocknung von Getreide.

Drahtbunde in zwei Kanälen mittels Warmluft von rd. 85⁰ getrocknet, die in einem Taschenlufterhitzer erzeugt wird. Zum Betriebe dieses Taschenlufterhitzers stehen entweder die Abgase von vier Glühöfen oder beim Stillstand derselben die Feuergase einer Hilfsfeuerung zur Verfügung. Im letzteren Betriebsfalle wird der Abgas-Zuführungskanal von den Glühöfen nach dem Taschenlufterhitzer durch Drehklappen abgesperrt. Der Trockenvorgang selbst spielt sich bei der Kanal-Drahtbund-Trocknungsanlage Abb. 71 in ähnlicher Weise ab,

Abb. 73. Abdampf-Heizzentrale, Bauart »Balcke«.

wie bei Anlage Abb. 70 geschildert, d. h. bei Beginn der Trocknung wird erst mit Frischluftbetrieb und anschließend mit Umluftbetrieb gearbeitet.

Über die Konstruktion und Wirkungsweise der Abgas-Taschenlufterhitzer wurde in Band I, S. 88 und S. 154 f., das Wesentliche gesagt.

Abb. 72 und 72 a zeigen Abgasverwertungsanlagen zur Trocknung von Getreide in einer Dampfmühle[1]) und Abb. 73 eine mit dem Abdampf der Antriebsturbine des Ventilators betriebene Heizzentrale für eine Trockenanlage, Bauart Balcke-Bochum.

------

[1]) Siehe Brand »Abgas-Abwärmeausnutzung für Heizung, Trocknung und zur Erzeugung vorgewärmter Verbrennungsluft«. Die Wärme 1925, Nr. 31.

An dieser Stelle sei noch auf den Zweiluftstromtrockner der Firma Benno Schilde, Hersfeld, eingegangen. Als Beispiel werde der Kanaltrockner für appretierte Gewebe (Abb. 74) herausgegriffen[1]).

Würde dieselbe Luftmenge im Kreislauf zirkulieren, so wäre sie bald mit Wasser gesättigt und verlöre ihre Trockenfähigkeit. Es muß also ein Teil der Luft, und zwar die mit Wasser am höchsten gesättigte, als Abluft entweichen und diese an anderen Stellen durch Frischluft ersetzt werden. Hierzu ist in den Schilde-Trocknern eine zweite Luftbewegung

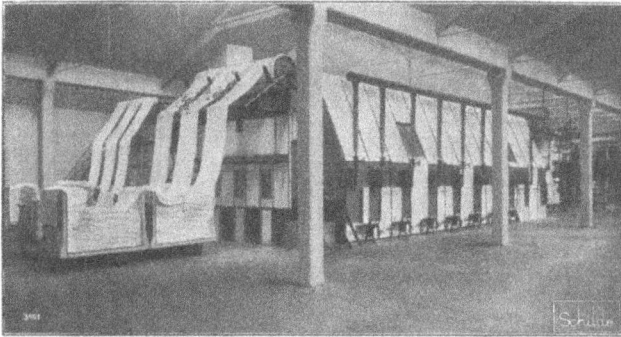

Abb. 74. Schilde-Zweiluftstrom-Stufen-Trockner.

eingerichtet, die längs der Achse des Trockenkanals im Gegenstrom zum Trockengutweg verläuft und unabhängig von der kreisförmigen Luftzirkulation dem Zwecke der Lufterneuerung dient. Diese zweite Luftbewegung, die durch besondere, am Naßeinlaufende des Kanals angeordnete Lüfteraggregate bewirkt wird, läßt sich so regeln, daß die Abluft genau mit jenem Sättigungsgehalt abzieht, der die wirtschaftliche Arbeit des Trockners ermöglicht. Dies ist ein großer wärmewirtschaftlicher Vorteil der Schilde-Trockner, der nur durch die beschriebene doppelte Luftbewegung und die damit verbundene Unabhängigkeit der Lufterneuerung von der Kreisluftbewegung möglich ist.

---

[1]) S. a. Keuper, Großtrockenanlagen für die Textilveredelungsindustrie. Leipziger Monatszeitschrift für Textilindustrie. 1927, Heft 10.

Eine weitere Einrichtung der Schilde-Trockner, welche nicht nur Ersparnisse an Wärme bringt, sondern vor allem auch eine große Schonung des Trockengutes bewirkt, ist die Unterteilung des Trockenraumes der Länge nach in verschiedene Wärmestufen, die so verteilt sind, daß vom Naßende des Trockenraumes bzw. Trockenkanals die Temperaturen schnell ansteigen, während sie stufenförmig zum Trockenende wieder abnehmen. Bei diesem sog. Stufen-Umluft-Trockenverfahren wird also immer das nasse Trockengut anfangs ansteigend höheren Temperaturen entgegengeführt; je trockener es aber wird, um so kühler werden wieder die Trockenzonen, indem das Trockengut im fertig getrockneten Zustand nur noch einer für seine Qualität zuträglichen Endtemperatur ausgesetzt ist. Ein Verderben des Materials, und sei es auch noch so empfindlich, durch zu hohe Temperaturen wird auf diese Weise vermieden.

Die Trockenanlage der Abb. 74 dürfte, was die Leistung anbetrifft, eine der größten Anlagen Deutschlands für appretierte Gewebe sein. Der Betrieb ist selbstverständlich vollkommen selbsttätig, die Gewebebahnen werden auf Tragstäben in ruhenden Falten freihängend durch den Kanal getragen. Der Aus- und Einlauf der Stoffbahnen ist fortlaufend, während der Stabvorschub innerhalb des Trockners mit Zeitabschnitten erfolgt, und zwar derart, daß die Stabvorschubketten jedesmal um einen Stab weiterwandern, wenn soviel Stoffbahn eingeleitet ist, daß die Hängefalte die ganze nutzbare Hängehöhe ausfüllt. Eine besondere Vorrichtung bewirkt, daß die Hängelängen stets gleich bleiben. Am Auslauf der Stoffbahnen ist eine Einrichtung getroffen, die einen unbedingt glatten und selbsttätig regelnden Auslauf der Gewebe sicherstellt. Die ganze Stofführung ist so, daß ein Beschädigen der Appreturschicht ausgeschlossen ist. Für die Behandlung anderer Gewebe, wie Trikot, Genuakord usw. werden die Schilde-Gewebetrockner ähnlich gebaut, jedoch wird jeweils im mechanischen Ausbau auf die besonderen Eigenarten der Stoffe Rücksicht genommen.

Die Notwendigkeit, die Selbstkosten auf das äußerste Maß herabzusetzen, brachte in letzter Zeit eine Umgestaltung gewisser Trocknungsbetriebe mit sich. Diese Bewegung ging von

Amerika aus und wurde veranlaßt durch die Ausbildung rationeller Schnell-Trockenanlagen für lackierte und emaillierte Güter
im Automobilbau beim Übergang auf die Serien-Fabrikation.

Um die Leistungsfähigkeit der Trockenanlage zu steigern,
begann man zunächst damit, die Trocknungstemperatur zu
erhöhen. Da jedoch der Temperaturerhöhung durch die Empfindlichkeit und Eigenart des zu trocknenden Materials eine
Grenze gesetzt ist, so war man gezwungen, gleichzeitig mit der
Erhöhung der Trockentemperatur auch den Luftwechsel zu
vergrößern und das Material im Heißluftstrom zu bewegen.
Hierdurch läßt sich der halb kontinuierliche Betrieb bei der
Trocknung kleiner Mengen und der Fließbetrieb bei großen
Mengen ermöglichen. Diese neuen Trocknungsverfahren erfordern nun eine bedeutend intensivere Wärmezufuhr als bei
den früheren Anlagen. Die Dampfheizung wird damit unwirtschaftlich oder genügt doch zum mindesten den Ansprüchen nicht mehr; man war daher gezwungen, zu neuen
Heizmethoden überzugehen und wandte sich der Gas- oder Ölfeuerung zu.

Im nachstehenden sind nun weitere Anlagen besprochen,
welche besonders den gesteigerten Anforderungen auf Erhöhung des Fabrikationstempos und Vergrößerung der Wirtschaftlichkeit gerecht werden wollen. Es kann sich dabei
naturgemäß nur um schematische Darstellungen handeln, weil
bei den wirklichen Ausführungen die Durchbildung der Anlage
jeweils den örtlichen Verhältnissen und Betriebsbedingungen
besonders angepaßt werden muß. Erwähnt sei in diesem Zusammenhange, daß die zuerst erfolgte einfache Übernahme
amerikanischer Verfahren unserer deutschen Heizungsindustrie
erhebliche geldliche Verluste gebracht hat, bis man dazu überging, das von Amerika Übernommene erst einmal den in
Deutschland naturnotwendig anders gearteten Fabrikationsverfahren sinngemäß anzupassen. Es werden je nach dem
Verwendungszweck Hochtemperaturtrockner mit mittelbarer
oder unmittelbarer Heißluftheizung sowie mit natürlicher oder
künstlicher Belüftung gebaut, und zwar lassen sich folgende
drei Bauarten unterscheiden:

1. Die Kammer- (Schrank-) Hochtemperaturtrockner für
kleinere Fabrikationsleistungen.

2. Die halbkontinuierlichen Hochtemperaturtrockner für mittlere Fabrikationsleistungen.

3. Die kontinuierlichen Hochtemperaturtrockner für große Leistungen und den hierdurch wirtschaftlich werdenden Fließbetrieb.

Die Öfen müssen den Erfordernissen der Hochtemperaturtrocknung entsprechend durchgebildet werden. Im allgemeinen kann gesagt werden, daß sich die Ummantelung und der Wärmeschutz nach der Arbeitstemperatur richtet. Bei niedrigen Temperaturen reicht der gewöhnliche Wärmeschutz in entsprechenden Stärken aus, während bei höheren Trockentemperaturen außer dem festen Wärmeschutz noch eine Luftisolation zur Herabminderung der Wärmeleitverluste erforderlich wird. Das Gerippe der Kammern bzw. Kanäle wird aus kräftigen Formeisen aufgebaut, die zur Verminderung der Wärmeableitung großer Verbindungsflächen ein besonderes Profil erhalten. Auch muß der Materialausdehnung durch die höheren Temperaturen Rechnung getragen werden, die mehrere cm auf das lfd. m Trockenkammerlänge betragen können.

Bei den Daqua-Bauarten ist die Innenauskleidung der Öfen zwecks Verhinderung der Staubablagerung besonders sorgfältig ausgeführt. Die Innenbleche sind gespannt genietet und außerdem an den Verbindungsstößen mit den Trägern gedichtet. Bei Umluftbetrieb geht die Frischluft, bevor sie in die Heißlufterzeuger gelangt, noch durch Filter, so daß in Verbindung mit staubsicherer Ausführung der Öfen die Staubgefahr vollständig ausgeschaltet ist. Außerdem ist für ausreichende und wirksame Belüftung der Arbeitsräume Sorge getragen.

Abb. 75 und 76 zeigen einen Daqua-Hochtemperaturtrockner nach dem Kammer- oder Schranksystem für kleinere Leistungen. Diese Trockner arbeiten gewöhnlich mit natürlicher Belüftung, jedoch werden an den Abzugsstellen Injektorhauben angebracht, deren Saugwirkung eine wesentlich intensivere Belüftung erzielt. Aus diesem Grunde kann ohne weiteres mit höheren Arbeitstemperaturen getrocknet werden, wobei die Belüftung mit der Temperatur sich ebenfalls erhöht. Für Sonderzwecke werden auch Apparate mit Umluftbetrieb,

108

d. h. mit künstlicher Belüftung gebaut. Die Umluft wird dann
je nach dem vorliegenden Erfordernis entweder durch den Ofen
gesaugt oder gedrückt. Je nach der Größe der Kammern sind die
Türen ein- oder zweiflügelig ausgebildet. Sie hängen in Mehr-
fach-Scharnieren und sind durch starke Profileisen gut versteift.

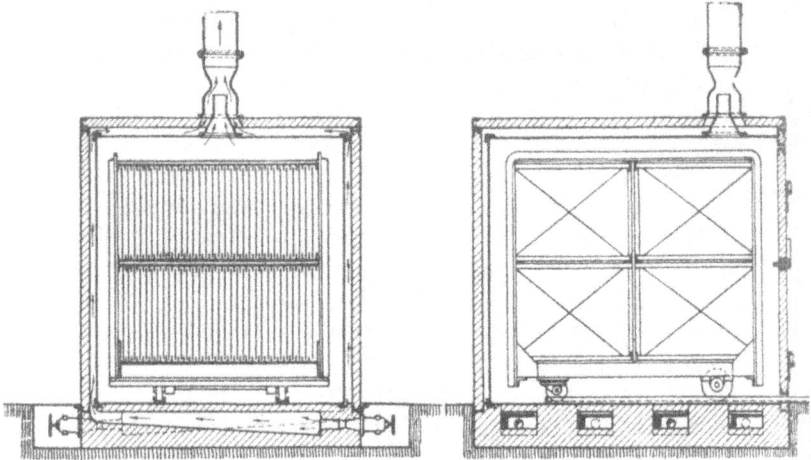

Abb. 75 und 76. Daqua-Hochtemperatur-Kammertrockner.

Basquilleverschlüsse ermöglichen ferner ein absolut dichtes
Schließen der Türen und verhindern ein Verziehen derselben.
Zur Beheizung werden je nach der erforderlichen Temperatur
Düsenbrenner mit versetzten Schamotteunterführungen, Flä-
chenbrenner oder Brenner mit Kühlluftdüsen verwendet.

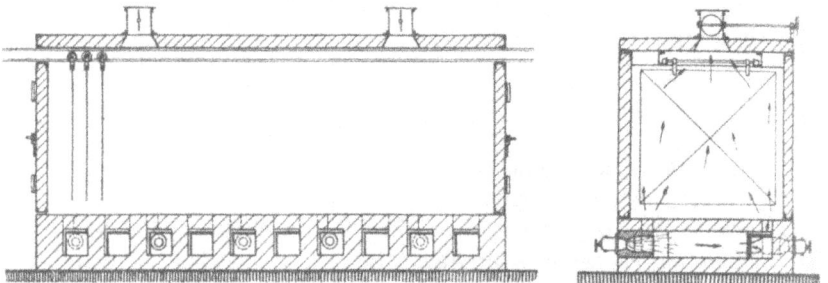

Abb. 77 und 78. Daqua-Hochtemperaturtrockner für halb kontinuierlichen Betrieb und direkte
Beheizung.

Bei Umluftbetrieb wird mit Heißlufterzeugern gearbeitet. Die Führung der Heizgase erfolgt unter Berücksichtigung der Wärmetransmissionen, so daß eine gleichmäßige Temperaturverteilung im ganzen Trockenraum gewährleistet wird. Durch Drosselklappen und entsprechende Luftregulierschieber wird ein genaues Einstellen und Halten der Trockentemperatur ermöglicht.

Abb. 77—79 zeigen einen Daqua-Hochtemperaturtrockner nach der zweiten Bauart für halbkontinuierlichen Betrieb und für mittlere Leistungen. Diese Trockner werden hauptsächlich für stufenweises Trocknen hintereinander verwendet. Sie passen sich an die Fabrikationsrichtung an und werden im allgemeinen mit einer Wagentransportvorrichtung oder mit einer Hängebahn (nach Abb. 77—79) ausgeführt. Das Trockengut steht während des Trockenprozesses im Ofen still. Um bei besonders empfindlichem Trockengut nicht zu schnell abkühlen zu müssen, kann hinter dem Trockenraum ein Abkühlraum vorgesehen werden, in den die Ware nach Beendigung des Trockenprozesses eingeschoben und ganz allmählich abgekühlt werden kann. Um ein langsames Anwärmen zu erreichen, kann auch ein Vorwärmerraum dem eigentlichen Trockenraum vorgebaut werden.

Zur Erhöhung der Wirtschaftlichkeit der Anlage wird die Belüftung der Vorwärme- und Abkühlkammer kombiniert,

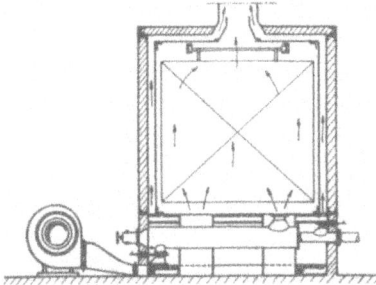

Abb. 79. Daqua-Hochtemperaturtrockner für indirekte Beheizung.

so daß das abzukühlende Gut die Vorwärmung übernimmt. Die Abb. 78 und 79 zeigen zwei halbkontinuierliche Trockner für direkte und für indirekte Beheizung.

Die Abb. 80 stellt einen Daqua-Hochtemperatur-Kanaltrockner der dritten Bauart für große Leistungen und für

Fließbetrieb dar, wie solche z. B. in der Lacktrocknerei Verwendung finden.

Die Lackierung erfolgt hier nach einem gänzlich neuen, bedeutend vereinfachten Verfahren. Die entstehenden Lackdämpfe werden von hocherhitzter Luft, welche im Gegenstrom zur Förderrichtung des Trockengutes geführt wird, aufgenommen und am anderen Ende des Kanals abgesaugt. Es wird hierdurch eine erhebliche Verbesserung der Qualität des Trockengutes, wie Hochglanz des Lacküberzuges, erhöhter Härtegrad der Lackschicht und demnach auch eine bedeutend größere Widerstandsfähigkeit der Lackierung erreicht. Auch werden ganz bedeutende Ersparnisse an Brennstoff-, Löhnen- und Platzbedarf erzielt. Der Trockner kann für sich allein kontinuierlich betrieben oder in den gesamten Fließbetrieb eingeschaltet werden. Durch den in beiden Fällen vor sich gehenden kontinuierlichen Arbeitsgang wird die Gesamtanlage den einzelnen Operationen nach gegliedert, so daß neben einer guten Übersicht der Zeit- und Raumaufwand auf ein Minimum herabgedrückt wird. Durch entsprechende Vorrichtungen und Abtropfbahnen wird eine große Sauberkeit erreicht und außerdem der Farb- bzw. Lackverlust herabgemindert. Demnach kommen die bisherigen Übelstände in den Lackierbetrieben, wie schlechte Dünste und Rauchentwicklung, ungleichmäßige Trocknung, Ausschuß, Lackreste auf dem Boden und dauernde Explosions- und Feuersgefahr in Fortfall. Die besprochenen Trockner arbeiten infolgedessen sehr wirtschaftlich und sind schon in ganz kurzer Zeit durch die Ersparnisse abgeschrieben.

Abb. 81 zeigt eine Daqua-Lackier-Kanaltrocknungsanlage für Fließbetrieb, und zwar ein Tauchverfahren mit Vor- und Nachlackierung in einem Arbeitsgang. Da bei diesen Anlagen die jeweiligen Betriebsverhältnisse berücksichtigt werden müssen, kann eine Ausführungsnorm nicht geschaffen werden, es muß vielmehr die zweckentsprechende Durchbildung der Anlage von Fall zu Fall ausgearbeitet werden. Das Material wird auch hier im Gegenstromprinzip durch den Kanal geführt. Eine endlose Kette übernimmt den Transport der vor dem Tauchbassin aufgehängten, zu lackierenden Teile. Im vorderen Kanal erfolgt die Trocknung des ersten Lacküberzuges. Alle Gegenstände werden dann selbsttätig durch besondere Anord-

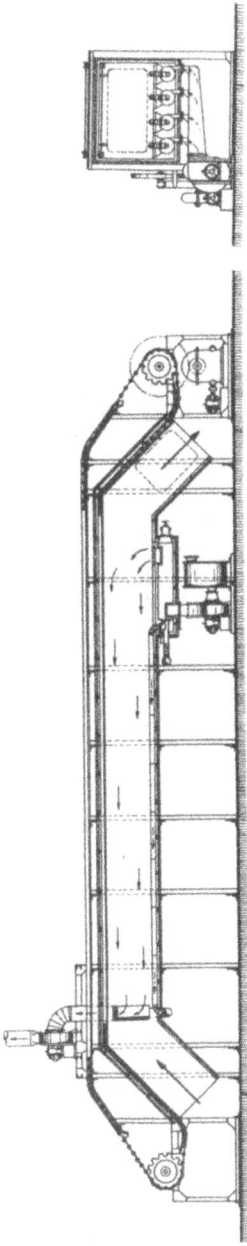

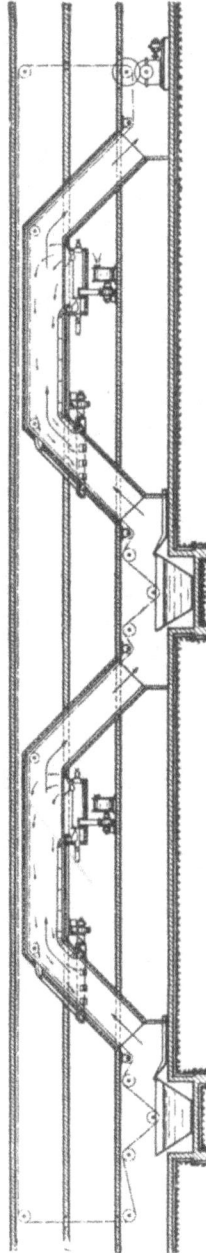

Abb. 81. Daqua-Lackier-Kanaltrocknungsanlage nach dem Tauchverfahren.

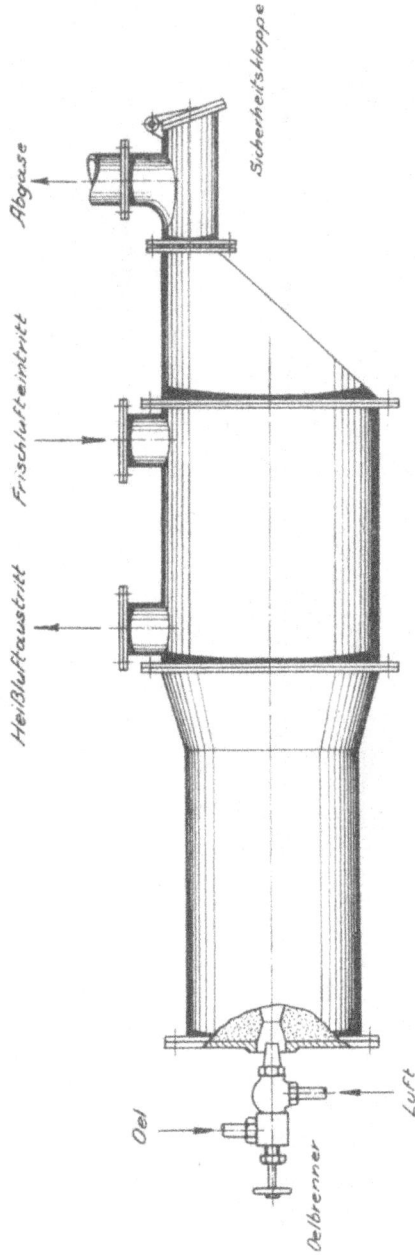

Abb. 82. Daqua-Hochtemperatur-Heißlufterzeuger.

nung des Kettenzuges zum zweitenmal getaucht, um dann in dem Nachtrocknungskanal unter Anwendung höherer Temperaturen, zum Hochglanz bei großer Lackhärte getrocknet zu werden. Durch entsprechende Vorrichtungen ist es möglich, die Geschwindigkeit des die Trockner durchlaufenden Materials in weiten Grenzen zu regeln. Ebenso können auch die Temperaturen sowohl bei der Vor- als bei der Nachtrocknung je nach Beschaffenheit des Lackes und des zu trocknenden Materials geregelt bzw. eingestellt werden.

Um bei den Hochtemperaturtrocknern einen günstigen Wirkungsgrad und eine vollkommen gleichmäßige Temperatur zu erreichen, hat die Firma Danneberg & Quandt einen Hochtemperatur-Heißlufterzeuger herausgebracht, welcher in Abb. 82 schematisch dargestellt ist. Dieser ist das Hauptorgan der Trockenanlage. Die Beheizung desselben kann mit gasförmigem oder flüssigem Brennstoff erfolgen. Es sind selbstverständlich auch andere Ausführungen zur Ausnutzung von Abgasen unter Einschaltung von Taschenlufterhitzern möglich, bei denen dann aber die Luft höher vorgewärmt werden muß als bei den Normaltrockenanlagen. Der Abgasverlust ist infolge höherer Austrittstemperaturen der Abgase aus dem Lufterhitzer dementsprechend auch größer.

Das in dem Brenner erzeugte, vollkommen homogene Brennstoffluftgemisch wird in einem aus besonders hochfeuerfestem Material hergestellten Einsatz vollkommen verbrannt. — Die Erhitzung der Luft erfolgt im Gegenstrom zur Abgasrichtung, wobei durch die besondere Luftführung ein Maximum der Wärmeleistung erreicht wird. Durch diese Anordnung und durch die weitere Ausnutzung der aus dem Heißlufterzeuger austretenden Abgase zur mittelbaren Beheizung des Trockenraumes wird eine sehr gute Ausnützung des Brennstoffes und eine besonders hohe Wirtschaftlichkeit der Anlage erzielt. Über die Konstruktionsbedingungen von Gasbrennern ist das Erforderliche in Band II, S. 173f. gesagt worden.

Abschnitt 4.

Abwärmeverwertung zur Entnebelung von Werksräumen.

Neben der Trocknung von Gütern spielt in vielen Industrien die Entnebelung von Werksräumen eine sehr wichtige Rolle. Die Probleme sind insofern miteinander verwandt, als sie grundsätzlich mit denselben Mitteln gelöst werden. Auch können bei beiden dieselben Abwärmequellen zur möglichst wirtschaftlichen Durchführung des Verfahrens verwendet werden.

Die Nebelbildung in Arbeitsräumen ist eine sehr unangenehme Begleiterscheinung bei allen mit heißen Flüssigkeiten arbeitenden Industrien. In Färbereien, in verschiedenen Betriebsräumen der Textil- und Hut-Industrie, in Papierfabriken, Großküchen, Schlachthöfen, Konservenfabriken usw. müssen Arbeiten an offenen Bottichen und Apparaten vorgenommen werden. Der entstehende Schwaden (Wrasen) oder Brüden erschwert den Arbeitsvorgang, verhindert die Übersicht über den Betrieb und wirkt vor allem gesundheitsschädigend auf die Hauttätigkeit und auf die Atmungsorgane des dort beschäftigten Personals ein.

Die Beseitigung solcher Nebelbildungen ist eine oft schwer zu lösende Aufgabe. Die Schwierigkeit besteht in der Begrenzung durch die Anlage- und Betriebskosten oder in den jeweils vorliegenden und zuweilen recht ungünstigen örtlichen und baulichen Verhältnissen.

Die mit Entnebelungsanlagen häufig erzielten Mißerfolge sind nämlich zum Teil auf die Unkenntnis der Ursache der Nebelbildung sowie der neuzeitlichen Bekämpfungsmittel und deren zweckmäßige Anwendung zurückzuführen. Hinzu kommt die Kostenfrage zur Beschaffung einer guten Ent-

nebelungsanlage, deren Höhe gelegentlich zu halben Maßnahmen Veranlassung gibt, wodurch dem Übel dann natürlicher-
weise nicht abgeholfen werden kann.

Nebel ist nichts weiter als eine Ansammlung von Wasser-
bläschen in der Luft. Je wärmer die Luft ist, um so mehr ist
sie befähigt, Wasser aufzunehmen, ohne unklar zu werden. Wird
aber die Luft abgekühlt, so sinkt entsprechend der eintretenden Abkühlung ihre Aufnahmefähigkeit, sie muß infolgedessen
den vorher aufgenommenen Wasserüberschuß in feinster Verteilung ausscheiden und wird alsdann undurchsichtig. Die
Temperatur darf deshalb in den zu entnebelnden Räumen
keinesfalls bis unter den Taupunkt erniedrigt werden. Würden
in einem Raume, in welchem sich Nebel gebildet hat, die Türen
und Fenster geöffnet werden, um dem Nebel freien Abzug zu
gestatten, so würde gerade das Umgekehrte von dem eintreten,
was beabsichtigt wurde, denn durch die Wärmeentziehung bei
offenen Türen und Fenstern sinkt die Temperatur der Innenluft und der Nebel, d. h. die Wasserausscheidung wird somit
stärker statt schwächer — der Nebel scheint in den Raum hinein-
zuwandern. In dem Augenblick, wo die relative Feuchtigkeit
der Innenluft bei abfallender Temperatur 100 v. H. angenommen hat, tritt die Wasserausscheidung auf. Es ist deshalb
wesentlich, daß der zu entnebelnde Raum unter Überdruck
steht, damit das Eindringen kalter Außenluft durch Undichtigkeiten des Gebäudes verhindert wird.

Umgekehrt könnte die Nebelbildung dadurch beseitigt
werden, daß der mit Wasser geschwängerten Luft Wärme zugeführt wird, so daß der relative Feuchtigkeitsgehalt unter
100 v. H. fällt. Sind z. B. 20 g Wasser in 1 kg Luft enthalten,
so muß nach Abb. 83 die Lufttemperatur auf mindestens 28°
gebracht werden, wenn die Nebelbildung verschwinden soll[1]).
Durch die Temperaturerhöhung der Luft durch Heizkörper
könnte der Nebel beseitigt werden, wenn die absolute Feuchtigkeit dieselbe bliebe. Da nun aber die Wasseraufnahme der
Luft anhält, müßte die Temperatur dauernd gesteigert werden,
um das Erreichen der Sättigungsgrenze zu vermeiden. Damit

---

[1]) Siehe Fedor Möller »Wärmewirtschaft in der Textilindustrie«,
S. 51 u. f. Verlag von Theodor Steinkopff, Dresden und Leipzig 1926.

116

würden aber sehr bald vollkommen unzuträgliche Temperaturen erreicht werden.

Auf diese Weise ist also eine Entfernung des Nebels nicht möglich, es ist dies vielmehr nur durch eine dauernde Zuführung von warmer trockener Luft unter zugfreier Verteilung derselben in die zu entnebelnden Arbeitsräume, und zwar unter gleichzeitiger gründlicher Entlüftung zu erreichen.

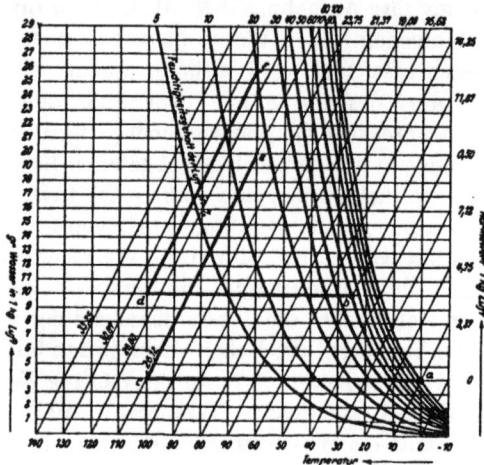

Abb. 83. Abhängigkeit der Feuchtigkeit und des Wärmewertes von der Lufttemperatur.

Infolge der Fähigkeit von warmer trockener Luft, Feuchtigkeit sehr schnell aufzunehmen, und zwar um so mehr, je höher die Lufttemperatur getrieben wird, wird eine Entnebelungsanlage sich um so billiger stellen, je höher die Temperatur der von ihr vorgewärmten Entfeuchtungsluft ist; sie wird aber auch gleichzeitig um so schlechter, weil hohe Lufttemperaturen in den zu entnebelnden Räumen — wie schon gesagt — eine tropische Hitze erzeugen, unter welcher das Personal mehr zu leiden hat wie unter der Nebelbildung selbst.

Die Hauptforderungen, welche daher an ein gutes Entnebelungsverfahren gestellt werden müssen, sind die Anwendung möglichst niedriger Warmlufttemperaturen und dementsprechend großer Luftmengen bei zugfreier Zuführung;

denn nur hierdurch ist es möglich, klare Luft in den Arbeitsräumen zu schaffen, eine schnelle Wirkung der Entnebelungsanlage zu erzielen und das Personal nicht durch hohe Raumtemperaturen zu belästigen.

Andere Vorschläge kommen heute aus wirtschaftlichen
Gründen kaum in Frage. Man könnte z. B. die Luft zwecks
verstärkter Feuchtigkeitsentziehung bis unter den Taupunkt
durch Kühlmaschinen abkühlen, und man könnte nach erfolgter Abkühlung und Feuchtigkeitsentzug diese Luft erwärmen, um die Aufnahmefähigkeit für Feuchtigkeit für den
in der Raumluft enthaltenen Wasserdampf zu erhöhen. Der
Kostenaufwand zur Durchführung ist aber für die meisten
Betriebe zu groß, die wirtschaftliche Grenze wird überschritten
und damit scheitert das Projekt.

Eine einwandfreie Entwicklung bedingt aber auch — wie
eingangs schon dargelegt — die vollkommene Verhinderung
des Einströmens kalter Außenluft. Diese Forderung kann in
einwandfreier Weise nur dann erfüllt werden, wenn der zu entnebelnde Raum unter Überdruck gegenüber dem Außendruck
gehalten wird. In einem Raum, in welchem eine höhere Temperatur herrscht wie außerhalb, besteht an der Decke Überdruck, am Fußboden Unterdruck. Die Luft hat also das Bestreben, an der Decke nach außen hin zu entweichen, dagegen
im unteren Teile des Raumes von außen nach innen einzu-
strömen. Dazwischen liegt eine neutrale Zone des Druckaus-
gleiches, d. h. die Luft befindet sich hier in einem Ruhezustande.
Um nun das Eindringen kalter Außenluft zu vermeiden, muß
die neutrale Zone durch Anwendung geeigneter Mittel unter
den Fußboden gedrückt werden, so daß also im Raume an
allen Stellen Überdruck herrscht. Da alle Baustoffe der Wände
mehr oder weniger Luft durchlassen, wird stets ein Strömen
der Luft von innen nach außen stattfinden. Dieser Luftverlust
muß ersetzt werden. Dies kann nur geschehen durch Verwendung eines Ventilators, welcher für den Ersatz dieses
Luftverlustes, für die Erzeugung des Überdruckes und für die
Einführung der warmen Entfeuchtungsluftmenge zu sorgen
hat. Der Ventilator ist somit neben dem Lufterhitzer und den
Warmluftverteilungssträngen einer der Grundbestandteile einer
jeden Entnebelungsanlage.

Für die Abführung der durch den Ventilator in den Raum hineingedrückten Luft müssen Abzugsschächte vorgesehen werden, welche bis auf den Fußboden herabgeführt werden. Außerdem aber sind auch an der Decke oder im Dach Abzugsöffnungen anzubringen. In vielen Betrieben kann während des Sommers der Ventilator abgestellt werden. Es muß dann dafür gesorgt werden, daß die Dämpfe unmittelbar durch die Abzugsöffnungen an der Decke ins Freie entweichen können.

Abb. 84. »Daqua«-Entnebelungsanlage in der Färberei einer Trikotagenfabrik.

Die Öffnungen müssen dicht verschließbar sein, sie sind demzufolge mit Klappen bzw. handlichen Stellvorrichtungen auszustatten, dagegen sind Jalousien zu vermeiden.

Die Ausströmungsöffnungen für die Warmluft aus den Zuleitungsrohren sind so über den Raum zu verteilen, daß die austretende vorgewärmte, trockene Luft den aus den Bottichen aufsteigenden Schwaden mitreißt und ihn fein verteilt, damit möglichst viel warme Luftteilchen mit den Wassertropfen des Schwadens augenblicklich in Berührung kommen; denn nur auf diese Weise kann eine möglichst innige Mischung des Wasserdampfes mit der Warmluft herbeigeführt werden.

Abb. 84—88 zeigen die Durchführung dieser Gedanken-
gänge an einigen ausgeführten Entnebelungsanlagen für verschiedene Industrien.

Abb. 85. »Daqua«-Entnebelungsanlage in einer Fleischkonservenfabrik.

Abb. 86. »Daqua«-Warmluftverteileranlage in einer Papierfabrik.

Abb. 84 und 85 zeigen zwei Anlagen der Firma Danneberg & Quandt, Berlin, zur Entnebelung der Färberei einer
Trikotagenfabrik und zur Entfernung des Schwadens in einer

Abb. 87. »Schilde«-Entnebelungsanlage in einer Papierfabrik.

Fleischkonservenfabrik. In beiden Fällen sind die Verteilungs-
leitungen für die Warmluft so über die Bottiche und Kessel
geführt, daß die Ausblaseöffnungen gerade über dem je-

Abb. 88. »Schilde«-Entnebelungsanlage in einer Färberei.

weiligen Schwadenherde liegen. Sie sind etwas über Mannes-
höhe angebracht, um möglichst nahe an die Herde heranzu-
kommen, ohne den freien Durchgang zu beeinträchtigen.

Abb. 86 zeigt die Verteileranlage derselben Firma für eine
Papierfabrik. Abb. 87 und 88 zeigen zwei Entnebelungsanlagen
der Firma Benno Schilde, Hersfeld (H-N), welche nach denselben Gesichtspunkten ausgeführt wurden.

Abb. 89 und 90 veranschaulichen die Wirkungsweise einer
Daqua-Entnebelungsanlage in einer Garnfärberei, und zwar

Abb. 89. Anlage außer Betrieb.

Abb. 90. Anlage 6 Min. nach Inbetriebnahme.
Abb. 89 u. 90. Wirkung einer Entnebelungsanlage in einer Färberei

zeigt Abb. 89 die Anlage außer Betrieb und Abb. 90, 6 Minuten nach Inbetriebsetzung. Die Wirkungsweise dieser Anlage ist um so bemerkenswerter, weil einmal der Raum mit schwaden-entwickelnden Kufen stark besetzt war und außerdem mit sehr niedrig gehaltenen Temperaturen gearbeitet wurde.

Abb. 91 zeigt die Ausführung einer Lufterhitzeranlage der Firma Danneberg & Quandt, Berlin, bei welcher der Ventilator durch eine Kleinturbine angetrieben wird, deren Abdampf nach erfolgter Arbeitsleistung zur Beheizung des Lufterhitzers weiter ausgenützt wird.

Abb. 91. Heizapparat mit Ventilatorantrieb durch eine Dampfturbine unter Ausnutzung des Abdampfes zur Luftvorwärmung bei einer Daqua-Entnebelungsanlage.

Der Ventilator saugt die Frischluft an, drückt dieselbe über die Heizflächen des Luftvorwärmers in die Warmluft-verteilungsstränge, durch welche alsdann die Warmluft in den zu entnebelnden Arbeitsraum über die Schwadenherde geführt und gleichmäßig verteilt wird. Die Heizfläche besteht aus in Batterieform zusammengebauten Lamellenkörpern, welche eine günstige Wärmeübertragung auf kleinem Raum bei geringem Luftwiderstand gewährleisten. Auf die günstigste Ausführungsform der Heizfläche wurde in Band I auf S. 137 näher eingegangen.

Die Lamellenkörper werden auf Sondermaschinen hergestellt und einem Probedruck von 20 ata unterzogen.
Die Warmluftverteilungsleitung wird aus verzinktem
Eisenblech oder in besonderen Fällen auch aus verbleitem
Eisenblech hergestellt und mit gutem Rostschutzanstrich versehen, um der Gefahr des Rostens zu begegnen. Die Rohrleitung ist so berechnet und ausgeführt, daß sie unter möglichst
geringen Reibungsverlusten die jeweils benötigte Luftmenge
zu den Austrittsstellen fördert. Eingebaute Absperr- und
Regelorgane ermöglichen an den Austrittsstellen eine beliebige Feineinstellung oder auch eine gänzliche Absperrung
der Warmluft. Für die Ableitung der bis auf 80—90 v. H.
relativer Feuchtigkeit gesättigten, verbrauchten Luft dienen
entweder in Mauerwerk oder aus verzinktem Eisenblech ausgeführte Abzugskanäle oder Dachlüfter. In besonderen Fällen
werden auch zur Abführung der wrasenhaltigen Luft besondere
Schraubenventilatoren benutzt, besonders dann, wenn eine
unmittelbare Abführung der feuchten Luft nach oben über
Dach nicht möglich ist.

In diesem Zusammenhange sei die Entnebelung von Dr.
Bauer erwähnt, weil sie neben anderen Vorteilen eine sehr gute
Entlüftung gewährleistet und damit besonders für die Abführ-
rung großer Schwadenmengen in Frage kommt. In solchen
Fällen ist die Ausführung der Dach- und Deckenkonstruktionen
der zu entnebelnden Arbeitsräume für die einzurichtende
Entnebelungsanlage von einschneidender Bedeutung.

Wie die schematische Darstellung dieser Bauweise auf
Abb. 92 zeigt, eignet sich die Bauweise besonders dort, wo der
nachträgliche Einbau einer Entnebelungsanlage in bestehende
Shedbauten notwendig wird. Es wird im besonderen der
Einfall kalter Luft von oben verhindert und wie in Abb. 92
durch Pfeile dargestellt, die Luftumwälzung zwangsläufig
gestaltet.

Die Bauweise vermeidet horizontale Decken- und Dach-
flächen und ordnet die Warmluftkanäle in den Hohlräumen
der Decken an. Auch führt sie das aufsteigende Dampfluft-
gemisch auf kürzestem Wege über Dach. Durch Isolierung der
Dachoberflächen wird die Bildung von Schwitzwasser vermieden bzw. eingeschränkt und ein unbehinderter Ablauf des-

selben vorgesehen. Es kann deshalb kein störendes Abtropfen
eintreten.

Für eine günstige Entnebelung der Arbeitsräume ist ein
zweckmäßiger Gebäude-Ausbau von grundlegender Bedeutung.
Dies gilt in besonderem Maße für Färbereien; denn solche werden sich bei planvoller Bauweise viel leichter und vollkommener

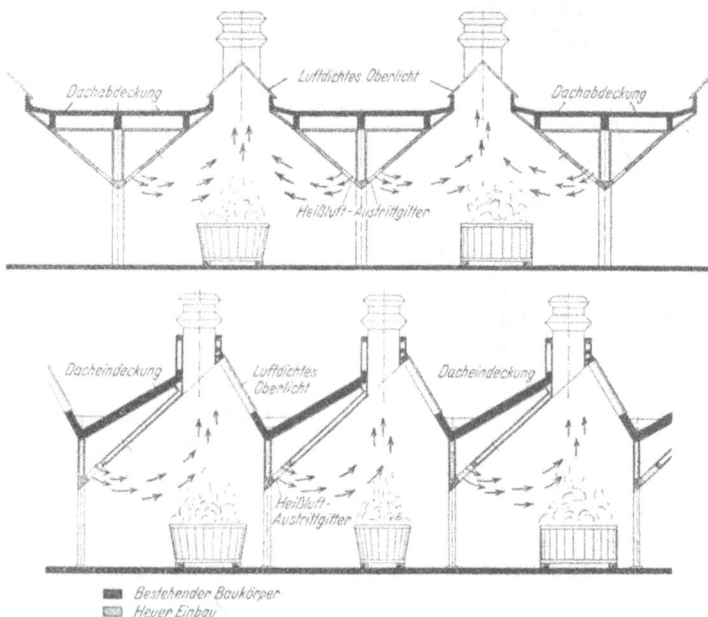

Abb. 92. Nachträglicher Einbau einer Entnebelungsanlage in bestehende Shedbauten »Bauart Dr. Bauer«.

entnebeln lassen als bei unzweckmäßiger Bauart. Für Färbereien kommt der Betonbau als besonders zweckentsprechend
in Betracht, weil er gegen Nässe vollkommen unempfindlich
ist und ferner die Decke der Färbereiräume so auszuführen
gestattet, daß sie gleichzeitig als Abzugshauben für den entstehenden Wrasen dienen kann.

Abb. 93 zeigt eine derartig gebaute Stückfärberei unter
gleichzeitiger Anwendung der in Abb. 92 dargestellten Bauweise von Dr. Bauer. Die durch die eigenartige Deckenaus-
bildung entstehenden trichterförmigen Hohlräume dienen

einmal als Abzugskanäle für die Entnebelungsanlage, sie stellen aber anderseits auch einen sehr guten Wärmeschutz der Decke selbst dar, denn auf eine gute Isolierung gegen Kälte ist besonders zu achten, weil andernfalls der Nebel an der Decke,

Abb. 93. Neuausführung einer Entnebelungsanlage nach Dr. Bauer in einer Stückfärberei.

Abb. 94. Als Betonbau ausgeführte Stückfärberei mit eingebauter Entnebelungsanlage, Bauart »Dr. Bauer«.

besonders bei kalter Witterung, kondensieren und zur Tropfen-
bildung Veranlassung geben würde.

Abb. 94 zeigt eine nach vorstehenden Gesichtspunkten
als Betonbau ausgeführte große Stückfärberei mit eingebauter
Entnebelungsanlage nach Dr. Bauer. Vorn auf dem Bilde sind
die Ausblaseöffnungen für die Warmluft in der Mittelhalle
noch erkennbar, zum Hintergrunde zu werden sie durch die
Architektonik des Baues verdeckt. Die Kufen sind ausschließlich in die sich an die Mittelhalle rechts und links anschließen-
den Shedbauten verlegt, deren Ausführung ganz der Abb. 92
entspricht. Die Dächer der Shedbauten sind trichterförmig
nach Abb. 93 gebaut, so daß jede Unterabteilung für sich
entnebelt und damit auch der Mittelgang an sich schon durch
diese Maßnahme fast schwadenfrei gehalten wird. Die Unter-
teilungsrippen in den Shedbauten sind auf der Abb. 94 gut
erkennbar. Eine solche Bauweise ist natürlich kostspielig
und kommt daher in dieser Ausführung auch nur für Groß-
betriebe in Betracht.

Es muß abschließend noch auf die Maßnahmen eingegangen werden, durch welche Entnebelungsanlagen besonders
wirtschaftlich gestaltet werden können. Diese Maßnahmen
erstrecken sich einerseits auf die möglichst weitgehende Rückgewinnung der mit den Schwaden fortgehenden Abwärme
sowie anderseits auf die Ausnutzung der im Betrieb an anderer
Stelle etwa anfallenden Abwärme zur Vorwärmung der vom
Ventilator in die zu entnebelnden Räume einzublasenden
Entfeuchtungsluft.

Würde der Entnebelungsanlage dauernd erwärmte Frischluft zugeführt werden müssen, so würde der Dampfverbrauch
einer solchen Anlage ein ganz gewaltiger sein, besonders bei
niedrigen Außentemperaturen. Zur Herabdrückung des Dampfverbrauches ist es deshalb wesentlich, mit Rückluft aus dem zu
entnebelnden Raum zu arbeiten. Die Rückluft wird durch die
Abkühlung unter den Taupunkt von einem Teil ihrer Feuchtigkeit befreit, alsdann mit Frischluft gemischt und von neuem
erwärmt wieder in den zu entnebelnden Raum eingeblasen.
Dieser einfache Weg erspart die künstliche Kühlung und führt
infolge der Erwärmung der Frischluft durch die Wärme der
Rückluft zu einem wesentlich geringeren Dampfverbrauch.

Die Abwärme der Schwaden (auch Brüden genannt), bzw. der warmen Wasserdämpfe, kann in einem sog. Brüdenkondensator ausgenutzt werden.

Abb. 95 zeigt einen solchen Brüdenkondensator, Bauart »Danneberg & Quandt«, Berlin. Dieser besteht aus einer großen Anzahl flacher Taschen aus verzinktem Eisenblech, welche den Wärmeaustausch zwischen den Wasserdämpfen und der zu erwärmenden Luft vermitteln. Die Führung der Luft zu den Brüden erfolgt im Kreuzstrom. Ein Ventilator fördert die zu erwärmende Frischluft horizontal durch den Apparat, während die Schwaden durch den eigenen Auftrieb vertikal von unten in den Apparat eingeführt werden, um dort ihre Wärme unter gleichzeitiger Kondensation an die Frischluft abzugeben.

Auf diese Weise werden nicht nur die auf den Dächern durch ihre Niederschläge lästigen Wasserdämpfe

Abb. 95. Daqua-Brüdenkondensator.

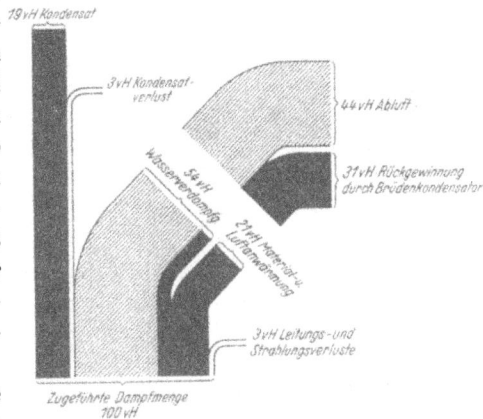

Abb. 96. Schaubild des Wärmeflußes zur Darstellung des Wärmerückgewinnes bei einer Entnebelungsanlage mit Brüdenkondensator zur Ausnutzung der Schwadenwärme.

beseitigt, sondern der Dampfverbrauch der Anlage wird durch Rückgewinnung von etwa 50 v. H. der Schwadenwärme ganz

erheblich herabgedrückt. Wie groß der zurückgewonnene Teil-
betrag ist, geht aus dem Wärmeflußdiagramm der Abb. 96 her-
vor. Wird die insgesamt der Entnebelungsanlage zugeführte Dampfmenge mit 100 v. H. angesetzt, so werden 19 v. H. der aufgewendeten Dampf-wärme im Kondensat und 31 v. H. im Brüden-kondensator, d. h. 50 v. H. der aufgewendeten Wärmemenge zurückge-wonnen. 50 v. H. sind demnach als Verlust zu betrachten, und zwar gehen 44 v. H. mit der Abluft verloren, 3 v. H. sind als Kondensatver-luste und 3 v. H. als Leitungs- und Strah-lungsverluste zu buchen. Der Brüdenkondensator kann überall dort mit Vorteil angewendet wer-den, wo bei der Fabrika-tion große Mengen von Wasserdampf entstehen, welche sich infolge ihrer sehr niedrigen Spannung zu anderen Zwecken nicht mehr verwenden lassen. Dies ist z. B. der Fall bei den Zylin-dertrocknungs - Maschi-nen und Papiermaschi-

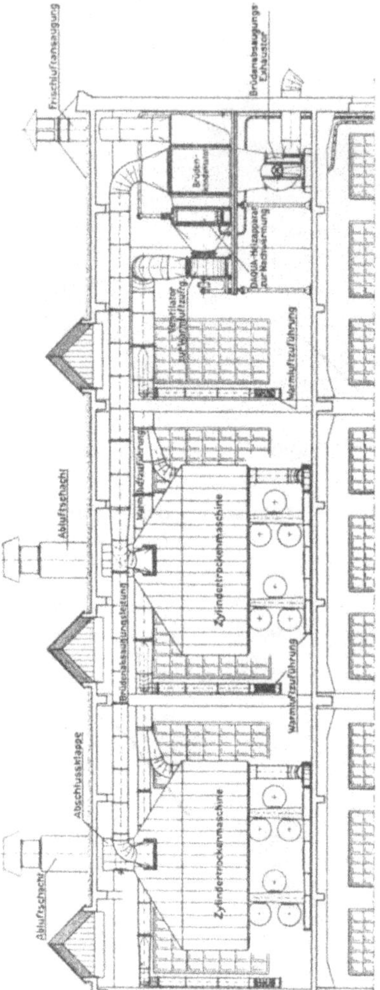

Abb. 97. Teilweise Rückgewinnung der Brüdenabwärme von Zylindertrockenmaschinen zur Frischluftanwärmung durch Daqua-Brüdenkondensatoren.

nen in der Papierindustrie. Wie eine solche Rückgewinnungs-
anlage der Brüdenabwärme zur Frischluftanwärmung bei
Zylindertrocknungs-Maschinen ausgeführt wird, zeigt die

Abb. 97, deren Aufbau sich nach dem Dargelegten von selbst versteht.

Die Wirtschaftlichkeit des Entnebelungsverfahrens wird jeweilig auch sehr wesentlich davon abhängen, ob es möglich ist, irgendeine im Betrieb anfallende Abwärmequelle zur Frischlufterwärmung heranzuziehen. Durch die Heranziehung der Abwärme von Abgasen oder Abdampf kann die zur Entnebelung benötigte Warmluft in großen Mengen fast kostenlos gewonnen werden, so daß also der Betrieb einer solchen Entnebelungsanlage sich jedenfalls von vornherein besonders dann wirtschaftlich gestalten wird, wenn auch noch ein Brüdenkondensator zur Aufstellung gelangt. Zur Ausnutzung der Abwärme dienen Abgas-Taschenlufterhitzer, Abhitzekessel zur Erzeugung von Dampf für nachgeschaltete Dampflufterhitzer sowie Abgas-Heißwasser-Lufterhitzer und wie vorher bei der in Abb. 91 dargestellten Anlage schon gezeigt, Abdampf-Lufterhitzer.

Die hier aufgeführten verschiedenen Wärmeaustauscher sind in Band I ausführlich besprochen und die notwendigen rechnerischen Unterlagen gegeben worden. Es sei hier nur noch besonders auf die in Band I, Abb. 100, dargestellte Kombination Abhitze-Dampfkessel → Dampf-Lufterhitzer wegen ihrer besonderen Vorteile hingewiesen:

Diese Zusammenschaltung kann zur Anwendung gelangen, wenn die Temperatur der Abgase mindestens 500° beträgt. Bei dieser Bauart findet eine mittelbare Lufterhitzung statt, weil im Abhitzekessel zuerst Hochdruckdampf erzeugt wird, der alsdann zur Speisung des Dampf-Lufterhitzers zur Vorwärmung der Frischluft dient. Jedoch müssen diese Abhitzekessel möglichst nahe an der Abgasquelle aufgestellt werden, weil sonst der Abwärmeverlust durch Abkühlung des Gasstromes in langen Leitungen zu erheblich wird. Der Lufterhitzer kann dagegen in der Nähe der zu entnebelnden Räume aufgestellt werden, so daß der im Abhitzekessel erzeugte Dampf diesem Lufterhitzer zugeleitet werden muß. Diese Kombination ist aus der Erkenntnis hervorgegangen, daß die Wärmedurchgangszahl einerseits von Abgasen auf Wasser und anderseits von Dampf auf Luft günstiger ist als bei einer unmittelbaren Wärmeübertragung von Abgasen auf Luft. Hinzu tritt der

Vorteil größerer Betriebssicherheit gegenüber den gewöhnlichen Abgas-Taschenlufterhitzern, weil es bei ihnen unmöglich ist, daß bei auftretenden Undichtigkeiten des Lufterhitzers Abgase in die Frischluft der Entnebelungsanlage und damit in die Werksräume eintreten können.

Bei sehr langen Leitungssträngen zwischen Abhitzekessel und Lufterhitzer ist es zweckmäßig, mit Hilfe der Abgase nur Heißwasser zu erzeugen und dieses alsdann zum Heißwasser-Lufterhitzer fernzuleiten. In diesem Falle wird der Lufterhitzer also nicht mit Dampf, sondern mit Heißwasser gespeist. Die Heizfläche muß bei dieser Betriebsart allerdings wesentlich größer sein als wie bei Dampflufterhitzern gleicher Wärmeleistung. In dem besprochenen Falle könnte der Abhitzekessel auch durch einen Ekonomiser (s. Band I, S. 143f.) ersetzt werden.

Es ist also eine weitgehende Ausnutzungsmöglichkeit von Abwärmequellen zur Erzeugung der warmen Entfeuchtungsluft für Entnebelungsanlagen gegeben.

Abwärmeverwertung zur Kälteerzeugung.

Eine weitere wichtige Möglichkeit der Verwertung von Abdampf und Anzapfdampf ist für die künstliche Erzeugung von Kälte gegeben. Die maschinelle Kälteerzeugung gab vielen Industrien erst die Entwicklungsmöglichkeit infolge der großen Vorteile, welche sie gegenüber der natürlichen Eiskühlung hat, und welche sich, wie folgt, kennzeichnen lassen:

1. Die maschinelle Kälteerzeugung ist unabhängig von der Jahreszeit und Witterung.

2. Die Kältewirkung ist unabhängig vom Orte der maschinellen Kälteerzeugung, weil sich die in einer ungefrierbaren Salzsohle aufgespeicherte Kälte durch Pumpen und Rohrleitungen an entfernte Verbraucherstellen befördern läßt, um hier die Kälte abzugeben.

3. Die künstliche Kälteerzeugung läßt sich dem Verbrauch und damit den Bedürfnissen des jeweiligen Betriebes anpassen.

4. Atmosphärische Luft kann in besonderen Kühlkammern gekühlt und gleichzeitig auf jeden Grad getrocknet werden, um mittels Exhaustoren durch Kanäle, dorthin befördert zu werden, wo kalte und trockene Luft zur Erhaltung sonst leicht verderblicher Nahrungsmittel gebraucht wird.

Die künstliche Kälteerzeugung kommt besonders für Brauereien zur Kühlung des Bieres, der Keller und zur Eisgewinnung, ferner für die Nahrungsmittelindustrie, für Hotels, Schlachthöfe und Lebensmittelgeschäfte in Betracht.

Ferner hat sie für die Schiffahrt große Bedeutung, da heute alle größeren Überseedampfer mit Kühlmaschinen ausgestattet sind. Durch die Einführung der maschinellen Kälteerzeugung

wurde es möglich gemacht, Fleisch von Australien und Süd-
amerika in gefrorenem und damit gut erhaltbarem Zustande
auf Schiffen nach Europa zu befördern.

Im Bergwerksbetriebe wird die künstliche Kälte in wasser-
haltigem, triebsandartigem Boden zum Abteufen der Schächte
angewandt. Der Kälteträger wird durch Rohrleitungen in das
Erdinnere geleitet, er bringt die Erdschichten zum Gefrieren,
so daß der Schacht unter Frost vorgetrieben werden kann. Es
ließen sich noch viele Verwendungsmöglichkeiten aufführen,
welche zeigen, welche Bedeutung heute die Kälteindustrie
gewonnen hat. Es ist deshalb auch nicht verwunderlich, daß
auch auf diesem Gebiete Bestrebungen eingesetzt haben,
welche darauf hinzielen, die Verfahren zum Zwecke erhöhter
Wirtschaftlichkeit so auszubilden, daß anfallende Abwärmequellen für die Kälteerzeugung nutzbar gemacht werden
können.

Bei allen Fabriken, die laufend größere Mengen ein und
desselben Produktes herstellen, wie dies z. B. in der Schoko-
ladenfabrikation der Fall ist, verfällt man gar zu leicht in
den Fehler, nur darauf zu achten, daß stets genügend Kraft,
Dampf, Wärme, Kälte usw. zur Verfügung steht, damit die
laufende Fabrikation sich reibungslos abwickelt. Nach den
laufenden Kosten hierfür wird weniger gefragt, aber gerade
diese sich stets wiederholenden Betriebskosten sind für die
Wirtschaftlichkeit eines Betriebes oft ausschlaggebend.

So lassen sich bei der Kälteerzeugung oft ganz beträchtliche Summen an laufenden Unkosten ersparen, wenn vor Anschaffung einer Kältemaschine erst einmal die Frage erörtert
wird, welches System im gegebenen Falle am wirtschaftlichsten
arbeitet, ob die Kälte billiger durch Kraft in einer Kompressionskältemaschine oder durch Dampf in einer Absorptions-
kältemaschine erzeugt wird. Die Antwort auf diese Frage kann
je nach der Eigenart des Betriebes ganz verschieden ausfallen.
Hier kann nur eine genaue Durchrechnung den Ausschlag
geben. Dort, wo Abdampf unausgenutzt vorhanden ist, wird
jedenfalls fast immer die neuzeitliche Abdampfkältemaschine
so wirtschaftlich arbeiten, daß ganz beträchtliche Betriebsersparnisse erzielt werden, besonders weil dieselbe schon mit
Dampf ohne Überdruck wirtschaftlich arbeitet und nur etwa

10 v. H. der für einen Kompressor erforderlichen Kraft verbraucht. In einer großen Zahl Schokoladefabriken hat sich diese Abdampfkältemaschine denn auch schon seit vielen Jahren glänzend bewährt.

Es haben sich im Laufe der Zeit drei Verfahren zur künstlichen Erzeugung von Kälte eingeführt; das Kompressions-, das Absorptionsverfahren und die Wasserdampfstrahl-Kältemaschinen. Das Kompressionsverfahren kommt für die Verwertung von Abwärmequellen nicht in Frage. Es sei aber hier ebenfalls kurz beschrieben, um einen kurzen Gesamtüberblick zu geben und vergleichende Betrachtungen über die Wirtschaftlichkeit der einzelnen Verfahren anstellen zu können, auch weil es heute noch das zumeist angewendete Verfahren ist.

Die Erzeugung künstlicher Kälte ist ein an und für sich außerordentlich einfacher Vorgang. Jede Flasche flüssigen Gases stellt letzten Endes eine Kälteerzeugungsanlage dar. Läßt man z. B. verflüssigtes Ammoniak (NH_3) verdampfen, so entzieht es die zum Verdampfen erforderliche Wärmemenge seiner Umgebung und kühlt diese durch Entziehung der notwendigen Verdampfungswärme stark ab. Praktisch verfährt man so, daß man flüssiges NH_3, das unter einem Druck von 8—10 at steht, durch ein Regulierventil in ein Rohrsystem spritzt und es hier unter demjenigen niedrigen Druck verdampfen läßt, welcher der gewünschten Temperatur entspricht. Die Rohre kühlen ihrerseits nun wieder ihre Umgebung, z. B. Räume, Luft, Salzwasser oder sonstige Kühlgüter ab. Dies Rohrsystem heißt »Verdampfer«. Die eigentliche Kühlmaschine hat nur die Aufgabe, die vom Verdampfer kommenden Ammoniakdämpfe aufzufangen und wieder zu verflüssigen, damit das Spiel aufs neue im Kreislauf beginnen kann.

Die Verflüssigung des Ammoniaks erfolgt durch Druck und Abkühlung. Bei allen Kältemaschinen dient hierzu die Röhrenanlage des Kondensators. Die Kühlung erfolgt durch Wasser, der Druck wird auf zwei grundsätzlich zu unterscheidende Weisen erzeugt: In der Kompressionskältemaschine wird das Ammoniakgas vom Kompressor angesaugt und auf den erforderlichen Druck von 8—10 at verdichtet. Bei der Absorptionsmaschine werden die Ammoniakdämpfe in Wasser aufgefangen, in dem sich bekanntlich NH$_3$ begierig löst. In dem »Destillierkessel« wird diese gesättigte Lösung dann mit Dampf erhitzt, um das Ammoniakgas wieder auszutreiben. Hierdurch entsteht, gerade wie bei einem Dampfkessel, der zur Verflüssigung nötige Druck.

Abb. 98 zeigt in schematischer Darstellung den Verlauf des Kälteprozesses bei dem Kompressionsverfahren:

Der im Kondensator C verflüssigte Kälteerzeuger tritt durch das Druckminderungsventil RV nach dem Verdampfer V über, wo er beim Verdampfen Kälte erzeugt, diese betrage

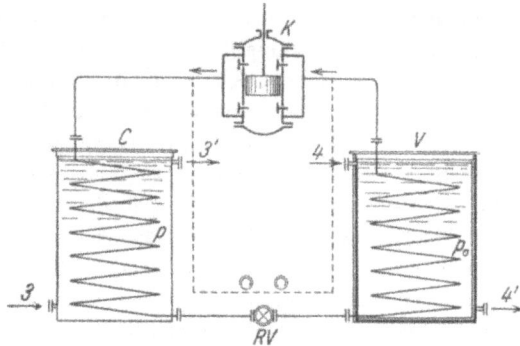

Abb. 98. Schematische Darstellung des Kompressions-Kälteverfahrens.

— 10^0 C. Die so entstandenen Kaltdämpfe sollen im Kondensator C wieder zum Kondensieren gebracht werden. Die Temperatur des Kühlwassers betrage + 10^0 C.

Um die Kondensation dieser Dämpfe herbeizuführen, müssen sie auf höheren Druck gebracht oder verdichtet werden, womit gleichzeitig eine Temperaturerhöhung verbunden ist. An das Kühlwasser des Kondensators wird alsdann bei Verflüssigung der verdichteten Dämpfe nicht nur die dem Kälteträger im Verdampfungsapparat entzogene Verdampfungswärme, sondern auch die der Temperaturerhöhung der Dämpfe bei der Verdichtung von p_0 auf p entsprechende Wärmemenge — welche ihrerseits der vom Kompressor geleisteten Verdichtungsarbeit gleichwertig ist — abgeführt.

Das Druckminderungsventil RV übernimmt die Entspannung des Kälteerzeugers vom Druck p auf p_0 vom Kondensator zum Verdampfer. Der Druck p_o ist so geregelt, daß der Kälteerzeuger (NH_3 oder CO_2) verdampfen muß, wobei die zur Verdampfung notwendige Wärme dem Kälteträger der Sole entzogen wird. Der Kreislauf ist somit geschlossen. Die kalte Sole wird der Verwendungsstelle mit Hilfe einer Umwälzpumpe zugeführt und nach abgegebener Kälteleistung wieder zum Verdampfer zurückgeführt. Somit ist auch der Kreislauf der Sole geschlossen.

Dem Kompressionsverfahren steht heute das Absorptionsverfahren als völlig gleichwertig gegenüber. Für die Abwärmeverwertung ist dieses Verfahren insofern von besonderer Bedeutung, als es mit ihm möglich ist, durch Abdampf Eis zu erzeugen. Ein weiterer Vorteil liegt in dem geringen Kraftverbrauch; denn als einziges bewegtes Organ mit nennenswertem Leistungsbedarf kommt nur die Flüssigkeitspumpe in Betracht. Wird der Kondensator zudem zu einem Rieselkühler ausgestaltet und werden ferner die Verdampferrohre unmittelbar in die zu kühlenden Räume verlegt, so kann auch der Leistungsbedarf der Rührwerke und Solepumpen in Fortfall gebracht werden.

Der Arbeitsvorgang bei der Kälteerzeugung ist bei beiden Verfahren grundsätzlich der gleiche, nur wird die Verflüssigung des als Kältelösung verwendeten Ammoniaks im Gegensatz zum Kompressionsverfahren durch unmittelbare Zuführung von Wärme erreicht.

Beide Kälteprozesse sind seit Jahrzehnten bekannt und angewandt; aber während früher zur Erzeugung des Ammoniakgasdrucks in der Absorptionsmaschine bedeutende Wärmemengen, hohe Temperaturen und hochgespannter kostspieliger Frischdampf erforderlich waren, werden heute dieselben Ergebnisse mit geringeren Wärmemengen und niedrigeren Temperaturen, wie sie der Abdampf von atmosphärischer Spannung enthält, erzielt. Das Bestreben der Abwärmetechnik, alle Abdämpfe von Maschinen und Apparaten möglichst auszunutzen, wandte man also auch auf die Absorptionsmaschine an, indem man zur Beheizung des Kochers nur noch Abdampf heranzog. Hiermit steht und fällt die Wettbewerbsfähigkeit des Verfahrens mit der eingangs besprochenen Kompressionskältemaschine.

Abb. 99 zeigt das Absorptionsverfahren in schematischer
Darstellung:

Im Destillierkessel K wird das Ammoniak ausgetrieben.
Das Gas geht in den wassergekühlten Kondensator C und
wird hier verflüssigt. Durch ein Reglerventil $R V_1$ entspannt,
tritt es in den Verdampfer, wo es die Kälte erzeugt, und kommt
als Gas zurück zum Sättiger A (Absorber). Die ausgegaste
»arme« Lösung fließt durch den Temperaturwechsler W,
wo sie abgekühlt wird, ebenfalls zum Sättiger, trifft hier mit

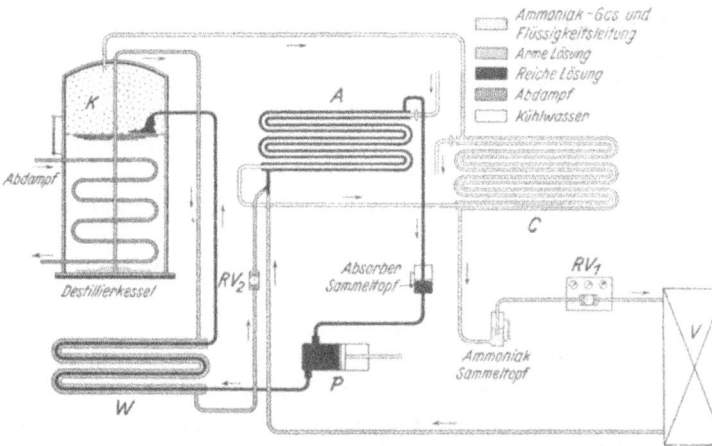

Abb. 99. Schematische Darstellung des Absorptionsverfahrens.

dem Gas zusammen und nimmt dieses auf. Die Sättigungs-
wärme wird durch Kühlwasser abgeführt. Die jetzt wieder
»reiche« Lösung wird durch eine kleine Flüssigkeitspumpe P
in den Destillierkessel zurückgepumpt, nachdem sie im Temperaturwechsler im Gegenstrom die arme Lösung abgekühlt
und sich selbst erwärmt hat.

Der Kreisprozeß, welchen das Ammoniak durchläuft,
kann demnach in folgende Phasen zerlegt werden:

1. Austreiben der Ammoniakdämpfe aus der wässerigen
   Lösung im Destillierapparat K.

2. Verflüssigen der ausgetriebenen Dämpfe im Kondensator C.

3. Verdampfen des flüssigen Ammoniaks im Verdampfer V (eigentliche Kälteerzeugung).

4. Wiedervereinigung des Ammoniakwassers (arme Lösung aus dem Destillierapparat) mit den aus dem Verdampfer kommenden Ammoniakkaltdämpfen im Absorber A zu einer reichen Lösung und Einführung derselben in den Destillierapparat.

Zu den stattfindenden Arbeitsvorgängen ist im einzelnen noch folgendes zu sagen:

Eine gute Trennung der Ammoniakdämpfe von der Flüssigkeit im Destillierkessel wird wie folgt erzielt. Die von dem Mischgefäß kommende, an Ammoniak reiche Lösung wird in einem auf dem Kocher aufgesetzten Rektifizierapparat eingebracht. Derselbe besteht aus mehreren übereinanderliegenden perforierten, tellerförmig geformten Blechen, über welche die Flüssigkeit nach unten fällt, während die Dämpfe unter der Einwirkung der Heizdampfwärme hochsteigen. Der Heizdampf (Abdampf) wird durch eine im Kocher K liegende Heizschlange geschickt und erhitzt somit die in demselben stehende Lösung.

In der Kompressionsmaschine wurden die Kaltdämpfe durch einen Verdichter auf den hohen Kondensatordruck und auf erhöhte Temperatur gebracht, damit das Kühlwasser seine Wirkung ausüben kann; beim Absorptionsverfahren entspricht die zum Verdichten auf höheren Druck notwendige Energie der dem Kocher zuzuführenden Heizdampfmenge, weil durch die Dampfentwicklung der Druck im Kocher und Rektifizierapparat erhöht wird.

Die im Destillierkessel K entwickelten reinen Ammoniakdämpfe strömen nach dem Kondensator C, wo sie unter der Einwirkung des Druckes und des Kühlwassers zur Kondensation gebracht werden. Bei Anwendung eines Rieselkondensators oder bei mangelhaftem Kühlwasser ist auch hier zur Erhöhung der Maschinenleistung ein Flüssigkeitsnachkühler zwischen Kondensator und Regulierventil angebracht, in welchem das flüssige Ammoniak bis auf die Kühlwassertemperatur im Gegenstrom heruntergekühlt wird. Im flüssigen Zustand strömt das Ammoniak auf dem Wege zum Verdampfer dem einstellbaren Druckminderungsventil RV_1 zu, durch welches es auf die niedrigere Verdampferspannung entspannt wird.

Im Verdampfer gelangt die Flüssigkeit nun zum Verdampfen, wobei sie einer ungefrierbaren Salzlösung die Verdampfungswärme entzieht.

Mittlerweile ist die im unteren Teil des Kochers zurückgebliebene arme, wässerige Lösung entgegengesetzt geströmt, um sich wieder mit den Kaltdämpfen zu vereinigen; dabei durchfließt sie einen Wärmeaustauscher W (auch Temperaturwechsler genannt), in welchem sie einen Teil der im Kocher aufgenommenen Wärme zur Erhöhung der Wirtschaftlichkeit des Verfahrens an die zum Destillierkessel K strömende regenerierte Ammoniaklösung abgibt, welche auf diese Weise schon gut vorgewärmt in diesen eintritt.

Die vom Verdampfer kommenden Kaltdämpfe werden in einem Mischgefäß (oder Absorber) A von der aus dem Kocher kommenden armen Lösung absorbiert und beide zu einer reichen Lösung vereinigt. Diese reiche Lösung wird von einer Flüssigkeitspumpe P durch den Wärmeaustauscher W dem Rektifizierapparat des Destillators K zugedrückt, um den Kreislauf von neuem zu beginnen.

Es findet demnach ein steter Formenwechsel der Ammoniaklösung statt, und diese ununterbrochene Zustandsänderung — der Übergang aus dem flüssigen in den dampfförmigen Zustand und die Wiedervereinigung der Dämpfe mit der armen Lösung — bilden das Prinzip der Absorptionskältemaschine.

Die Absorptionsmaschine hat also mit der Kompressionsmaschine den Kondensations- und Verdampfungsprozeß gemeinsam, in beiden Maschinen spielen sich dieselben Vorgänge ab, nur daß bei der ersteren anstatt der Verdichtung die Austreibung des Ammoniaks im Destillierkessel und die Wiedervereinigung der Ammoniakdämpfe mit der armen Lösung im Absorber A stattfindet.

Bei normalem Betriebszustand und richtiger Füllung der Maschine hat die Maschine eine günstige Kälteleistung wie auch die in der Zahlentafel 4 zusammengestellten Absorptions-Kältemaschinen, Bauart »Senssenbrenner«, zeigen. Während des Betriebes wird der Druck im Kondensator je nach der Beschaffenheit des Kühlwassers ca. 10 ata betragen; bei kälterem reichlichem Kühlwasser wird er weniger, bei knapperem oder wärmerem wird er höher steigen.

Zahlentafel 4.

Zusammenstellung von Leistungen der Abdampf-Absorptions-Kältemaschinen Bauart „Sensenbrenner-Düsseldorf".

Nummer der Maschine	00	0	I	Ia	II	IIa	III	IIIa	IV	IVa	V	Va	VI
Kälteleistung bei —2° bis —5° in der Salzlösung in kcal/h	6000	10000	15000	20000	30000	45000	60000	90000	120000	150000	180000	240000	360000
Kraftverbrauch für die Ammoniakpumpe in PSe	$\frac{1}{4}$	$\frac{1}{3}$	$\frac{1}{2}$	$\frac{3}{4}$	1	$1\frac{1}{2}$	2	$2\frac{3}{4}$	$3\frac{1}{2}$	$4\frac{1}{4}$	5	$6\frac{1}{2}$	$9\frac{1}{2}$
Verbrauch an Abdampf von 100° in kg/h	40	60	80	100	150	225	300	450	600	750	900	1200	1800
Kühlwasserverbrauch bei einer Zuflußtemperatur von +10° in m³/h	0,9	1,5	2,25	3,00	4,25	6,7	8,95	13	17	21	26	34	52

Ist das Kühlwasser wärmer als 10°, so steigen Kraft-, Dampf- und Kühlwasserverbrauch für je 1° um 4 v. H.

Leistungen der Maschinen bei der Eiserzeugung.

Nummer der Maschine	00	0	I	Ia	II	IIa	III	IIIa	IV	IVa	V	Va	VI
Eiserzeugung in kg/h	30	60	100	165	250	375	500	750	1000	1250	1500	2000	3000
Kraftverbrauch für die Ammoniakpumpe in PSe	$\frac{1}{4}$	$\frac{1}{3}$	$\frac{1}{2}$	$\frac{3}{4}$	1	$1\frac{1}{2}$	2	$2\frac{3}{4}$	$3\frac{1}{2}$	$4\frac{1}{2}$	5	$6\frac{1}{2}$	$9\frac{1}{2}$
Verbrauch an Abdampf von 100° in kg/h	40	60	80	100	150	225	300	450	600	750	900	1200	1800
Kühlwasserverbrauch bei einer Zuflußtemperatur von +10° in m³/h	0,9	1,5	2,25	3,00	4,25	6,70	8,95	13,0	17,0	21	26	34	52

Der Eiserzeugung ist eine Gefrierwassertemperatur von 10° zugrunde gelegt. Bei wärmerem Gefrierwasser geht die Leistung für jeden Grad um 1 v. H. zurück. Ist das Kühlwasser wärmer als 10°, so steigen Kraft-, Dampf- und Kühlwasserverbrauch für je 1° um 4 v. H.

Die Verdampfung des flüssigen Ammoniaks geht bei ca. 1,5—2 ata vor sich — entsprechend der im Verdampfer herrschenden Temperatur.

Der Mangel an Ammoniak- oder Salmiaklösung macht sich in einer schlechten Leistung der Maschine bemerkbar, derselbe ist auch am Wasserstande des Destillierkessels oder Kochers sowie am niedrigen Druck desselben erkennbar.

Abb. 100. Abdamos-Kältemaschine, Bauart »Senssenbrenner«, für eine Leistung von 60 000 kcal/h.

In diesem Falle muß flüssige Ammoniaklösung zum Ersatz der Verluste durch die Pumpe P in den Kreislauf eingebracht werden.

Ist die in der Maschine umlaufende Lösung zu schwach, so wird sich ebenfalls eine Minderleistung bemerkbar machen. Die Füllung muß deshalb öfters mit Hilfe von Aräometern auf ihren Ammoniakgehalt geprüft werden.

Abb. 100 zeigt eine Abdamos-Kältemaschine für eine Leistung von 60000 kcal/h und Abb. 101 eine Anlage für 750000 kcal der Firma Senssenbrenner, Düsseldorf. Ferner stellt Abb. 102 einen Berieselungskondensator und Absorber für 125000 kcal/h und Abb. 103 eine Verdampferschlange dar.

Abb. 101. Abdamos-Kälteanlage für 750000 kcal/h.

In der Dampfmaschine lassen sich z. B. bei Sattdampf von 10 ata nur ungefähr 10—16 v. H. der im Dampf aufgespeicherten Wärme ausnutzen, über 80 v. H gehen mit dem Auspuffdampf bzw. mit der Kühlwasserabwärme der Kondensation

Abb. 102. Berieselungskondensator, Bauart »Senssenbrenner«.

verloren. Diese Abwärmequelle will die Abdampfkältemaschine ausnutzen, und im folgenden soll rechnerisch an einigen grundlegenden Fällen gezeigt werden, wann sie Vorteil bringt und wann nicht.

Nach den Literaturangaben leisten die Kompressions-
kältemaschinen mit 1 PS$_e$ 2000—2500 negative kcal bei
kleineren, 2500—3100 negative kcal bei größeren Anlagen.
Wenn größere Leistungen angegeben werden, handelt es sich
um die Kälteleistung für die indizierte Pferdestärke. Für
einen wirtschaftlichen Vergleich kommen natürlich nur die
effektiven Pferdestärken in Betracht. Nach den Untersuchungen von Ing. Fr. Rottmann (W. u. K. T. 1924, S. 18) an
einer 60000-kcal/h-Abdampfkältemaschine, System Senssenbrenner, wurden für 60000 kcal/h Kälteleistung nur 233 kg

Abb. 103. Verdampferschlangen zur Abdamos-Kältemaschine, Bauart »Senssenbrenner«.

Abdampf von 1,8 ata und für die Ammoniakpumpe 1,5 PS$_e$
verbraucht. Für die folgenden Rechnungen ist stets die Erzeugung von 100000 negativen kcal zugrunde gelegt, wofür
eine Kompressionsmaschine 33 PS$_e$, eine Abdampfkältemaschine 450 kg Abdampf von 100° C + 3 PS$_e$ für die Ammoniakpumpe gebraucht. An Hand dieser Zahlen ist es leicht,
rechnerisch festzulegen, welche Art im gegebenen Einzelfalle
am wirtschaftlichsten arbeitet, sobald die jeweiligen Betriebs-
daten bekannt sind.

Wenn eine Dampfmaschine mit Auspuffdampf vorhanden ist, deren Abdampf nur teilweise oder überhaupt keine
Verwendung findet, so würde es natürlich geradezu ein Unfug
sein, einen Kompressor aufzustellen und den Überschuß des
Abdampfes noch zu vermehren. Hier ist das ureigenste Ge-

biet der Abdampfkältemaschine. In diesem Falle kosten 100000 kcal/h Kälteleistung beim Kompressionsverfahren 33 PS_e, bei der Abdampfkältemaschine nur 3 PS_e, so daß rd. 30 PS_e je Stunde eingespart werden. Bei rund 2500 Betriebsstunden im Jahre ergibt dies eine Ersparnis von 75000 PS_e oder in Kohle umgerechnet eine jährliche Ersparnis von 70—80 t und mehr. Selbst dort, wo der anfallende Abdampf bereits andere Verwendung findet, wird der Betriebsleiter, wenn er dem Abdampfverbrauch nachgeht, meistens feststellen können, daß bei sparsamerer Verwendung viel mehr Abdampf übrig ist als man vorher angenommen hat.

Folgender Gesichtspunkt ist für die Entscheidung wesentlich: Häufig liegt der Fall so, daß Maschine und Kesselhaus bereits voll belastet sind. Für die Aufstellung einer Kompressionskältemaschine müßte man Dampfmaschine, Kessel und womöglich noch Kesselhaus vergrößern. Nutzt man dagegen den Auspuffdampf der Dampfmaschine in einer Abdampfkältemaschine aus, so fallen alle diese Unkosten fort, denn die 2—3 PS_e für die Abdampfkältemaschine sind immer irgendwie noch zu beschaffen.

Die Frage, ob eine Dampfmaschine mit Kondensation oder mit Auspuff vorzuziehen ist, wenn eine nutzbringende Verwendungsmöglichkeit für den Auspuffdampf besteht, ist zugunsten des Auspuffbetriebes längst entschieden. Für die Kälteerzeugung stellt sich die Rechnung in diesem Falle etwa wie folgt:

Als einfaches Beispiel sei angenommen, daß 100000 kcal/h Kälteleistung und außerdem 55 PS_e für andere Betriebszwecke gebraucht werden, ferner, daß die Dampfmaschine bei Kondensation 6 kg, bei Auspuff 7 kg Dampf für die PS_eh verbraucht. Dann werden an Dampf stündlich verbraucht:

Bei Aufstellung eines Kompressors:

55 PS_e für Betrieb je 6 kg	330 kg Dampf
33 PS_e für Kompressor je 6 kg	198 » »
stdl. Gesamtverbrauch:	528 kg Dampf

Bei Aufstellung einer Abdampfkältemaschine:

55 PS_e für Betrieb je 7 kg	385 kg Dampf
3 PS_e für Ammoniakpumpe	21 » »
stdl. Gesamtverbrauch:	405 kg Dampf

welche nach der Arbeitsleistung als Abdampf zur Kälteerzeugung von 100000 kal/h ausreichen würden. Für diesen einfachsten Fall also bringt die Abdampfkältemaschine stündlich 123 kg Dampfersparnis oder bei 2500 Betriebsstunden — 45 t jährliche Kohlenersparnis. Außerdem kann die Dampfmaschine kleiner sein. So einfach werden die Betriebsverhältnisse allerdings selten liegen, es soll hier auch nur der Weg gezeigt werden, auf dem eine derartige Wirtschaftlichkeitsberechnung durchgeführt werden muß.

Die vorstehenden Berechnungen gelten für eine Temperatur des verdampfenden Ammoniaks von — 10⁰ und für eine Kühlwassertemperatur von + 10⁰. Es würde hier zu weit führen, die Rechnung auch für alle sonst noch möglichen abweichenden Fälle durchzuführen. Grundsätzlich verhalten sich die beiden Maschinengattungen so: Soll die Absorptionsmaschine mit Dampf von 100⁰ betrieben werden, so sind ihr aus physikalischen Gründen bestimmte Grenzen gesetzt. Bei Kühlwasser von 10⁰ kann bis zu einer Verdampfertemperatur von — 15⁰ gegangen werden, und bei — 10⁰ Verdampfung kann das Kühlwasser bis zu 22⁰ warm sein. Bei tieferer Kühlung oder wärmerem Wasser sinkt die Leistung zu sehr, als daß ein wirtschaftliches Arbeiten mit Dampf von 100⁰ noch möglich wäre, jedoch kann dies durch heißeren Dampf (also höhere Spannung) ausgeglichen werden. Man würde in solchen Fällen z. B. günstig mit Zwischendampf oder, wo man bereits die Maschinen mit Gegendruck laufen läßt, um Heizdampf für den Betrieb zu gewinnen, mit diesem Heizdampf arbeiten. Der Dampf- und Kraftverbrauch steigt dabei nur wenig. In solchen Fällen wird oft die Heizung einer Abdampfkältemaschine mit Kesseldampf wirtschaftlicher sein als der Betrieb eines Kompressors.

Es ist selbstverständlich, daß sich die Vorteile einer Kältemaschine nicht nur bei den Großbetrieben zeigen, sondern sich bei Kleinbetrieben anteilsweise noch mehr bemerkbar machen. Wo Abdampf oder Zwischendampf vorhanden, ist die gute Wirtschaftlichkeit sofort gesichert. Steht irgendwo eine Kondensationsdampfmaschine zur Verfügung und läßt man diese Maschine auf die Dauer der Kälteleistung durch Ausschaltung des Kondensators mit Auspuff arbeiten, wobei der Abdampf in einer Absorptionskältemaschine nutzbar gemacht wird, dann hat man eine Ausnutzung des Brennstoffes, wie sie bis jetzt noch von keiner mechanischen Maschine erzielt wurde; denn mechanisch werden bei der Kondensation je kg Dampf etwa 60—80 kcal in Kraft umgesetzt, während die gleiche Dampfmenge im Destillierkessel der Absorptionsmaschine $+520$ kcal nutzbar leistet.

Eine weitere für die Abwärmeverwertung in Betracht kommende Kältemaschine ist die schon eingangs erwähnte Wasserdampfstrahl-Kältemaschine.

In der Kompressions- und Absorptions-Kältemaschine läuft ständig derselbe Arbeitsstoff (Kälteerzeuger) um; er wird aus dem dampfförmigen in den flüssigen Zustand übergeführt, so daß er wieder durch Druckverminderung zum Verdampfen gezwungen werden kann. Die Menge des Kälteerzeugers bleibt theoretisch konstant. Es handelt sich also um einen geschlossenen Kreisprozeß. Dagegen wird in der Wasserdampfstrahl-Kältemaschine ein Teil des verdampften Arbeitsstoffes aus dem System entfernt, es müssen neue Mengen des Kälteerzeugers zur Deckung der Verluste herangezogen werden, so daß dieser Prozeß als ein offener bezeichnet werden kann.

Als Kälteerzeuger dient hier bei mittleren Temperaturen bis 0^0 Wasser und bei tieferen Temperaturen eine nicht gefrierende Salzlösung.

Abb. 104 zeigt eine solche Anlage in schematischer Darstellung: Der Dampf wird der Maschine durch die Leitung 2 zugeführt, er tritt mit großer Geschwindigkeit aus den in den Düsenkopf E eines Ejektors eingebauten Düsen aus und reißt Kaltdampf aus dem Verdampfer V an sich. Durch den Diffusor D gelangt das Dampfgemisch nach dem unter einem weniger tiefen Vakuum stehenden Kondensator C, wo es niedergeschlagen und mittels einer Pumpe herausbefördert wird. Als Kondensator ist jede bei Dampfkraftmaschinen gängige Bauart anwendbar.

Die Kältewirkung wird durch rasche Verdampfung eines Teiles der im Verdampfer V gut verteilt herunterrieselnden Flüssigkeit erzeugt. Die notwendige Verdampfungswärme wird der übrig bleibenden Flüssigkeit entzogen und diese dadurch abgekühlt, weshalb sie bei ihrer Umwälzung mittels der Pumpe P imstande ist, im Kühlgefäß K Wärme aufzunehmen. Das

durch die Verdunstung verloren gehende Wasser wird durch
das Ventil ZV fortwährend ersetzt. Der Mantel M ist in den
Verdampfer eingesetzt, damit der abströmende Dampf zuerst
hinunter und hernach durch den äußeren Ringraum wieder
hinaufsteigen muß, wodurch das Mitreißen gekühlter Flüssig-
keitsteilchen nach dem Dampfstrahlejektor E vermieden wird.

Der Kondensator ist meistens als Oberflächen-Kondensator ausgebildet. Die dauernde Erhaltung der Luftleere in

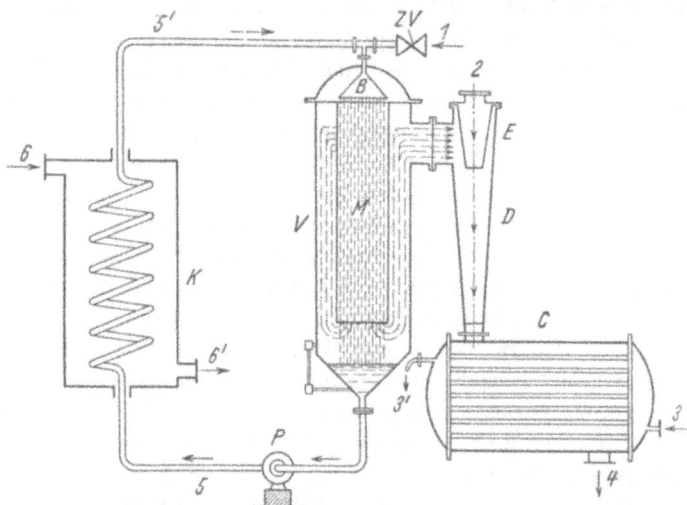

Abb. 104. Schematische Darstellung einer Wasserdampfstrahl-Kältemaschine.

demselben besorgt eine Luftpumpe. Das hierbei gewonnene
Kondensat kann als Speisewasser für Dampfkessel oder zur
Eiserzeugung wiederverwendet werden.

Durch die ständige Absaugung von Wasserdämpfen bei
der Verdampfung wird die Konzentration der Solelösung im
Verdampfer erhöht, die Solefüllung der Maschine vermindert
sich. Um die richtige Füllung der Maschine konstant zu erhalten, muß infolgedessen so viel Frischwasser zugesetzt werden, als ihr durch die Verdampfung entzogen wurde.

Dieses geschieht durch das regelbare Zusatzventil ZV.

Der Stand der Kälteflüssigkeit im Verdampfer ist an einem
Wasserstand ersichtlich.

Die im Verdampfer abgekühlte Sole (oder Wasser) sammelt sich im unteren Teil desselben, von wo sie mittels einer Pumpe P an die Verbrauchsstellen — entweder zur Kellerkühlung, Eiserzeugung, Luftkühlung oder für sonstige Zwecke (K in Abb. 104) — befördert wird.

Nachdem sie an der Verbrauchsstelle Wärme aufgenommen hat, erfolgt ihre Rückleitung in den Verdampfer, um von neuem abgekühlt zu werden.

Die bekanntesten Wasserdampfstrahl-Kältemaschinen — nämlich die von Josse-Gensecke und Westinghouse-Leblanc — arbeiten einstufig. Abb. 105 zeigt die Arbeitsweise des Josse-Gensecke-Apparates.

Einem Verdampfer wird Wasser oder Sole zugeführt. Sobald in einem Verdampfer der Druck unter den Verdampfungsdruck der Flüssigkeit vermindert wird, tritt eine teilweise Verdampfung des Wassers oder der Sole ein. Die hierdurch entstehende Temperaturerniedri-

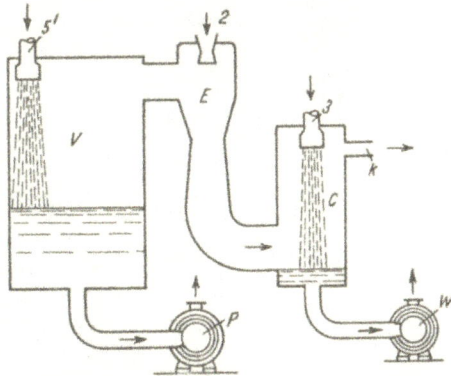

Abb. 105. Schematische Darstellung der Wasserdampfstrahl-Kältemaschine, Bauart »Josse-Gensecke«.

gung ist natürlich um so größer, je niedriger der im Verdampfer gehaltene Druck ist. Soll z. B. Wasser bei $+ 1^0$ verdampfen, so darf der abs. Druck nicht mehr als 4,22 mm HgS. betragen: Bei $— 20^0$ (Salzsole) muß der abs. Druck sogar auf 0,95 mm HgS. sinken. Diese niedrigen Drücke sind nur durch Einschaltung eines Dampfstrahlgebläses zwischen Verdampfer und Kondensator zu erreichen, weil der Druck im Kondensator von der Menge und der Temperatur des zur Verfügung stehenden Kühlwassers abhängig, d. h. höher als der Verdampferdruck ist. Durch die Verdampfung des Kälteerzeugers bei diesen tiefen Drücken entstehen ganz außerordentlich große Volumina. Die Verdichtung der Dämpfe aus dem Verdampfer auf den im

Kondensator herrschenden Druck ist mit Kolbenmaschinen oder rotierenden Gebläsen nicht zu bewirken.

Unterschiedlich zur Josse-Gensecke-Kältemaschine besitzt die Bauart von Westinghouse-Leblanc ein dem Verdampfer vorgeschaltetes Soleausgleichgefäß zum Ausgleich von Unregelmäßigkeiten in der Soleförderung der Pumpe, in welches die Rückleitung der Sole einmündet. Es läßt sich nun mit Hilfe dieses Gefäßes unter Einhaltung eines gewissen Wasserstandes eine gewisse Menge der Kälteflüssigkeit unter Einwirkung des äußeren Luftdruckes durch ein Steigrohr über die Regenvorrichtung des Verdampfers in den Vakuumraum überführen.

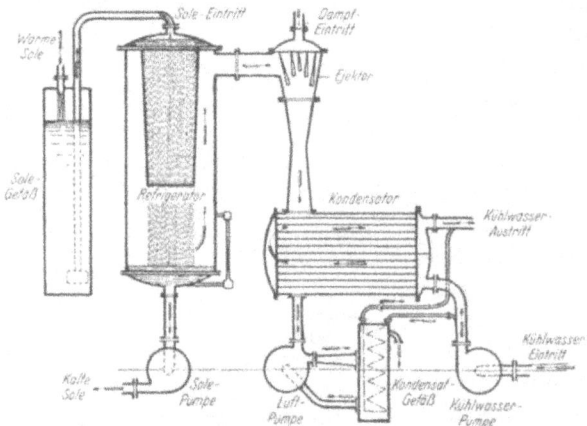

Abb. 106. Wasserdampfstrahl-Kältemaschine, Bauart »Westinghouse-Leblanc«.

Außerdem ist ein membranbewegtes Sicherheitsventil in die Frischdampfleitung zum Ejektor eingebaut, welches bei Versagen des Verdichters in Tätigkeit tritt. Die Membran wird durch den steigenden Druck im Düsenteil des Verdichters angeregt und das Ventil bei einem gewissen Höchstdruck geschlossen.

Abb. 106 zeigt eine Westinghouse-Leblanc-Wasserdampfstrahl-Kälteanlage in schematischer Darstellung. Zahlentafel 5 gibt Leistung und Versuchszahlen an einer Westinghouse-Leblanc-Maschine wieder[1]).

[1]) Hoffmann, »Die Eis- und Kühlmaschinen«, Ziemsen-Verlag, Wittenberg (Bez. Halle) 1926.

Zahlentafel 5.

**Versuchsergebnisse an einer Wasserdampfstrahl-Kälteanlage,
Bauart »Westinghouse-Leblanc«.**

Versuch 1.

Barometerstand	723 mm HgS.
Vakuum im Verdampfer im Mittel . .	717 mm HgS.
Vakuum im Kondensator im Mittel . .	683,4 mm HgS.
Druck vor dem Ejektor:	

Äußerer Düsenkranz im Mittel	3,98 ata
Innerer Düsenkranz im Mittel	7,98 ata
Kesseldruck im Mittel	9,4 ata
Soleeintritt im Mittel	— 5,62⁰
Soleaustritt im Mittel	— 7,28⁰
Temperaturabnahme im Mittel	1,66⁰
Kühlwassereintritt im Mittel	+ 26,97⁰
Kühlwasseraustritt im Mittel	+ 30,60⁰
Kühlwassererwärmung im Mittel	3,63⁰
Spez. Gewicht der Sole	1,131
Spez. Wärme der Sole	0,817
Spez. Wärme je l 1,131 - 0,817	0,923
Umlaufende Solemenge je Stunde	7550 l/h
Kälteleistung je Stunde	11 600 kcal/h
Gemessene Kondensatmenge je Stunde . .	286 kg/h
Aus der Sole verdampftes Wasser	22,2 kg/h
Durchlässigkeit des Kondensates	4,3 kg/h
Nettodampfverbrauch für den Ejektor .	259,5 kg/h
Nettodampfverbrauch für 10000 kcal . . .	223 kg/h
Kälteleistung je kg Nettodampfverbrauch .	44,8 kcal/h

Versuch 2.

Barometerstand	722,25 mm HgS
Vakuum im Verdampfer im Mittel . .	717 mm HgS
Vakuum im Kondensator im Mittel . .	684 mm HgS.
Druck vor dem Ejektor:	

Äußerer Düsenkranz im Mittel	5,28 ata
Innerer Düsenkranz im Mittel	9,76 ata
Kesseldruck im Mittel	10,08 ata
Soleeintritt im Mittel	0,81⁰

Soleaustritt im Mittel . . . . −2,23⁰

Soletemperaturabnahme im Mittel 3,04⁰

Kühlwassereintritt im Mittel . . . . +26,97⁰

Kühlwasseraustritt im Mittel . . . . +29,50⁰

Kühlwassererwärmung im Mittel 2,53⁰

Spez. Gewicht der Sole 1,1763

Spez. Wärme der Sole . . . . 0,761 kcal/l

Spez. Wärme der Sole je l 0,9

Umlaufende Solemenge je Stunde . . . . . 7320 l/h

Kälteleistung je Stunde . . . . 20200 kcal/h

Gemessene Kondensatmenge je Stunde . . 187 kg/h

Aus der Sole verdampftes Wasser je Stunde 37,9 kg/h

Durchlässigkeit des Kondensators . . . . . 4,3 kg/h

Nettodampfverbrauch für den Verdichter. . 144,8 kg/h

Nettodampfverbrauch für 10000 kcal/h . . 71,8 kg/h

Kälteleistung je kg Nettodampfverbrauch . 139 kcal/kg

Es wurde die Temperaturabsenkung sowie die Menge der stündlich durch den Verdampfer fließenden Solemenge unter Berücksichtigung der spez. Wärme derselben festgestellt. Der Beharrungszustand wurde mit Hilfe eines Heizelementes aufrechterhalten. Die Temperaturmessung der Sole erfolgte vor dem Eintritt in den Verdampfer und beim Verlassen desselben.

Bei den Ausführungen der Dampfstrahl-Kälteanlagen nach der Bauart von Josse-Gensecke oder Westinghouse-Leblanc erfolgt, wie schon erwähnt, sowohl die Verdampfung als auch die Verdichtung in einer Stufe. Infolgedessen ist der Dampfverbrauch und der Kühlwasserverbrauch dieser Anlagen sehr erheblich. Dies war auch der Grund, warum sich die Dampfstrahl-Kälteanlage bislang nicht im größeren Maße einführen konnte, obwohl sich Wasser als Kälteträger besonders gut eignet. Die Anwendung solcher Anlagen war bislang auf Fälle beschränkt, für die sich die bekannten Kohlensäure- und Ammoniakmaschinen nicht eignen. Fahren z. B. Schiffe in sehr warmen Gewässern, so wird der Druck und damit die Abmessungen und das Gewicht der Kohlensäure-Kältemaschinen derart groß, daß die Dampfstrahl-Kälteanlagen trotz ihres bislang hohen Dampfverbrauchs wegen ihres geringen Gewichts und ihrer einfachen Betriebsweise vorgezogen werden.

Allein mit geeigneten Dampfstrahlverdichtern wird jedoch das Ziel, den Dampf- und Kühlwasserverbrauch — also
den Energieverbrauch der Dampfstrahl-Kälteanlage — zu er-
niedrigen, nicht erreicht. Aus diesem Grunde schlägt Balcke,
Bochum, vor, die Dampfstrahl-Kälteanlagen mehrstufig, d. h.
die Verdampfung des Kälteträgers und die Verdichtung der
entstehenden Dämpfe in mehreren Stufen nach Abb. 107
auszuführen. Die Anzahl der Stufen richtet sich nach dem
Temperaturunterschied, um die das Wasser bzw. die Sole

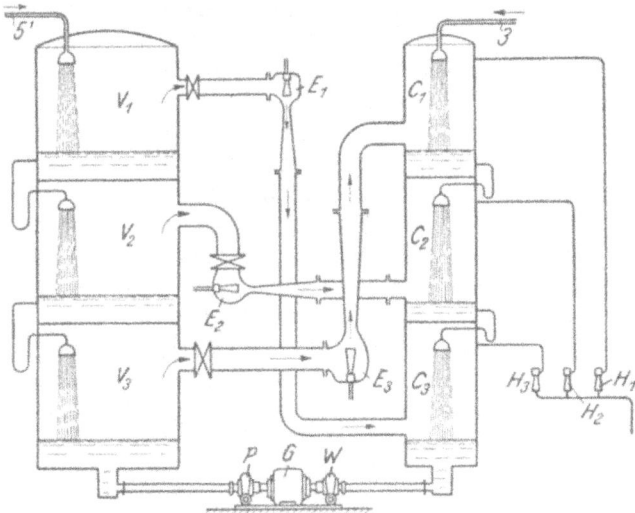

Abb. 107. Wasserdampfstrahl-Kältemaschine, Bauart »Balcke-Bochum«.

abgekühlt werden soll. Die Verdampfer werden bei der Bauart Balcke übereinander angeordnet, und zwar so, daß das
abgekühlte Wasser aus dem obersten Verdampfer mit eigenem
Gefälle dem darunter liegenden zufließen kann. Dies ist ohne
weiteres möglich, da das Vakuum in dem unteren Verdampfer
immer höher ist als in dem darüber liegenden. Genau wie bei
der einstufigen Kälteanlage wird der hohe Unterdruck durch
Dampfstrahlverdichter erzeugt, die die Dämpfe aus den Verdampfern in einen Kondensationsapparat drücken. Der Kondensationsapparat erhält die gleiche Anzahl Stufen, wie der
Verdampfer. Die einzelnen Kondensatoren stehen ebenfalls

übereinander wie die Verdampfer. Je nach den Verhältnissen können Misch-Kondensatoren oder Oberflächen-Kondensatoren verwendet werden. Bei Kälteanlagen mit großer Leistung wird sich die Verwendung von Oberflächen-Kondensatoren trotz ihrer höheren Anschaffungskosten schon mit Rücksicht auf die Rückgewinnung des Kondensats des Arbeitsdampfes der Dampfstrahlverdichter und der verdichteten Dämpfe aus den Verdampfern empfehlen.

Kondensatoren, Verdampfer und Verdichter werden so geschaltet, daß die Dämpfe aus dem kältesten Verdampfer in den kältesten Kondensator, aus dem wärmsten Verdampfer in den wärmsten Kondensator, aus dem mittleren Verdampfer in den mittleren Kondensator durch die zugehörigen Dampfstrahlverdichter gefördert werden. Diese Schaltung ist aus Abb. 107 ersichtlich. Das Kühlwasser wird aus dem Kondensationsapparat und ebenso das abgekühlte Wasser aus dem Verdampfer durch Vakuum-Kreiselpumpen herausgefördert. Die verschiedenen Luftleeren in den einzelnen Stufen des Kondensationsapparates werden durch kleine zweistufige Dampfstrahl-Luftpumpen aufrecht erhalten.

Gegenüber der einstufigen Dampfstrahl-Kälteanlage hat die mehrstufige Anordnung von übereinander angeordneten Verdampfern und Kondensatoren den Vorzug, daß für eine bestimmte Kälteleistung, ausgedrückt in kcal/h, die benötigte Kühlwassermenge im Verhältnis der gewählten Stufen geringer wird. Infolgedessen wird auch der Leistungsbedarf der Vakuumschleuderpumpe, welche das Kühlwasser aus dem letzten Kondensator herauszufördern hat, etwa im gleichen Verhältnis geringer. Ist z. B. für eine bestimmte Kälteleistung der Kühlwasserbedarf bei einer einstufigen Anlage 100 m³/h, so vermindert sich dieser bei drei Stufen auf etwa 33 m³/h, bei fünf Stufen auf 20 m³/h, in dem gleichen Maße natürlich auch der Leistungsbedarf der Vakuumschleuderpumpe. Der Dampfverbrauch der Dampfstrahlverdichter wird bei mehrstufiger Verdampfung ebenfalls bedeutend geringer als bei der einstufigen, weil die jeweils zu überwindenden Druckunterschiede kleiner sind.

Einen Überblick über die erzielbaren Kälteleistungen je 1 kg Nettodampfverbrauch bei einer großen und einer mittelgroßen Anlage geben folgende Zahlen:

Um 25 m³/h Wasser von 25 auf 5⁰ abzukühlen, also für eine Kälteleistung von 500000 kcal/h, sind bei dreistufiger Anordnung 2250 kg/h Frischdampf von 9 ata · für die drei Dampfstrahlverdichter erforderlich. Die Kühlwassermenge für die Kondensatoren beträgt 200 m³/h bei einer Eintrittstemperatur von 25⁰. Der Leistungsbedarf der Pumpengruppe beträgt bei einer Außenförderhöhe der Kühlwasserpumpe von 10 m und einer Außenförderhöhe der Kondensatpumpe von 5 m über Pumpenachse 24 PS$_e$ oder auf verbrauchte Dampfmenge umgerechnet etwa 150 kg/h. Die zweistufige Dampfstrahlluftpumpe für die Kondensatoren hat einen Dampfverbrauch von ebenfalls 150 kg/h, so daß für die gesamte Kälteleistung von 500000 kcal, 2550 kg/h Frischdampf von 9 ata aufzuwenden sind. Die Kälteleistung je 1 kg Frischdampf beträgt also etwa 196 kcal/h.

Für die Abkühlung von 5 m³/h Wasser von 18⁰ auf 3⁰, also für eine Kälteleistung von 75000 kcal/h beträgt bei dreistufiger Anordnung der Frischdampfverbrauch für die drei Dampfstrahlverdichter 330 kg/h und für die zweistufige Dampfstrahlpumpe 50 kg/h von 7 ata. Die Pumpengruppe verbraucht bei etwa den gleichen Förderverhältnissen wie vorstehend 5 PS$_e$ oder auf Dampf umgerechnet 30 kg/h Frischdampf. Insgesamt sind also für eine Kälteleistung von 75000 kcal/h 410 kg/h Frischdampf von 7 ata aufzuwenden, sodaß mit 1 kg Frischdampf eine Kälteleistung von 183 kcal/h erzielt wird. Der Kühlwasserverbrauch für die Anlage beträgt 20 m³/h bei einer Eintrittstemperatur von 18⁰.

Abschnitt 6.

Abwärmeverwertung auf Handels-dampfern.

In der Schiffahrt war es lange Jahre üblich, das im Betrieb verlorengegangene Speisewasser durch im Doppelboden des Schiffskörpers mitgeführtes Süßwasser zu ersetzen. Zu diesem Zweck versorgten sich die Schiffe in den Häfen, die sie anliefen, mit möglichst weichem Wasser. Daneben bestand jedoch die Vorschrift, daß jedes Schiff Verdampfer zur Erzeugung von Süßwasser mitzuführen habe.

Diese Verdampfer wurden vom Maschinenpersonal zumeist als ein notwendiges Übel betrachtet und demzufolge möglichst wenig benutzt. Diese Unbeliebtheit der Verdampferanlagen war auch insofern berechtigt, als den ursprünglich verwandten Hochdruckverdampfern Mängel anhafteten, welche einen einigermaßen regelmäßigen Verdampferbetrieb unmöglich machten.

Die Speisung und das Ablaugen waren ungleichmäßig. Das Verdampfen erfolgte wegen der hohen Temperaturunterschiede zwischen Heizdampf und erzeugtem Dampf zu plötzlich. Die Verdampfer kochten leicht über und vergaben infolgedessen nicht nur mühsam erzeugtes Destillat, sondern ließen auch Salze in die Kesselanlage übertreten, sofern nicht für eine sehr sorgfältige Wartung gesorgt wurde. Mit diesen Mängeln hätte man sich aber schließlich noch an Bord abgefunden, wenn die Heizschlangen nicht schon nach kurzer Zeit stark verschmutzt wären und erhebliche Reinigungsarbeiten nötig gemacht hätten.

Als Heizdampf diente Frischdampf von $\sim$ 8 ata bei etwa 2 ata Druck im Verdampfer, also bei einer das Ausscheiden und Festbrennen auf den Heizröhren stark fördernden Verdampfungstemperatur. Der Wirkungsgrad der Verdampfer ging mit der Verschmutzung schnell zurück. Abgesehen von den Unbequemlichkeiten der Bedienung brachte dieses Verdampfungsverfahren auch große Wärmeverluste mit sich, weil einerseits zur Erzeugung von 1 kg Destillat mindestens 1,2 kg Frischdampf als Heizdampf aufgewendet werden mußten und anderseits der erzeugte Brüdendampf in mit Seewasser gekühlten Kondensatoren niedergeschlagen wurde, so daß seine latente Wärme für den Wärmekreislauf der Dampfanlage verloren ging.

Aus diesen Gründen konnte sich der naheliegende Gedanke, das ganze benötigte Zusatzspeisewasser durch Verdampfer zu erzeugen, nicht durchsetzen. Anders wurde die Sachlage nach dem Kriege mit der Einführung der Abdampfverdampfer, weil bei den jetzt mit Abdampf bis 1,5 ata beheizten Verdampfern eine erhöhte Kesselbelastung durch das Verdampfen vermieden und der in den Verdampfern erzeugte Brüdendampf in Speisewasser-Vorwärmern niedergeschlagen wurde. Die latente Wärme des Brüdendampfes ging also an das zum Kessel rückfließende Speisewasser über und blieb somit — im Gegensatz zu den alten Hochdruck-Verdampfern — dem Wärmekreislauf der Dampfkraftanlage erhalten.

Die Durchführung dieses Verfahrens erforderte naturgemäß eine fortlaufende Verdampfung, die Verdampfer blieben also ständig mit der gesamten Schiffsanlage in Betrieb. Hiermit wurde zugleich die Mitnahme einer großen Süßwassermenge für die Kesselspeisung überflüssig und durch den Fortfall der Wassertanks gleichzeitig der wesentliche Vorteil einer vergrößerten Ladefähigkeit des Schiffes erreicht. Ferner bildet das in den Tanks mitgeführte Leitungswasser — im Gegensatz zu dem mit Verdampfern erzeugten Destillat — Kesselsteinansätze, welche ein regelmäßiges Abblasen und Kesselreinigen in verhältnismäßig kurzen Zwischenräumen und damit wiederum Wärmeverluste und Kosten bedingte, ganz abgesehen von der mit der Verschmutzung schnell fortschreitenden Verminderung des Wirkungsgrades der Kesselanlage. Diese Schwierigkeiten werden vermieden, wenn der im Schiffsbetrieb stets in reicheren Mengen vorhandene Abdampf ständig zur Erzeugung von destilliertem Wasser benutzt wird und die Kessel nur mit solchem betrieben werden, zumal das Destillat bei der Verwertung von Abdampf und Rückführung der Wärme

des erzeugten Brüdendampfes in den Wärmekreislauf fast
kostenlos in einem Nebenprozeß gewonnen wird.

Diese Erkenntnis hat sich für die Handelsschiffe in den
letzten Jahren durchgesetzt schon als naturnotwendige Folge
der Forderung, daß mit zunehmendem Kesseldruck und besonders bei Verwendung von Wasserrohrkesseln die Kesselanlage mit Destillat gespeist werden soll.

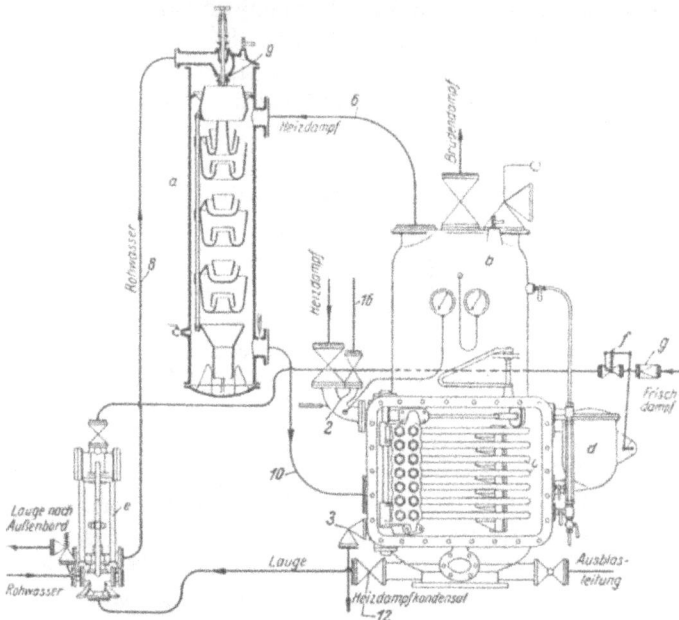

Abb. 109. Schnitt durch einen Atlas-Abdampf-Schiffsverdampfer.

Im Schiffahrtsbetrieb hat sich fast ausnahmslos der Atlas-
Abdampfverdampfer eingeführt. Wenn der Arbeitsprozeß des
Schiffsverdampfers auch grundsätzlich derselbe wie beim Land-
verdampfer (s. S. 26 und Abb. 15 bis Abb. 24) ist, so bringt doch
der Schiffsbetrieb zusätzliche Anforderungen, denen die Anlage
gerecht werden muß. Aus diesem Grunde soll der Atlas-Schiffsver-
dampfer an Hand der Abb. 108 bis 110 kurz beschrieben werden.

Abb. 108 zeigt die Gesamtansicht eines einstufigen Schiffsverdampfers, Abb. 109 den Schnitt und Abb. 110 die Ausführung der gleichen Anlage.

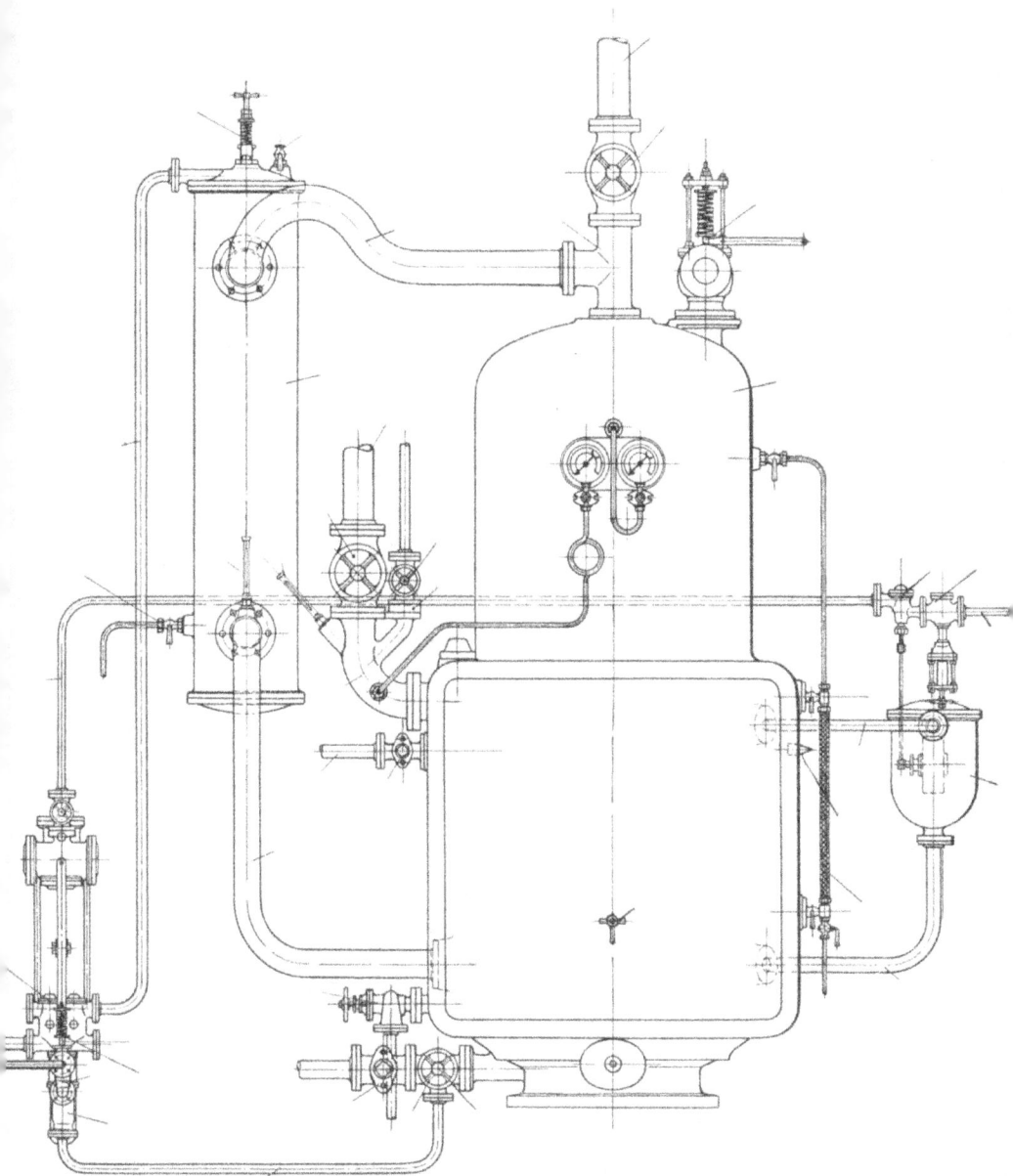

Abb. 108. Gesamtanordnung eines Atlas-Abdampf-Schiffsverdampfers.

Der Atlas-Abdampfverdampfer besteht aus dem eigentlichen Verdampfer *b*, dem Rohwasser-Vorwärmer und Vorreiniger *a*, der Speise- und Laugenpumpe *e* und dem Speisewasserregler *d*. Der Speiseregler *d* soll in einer zur Schiffs-

Abb. 110. Gesamtansicht eines Atlas-Abdampf-Schiffsverdampfers nach Abb. 108 und 109.

mittelebene parallelen Mittelebene durch den Verdampfer sitzen, um beim Rollen des Schiffes unbeeinflußt zu bleiben. Die als Simplexpumpe ausgebildete Speise- und Laugepumpe besitzt einen Dampf- und zwei Arbeitszylinder. Mit dem größeren Arbeitszylinder saugt sie Rohwasser aus dem Ausguß der Kondensator-Kühlwasserleitungen und drückt es durch das Rohr *8* nach dem Vorwärmer *a*. Das Wasser tritt in diesen durch das federbelastete Ventil *9* fein verteilt ein und fällt über einen Einbau von Schalen stufenförmig herab. Während das Rohwasser im Vorwärmer herunterrieselt, tritt Dampf durch das Rohr *6* aus dem Verdampfer in den Vorwärmer und erwärmt das Wasser auf Verdampfertemperatur. Dabei scheidet sich die im Wasser gelöste Luft- und Kohlensäure kräftig aus und wird durch Entlüftungshähne abgeblasen. Im Rohwasser etwa enthaltener doppelkohlensaurer Kalk wird im Vorwärmer ausgeschieden und gelangt somit nicht in den Verdampfer. Die übrigen Kesselstein bildenden Salze bleiben bei der niedrigen Temperatur des Heizdampfes im Wasser gelöst. Die Heizschlangen können sich daher auch bei längerem Betriebe nicht mit einer festgebrannten Salzkruste überziehen.

Aus dem Vorwärmer fließt das Rohwasser durch das Rohr *10* in den eigentlichen Verdampfer *b*. Während früher das Rohwasser kalt in den Verdampfer eintrat, dort nach unten sank und infolgedessen oft gleich durch das Laugeventil *12* wieder abfloß, tritt es jetzt mit hoher Temperatur ein und mischt sich schnell mit dem Verdampferinhalt. Die Lauge wird von der tiefsten Stelle des Verdampfers, an welcher die Konzentration des Salzes am höchsten ist, durch die Simplexpumpe *e* abgesaugt und durch ein federbelastetes Rückschlagventil nach außenbords gedrückt.

Das Verhältnis der von der Simplexpumpe geförderten Rohwassermenge und Laugenmenge ist so bemessen, daß bei Speisung von Seewasser der Verdampferinhalt ständig etwa 10 v. H. gelöstes Salz enthält.

Der mit einem Schwimmer versehene Regler *d* wirkt durch ein Hebelwerk auf das in die Zudampfleitung der Speise- und Laugepumpe eingebaute Drosselventil *f* und regelt so den Gang der Pumpe derart, daß dauernd gleicher Wasserstand im Verdampfer vorhanden ist und die Leistung des Verdampfers sich der zur Verfügung stehenden Abdampfmenge und Abdampfspannung selbsttätig anpaßt. Vor das Ventil *f* wird ein Druckminderungsventil *g* geschaltet.

Die Wasserverdampfung erfolgt bei der niedrigen Temperatur im Verdampfer ruhig und gleichmäßig. Der erzeugte Dampf wird nach einem Speisewasservorwärmer geführt. Die in ihm enthaltene Wärme wird also für den Kessel zurückgewonnen.

Die Zuführung des Heizdampfes und das Ablassen des Heizdampfkondensats erfolgt in derselben Weise wie bei den früheren Hochdruckverdampfern.

Der als Heizdampf verwandte Abdampf tritt mit 1,5—2,0 atü in das Heizschlangensystem *c*. Das Heizdampfkondensat fließt durch das Kondensatventil *3* ab und wird zweckmäßig in die Luftpumpenzisterne oder den Warmwasserkasten geleitet. Als Reserve ist an der Heizdampfleitung auch ein Anschluß *16* für Frischdampf vorgesehen. Zwei Manometer geben die Spannung des Heizdampfes und den im Verdampfer herrschenden Druck an. Ein Thermometer zeigt die Vorwärmung des Rohwassers und das andere die Heizdampftemperatur an. Der Temperaturunterschied zwischen dem Heißdampf und dem vorgewärmten Rohwasser soll im Interesse eines gleichmäßigen Arbeitens der Anlage möglichst gering sein und 17 bis 22° keinesfalls übersteigen. Das Sicherheitsventil auf dem Verdampfer entspricht den gesetzlichen Bestimmungen. Ein Wasserstandsanzeiger ermöglicht die Überwachung des Wasserstandes im Verdampfer. Mit einem Zapfhahn können Wasserproben zur Prüfung der Salzdichte entnommen werden.

Auf reichliche Bemessung aller Teile und auf gute Zugänglichkeit ist beim Abdampfverdampfer Rücksicht zu nehmen. Das Heizschlangensystem ist um eine senkrechte Welle drehbar und kann nach Lösung der Flanschenschrauben herausgeschwenkt und überholt werden. Die Heizschlangen sind mit einer besonders gebauten Kupplung an der Dampfverteilkammer befestigt und lassen sich einzeln ausbauen.

Bei den Abdampfverdampfern liegen die wärmewirtschaftlichen Verhältnisse insofern sehr günstig, als der zu Heizzwecken verwandte Dampf schon in der Hauptmaschine oder in den Hilfsmaschinen gearbeitet hat und die Erzeugung des Reinwassers nur nebenher erfolgt. Die Verwendung von Hilfsmaschinen-Abdampf oder Anzapfdampf der Hauptmaschine zum Vorwärmen des Speisewassers ist an Bord von Schiffen schon allgemein üblich.

Der Abdampfverdampfer wirkt also wie ein in die Abdampfleitung eingebautes Druckminderungsventil. Statt den Heizdampf unmittelbar in den Vorwärmer zu schicken, wird er erst in den Verdampfer geleitet und der dort erzeugte Brüdendampf geht seinerseits in den Vorwärmer. Die Verwendung des in der Kesselanlage erzeugten Dampfes nacheinander zur Leistung mechanischer Arbeit, zur Erzeugung von Reinwasser und zur Vorwärmung des Speisewassers bedeutet in der Tat eine nicht zu übertreffende Ausnutzung.

Auf einen wärmetechnisch richtigen Einbau der Verdampfer ist natürlich zu achten. Am besten löst sich die Frage bei zweistufiger Vorwärmung nach Abb. 111, bei welcher eine Hilfsdampfleitung für hohen und eine für niedrigen Dampfdruck vorhanden ist. Der Abdampf der meisten Hilfsmaschinen wird so hoch gehalten, daß er als Heizdampf für einen Verdampfer und für einen Oberflächenvorwärmer dienen kann, während der Brüdendampf aus dem Verdampfer in den Mischvorwärmer geht, und zwar gewöhnlich zusammen mit dem Abdampf der Lichtmaschine. Mit Hilfe dieser Schaltungsart kann das Speisewasser leicht auf 120 bis 130° vorgewärmt werden. Sie ist stets wirtschaftlich, weil die Hilfsmaschinen zur Einsparung von Raum und Gewicht mit Abdampfkanälen gebaut werden, die für niedrig gespannten Abdampf zu eng wären. Auch verlangt niedrig gespannter Dampf sehr große, teuere und schwerere Rohrleitungen, welche die Baukosten und das Schiffsgewicht ungünstig beeinflussen. Bei Gebrauch der Winden zum Löschen und Laden kann der Windenabdampf zur Beheizung der Verdampfer verwendet werden, um einen gewissen kleinen Vorrat an destilliertem Wasser zu erzeugen, welcher stets aus Gründen der Betriebssicherheit mitgeführt wird.

Der weitgehenden Entgasung des gesamten Speisewassers auf Schiffen wird zurzeit noch keine große Aufmerksamkeit gewidmet. Bei dem jetzt noch vorherrschenden Betriebsdruck von ∼ 15 ata und dem durch den Hilfsmaschinenabdampf stets etwas ölhältigem Kondensat haben sich besondere Schäden durch Anrostungen im allgemeinen nicht eingestellt. Mit zunehmendem Kesseldruck wird jedoch dieser Frage dieselbe Beachtung geschenkt werden müssen, wie bei Landanlagen, weil mit zunehmenden Temperaturen auch die noch im Wasser gelösten, geringen Mengen an Sauerstoff und Kohlensäure in stärkerem Maße ausgeschieden werden und Anfressungen verursachen.

Es ist zudem zu berücksichtigen, daß Wasserrohrkessel ihren
Wasserinhalt viel rascher verdampfen als gewöhnliche Schiffs-

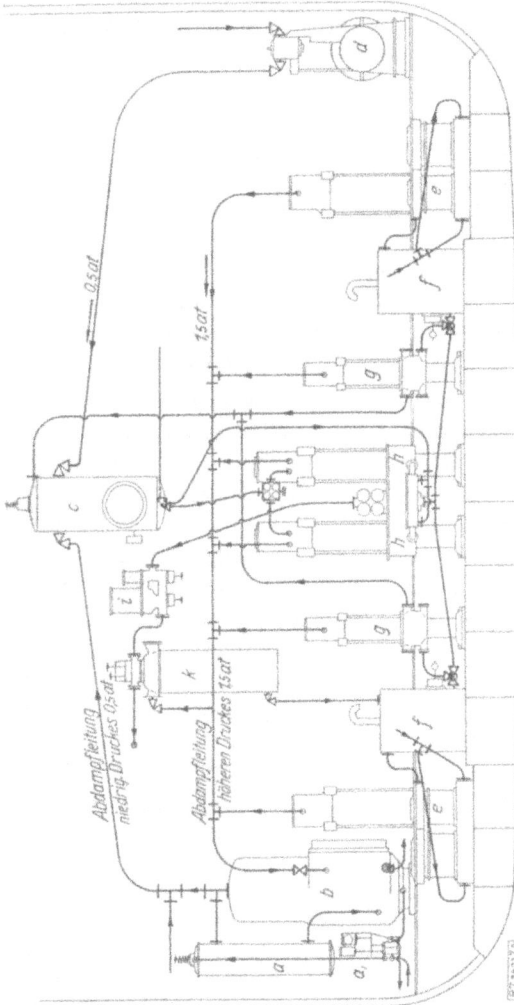

Abb. 111. Zweistufige Vorwärmeranlage mit Verdampfer an Bord eines Doppelschraubendampfers.

Bezeichnungen: a = Rohwasservorwärmer; a_1 = Speise- und Laugepumpe; b = Abdampfverdampfer; c = Misch-vorwärmer; d = Lichtmaschine; e = Dual-Expreßluftpumpen; f = Warmwasserkästen; g = Vorwärmerpumpen; h = Hauptspeisepumpen; i = Speisewasserreiniger; k = Oberflächenvorwärmer.

kessel, wodurch die Zufuhr an korrosiven Gasen vergrößert
wird. Es sei an dieser Stelle nochmals auf die irrige Annahme
hingewiesen, daß bei guter gleichbleibender Luftleere keine

Balcke, Abwärmetechnik III.   11

Luft im Kondensat mehr enthalten sei. Ganz abgesehen von
der durch Undichtheiten an den Saugstopfbüchsen der Pumpen
zutretenden Luft ist auch das Kondensat in dem Zustand, in
dem es den Kondensator verläßt, stets noch etwas lufthaltig.
Es wird also auf gute Entgasung und vollkommenen Gasschutz
bei fortschreitenden Betriebsdrücken Wert gelegt werden müssen.

Im Anschluß an das Gesagte sei in folgendem der Wärmekreislauf in der Dampfkraftanlage des der Dampfschiffahrts-
gesellschaft »Argo«, Bremen, gehörenden Frachtdampfers »Greif«,
welcher auf der Linie Bremen—London in Dienst gestellt ist,
entwickelt[1]).

Die Maschinenanlage des Dampfers »Greif« ist eine verhältnismäßig kleine Anlage, bei der sämtliche Pumpen als
unabhängige Maschinen unter weitestgehender Wärmeausnutzung des Abdampfes ausgeführt sind[2]).

Außer zwei an der Hauptmaschine angehängten, vom
ND-Kreuzkopf angetriebenen Lenzpumpen sind alle übrigen
Pumpen, die für die Wirtschaftlichkeit der Anlage auch nur in
Betracht kommen, als selbständige Maschinen eingebaut, und
zwar eine Naßluft- und Kühlwasserpumpe als Kreiselpumpe
mit Antrieb durch eine Einzylinder-Dampfmaschine, eine Atlas-
Simplex-Dampfpumpe für den Betrieb des Mischvorwärmers
und eine Atlas-Simplex-Pumpe als eigentliche Speisepumpe in
Verbindung mit einem Oberflächen-Speisewasser-Vorwärmer.

Die Hauptmaschine ist eine vertikale Dreifach-Expansions-
Heißdampf-Schiffsmaschine. Die garantierte Leistung ist bei
55 v. H. Füllung im HD-Zylinder, 14 atü Kesseldruck und
80 Umdr./min. 1250 PS_i. Der Kohlenverbrauch ist gewährleistet mit 0,55 kg/PS_ih einschließlich Hilfsmaschinen bei
Verfeuerung guter westfälischer Steinkohle. Nach dem Ma-
schinenbericht von der achten Reise betrug die Leistung bei
45 v. H. Füllung, 14 atü Kesseldruck, 340° (13,7 ata bei 300° C
an der Maschine) und 80 Umdr./min 1142 PS_i. Der Kohlenverbrauch (Steinkohle von im Mittel 7150 kcal/kg bei ca.
8 v. H. Rückstand) 15 t in 24 h = 0,55 kg/h und PS_i. Auf

---

[1]) Siehe Beitrag zur Wärmewirtschaft an Bord kleiner Schiffe
von Obering. Schoeme, Atlas-Nachrichten Nr. 7, 1923.

[2]) Siehe auch den Aufsatz von Obering. Kühne (Atlas-Werke)
im »Schiffbau« Nr. 13 vom 9. April 1919.

einen Heizwert von 7150 kcal/kg umgerechnet, ergibt sich also ein Kohlenverbrauch von $\sim 0{,}52$ kg je PS_ih.

Die Verdampfung der Kessel errechnet sich bei Annahme eines Kesselwirkungsgrades von 0,74 (Luftvorwärmung) wie folgt:

Es werden benötigt:

1. zum Vorwärmen von 1 kg Wasser von 100^0 auf die Verdampfungstemperatur von 197^0 . . . . 97 kcal/kg
2. zum Verdampfen . . . . 467 »
3. zum Überhitzen auf 340^0 . . . . . 79 »

Insgesamt also 643 kcal/kg

Zur Erzeugung von 1 kg Dampf von 14 atü und 340^0 Überhitzung aus Wasser von 100^0 sind 643 kcal/kg erforderlich. Die gesamte Dampfmenge ist dann $= \dfrac{625 \cdot 7150 \cdot 0{,}74}{643}$

$= 5150$ kg/h $= 4{,}51$ kg/PS_ih einschließlich Hilfsmaschinen.

Der Dampfverbrauch der unabhängigen Pumpen stellt sich wie folgt:

Pumpen-Abmessungen	Maschinen-Leistung	Pumpen-Leistung in kg/h	Dampfverbrauch in kg/h (durch Versuche gemessen)
Luftpumpe $\dfrac{250 \times 460}{300}$ 28 DH.		4610 Kondensat	150—160
Kühlwasserpumpe Kreisel ϕ 700 mm Dampfmaschine $\dfrac{160}{150} \cdot n - 250$	4,125 PS_i		66
Simplex-Pumpe für Mischvorwärmer $\dfrac{200 \times 140}{150}$ 8—9 DH.		5055	30—35
Simplex-Pumpe für Kesselspeisung $\dfrac{200 \times 140}{150}$ 8—9 DH.		5220	110—120

11*

Hierzu sei bemerkt, daß bei Ermittlung des Dampfverbrauches der unabhängigen Pumpen mit einem tatsächlichen Gegendruck in der Ringabdampfleitung von 1,5 atü gerechnet wurde.

Der Gesamtdampfverbrauch der unabhängigen Pumpen stellt sich somit auf: 155 + 66 + 35 + 115 = $\sim$ 370 kg/h.

Das Wärmeflußdiagramm der Abb. 112 zeigt, wie an Bord des Dampfers »Greif« die Abdampfwärme der angeführten Hilfsmaschinen wirtschaftlich ausgenutzt wird. Um ein vollkommenes Bild zu geben, wird der Abdampf der übrigen noch vorhandenen Hilfsmaschinen mit in die Rechnung einbezogen. Es sind dies:

1. die Gebläsemaschine mit 3,5 PS_i und 55 kg/h Dampf
2. die Lichtmaschine mit 6 PS_i (Mittel
   von Tag- und Nachtbetrieb) . . . . 95 » »
3. Verdampferpumpe . . . . 20 » »

170 kg/h Dampf

Mit der Abdampfmenge der unabhängigen Pumpen sind es also 370 + 170 = 540 kg/h Dampf, deren wirtschaftliche Ausnutzung nachgewiesen wird.

Mit Ausnahme der Lichtmaschine, deren Abdampf aus praktischen Gründen für sich getrennt unmittelbar nach dem Mischvorwärmer geleitet wird, geht der Abdampf der übrigen erwähnten Hilfsmaschinen in eine gemeinsame Abdampfleitung, welche an den Verdampfer und an den Speisewasser-Oberflächen-Vorwärmer angeschlossen ist. In dem Wärmeflußbild sind sämtliche an die allgemeine Abdampfleitung angeschlossenen Hilfsmaschinen als eine Maschine (I) mit 445 kg/h Dampfverbrauch gedacht.

Für die Lichtmaschine mit 6 PS_i werden 95 kg/h Dampf verbraucht.

Der Verdampfer ist für eine Leistung von 250 kg/h Destillat vorgesehen. Diese Wasserleistung kommt nur in Betracht für den Fall, daß Speisewasser auf Vorrat erzeugt werden soll. Im normalen Betrieb ist die Leistung nur entsprechend dem in der gesamten Anlage unvermeidlichen Wasserverlust durch Undichtigkeit der Stopfbüchsen usw. einzustellen. Im Wärmediagramm ist diese Leistung nach den Borderfahrungen mit

125 kg/h Reinwasser, also gleich ~ 5 v. H. der ständig umlaufenden Wassermenge angesetzt.

Wie aus dem Diagramm hervorgeht, werden von den dem Kessel mit 445 kg Dampf entnommenen 325000 kcal/h für den Antrieb der Hilfsmaschinen I nur 25180 kcal/h einschließlich der Wärmeverluste verbraucht. Von den 299820 kcal/h des zur Verfügung stehenden Abdampfes werden 292890 kcal dem Kessel mit dem Speisewasser wieder zugeführt, zum Teil durch den eingeschalteten Abdampfverdampfer und durch Verwendung des Brüdendampfes zum Vorwärmen des Speisewassers im Mischvorwärmer, zum größten Teil durch die unmittelbare Verwendung als Heizdampf im Oberflächenvorwärmer. Mit dem Unterschied von 6930 kcal/h werden im Verdampfer ~ 125 kg/h Destillat erzeugt. Der gesamte Verlust an Wärme durch die unabhängige Hilfsmaschine I und durch den Verdampfer beträgt demnach $25180 + 6930 = 32110$ kcal/h.

Für die Berechnung ist, wie aus dem Wärmeflußdiagramm Abb. 112 ersichtlich ist, auch die Kondensatmenge der Hauptmaschine mit berücksichtigt. Es ergibt sich als Gesamtergebnis für die Wirtschaftlichkeit der Anlage bis zum Austritt des Wassers aus dem Oberflächenvorwärmer das folgende Bild:

1. In Umlauf gesetzte Wärmemenge:
In 540 kg/h Frischdampf . . . . . . 394200 kcal/h
In 4610 kg/h Kondensat der Hauptmaschine . . . . 184400 »

Insgesamt: 578600 kcal/h

2. Zurückgewonnene Wärmemenge:
Aus dem Abdampf der Hilfsmaschinen I 292890 kcal/h
Aus dem Abdampf der Lichtmaschine . 63460 »
Aus dem Kondensat der Hauptmaschine 181845 »

Insgesamt: 538195 kcal/h

Der Unterschied zwischen 1 und 2 von 40405 kcal setzt sich wie folgt zusammen:

I. Wärmeaufwand für die Leistung der Hilfsmaschinen I . . . . 25180 kcal/h
II. Wärmeaufwand für die Leistung der Lichtmaschine . . . . 5740 »

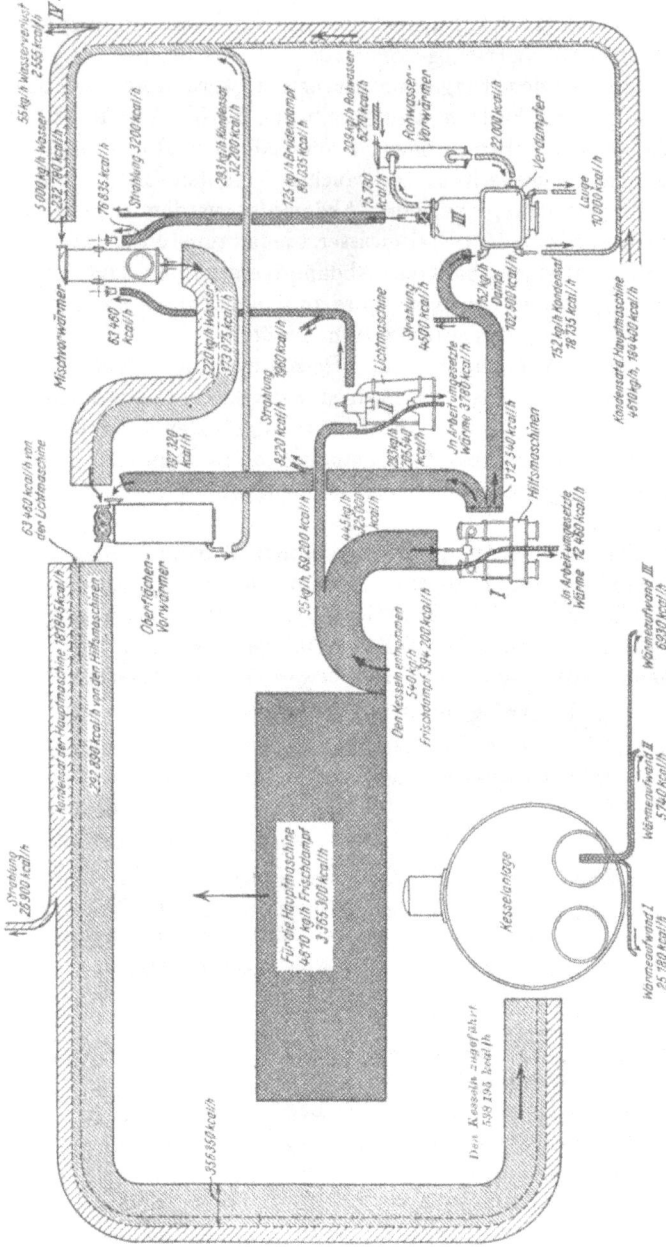

Abb. 112. Wärmeflußdiagramm der Abdampfverwertungsanlage zur Erzeugung von Speisewasser auf dem Dampfer »Greif«.

III. Wärmeaufwand zur Erzeugung von
125 kg/h Reinwasser . . . .   6930 kcal/h

IV. Wärmeverlust durch Wasserverlust in
der Anlage bis zum Mischvorwärmer.   2555   »

Neben dieser sehr guten Abdampfverwertung ist ferner zu beachten, daß die Kesselanlage auf Dampfer »Greif« nur destilliertes Zusatzwasser erhält, also nicht verschmutzen kann und somit dauernd einen guten Wirkungsgrad behält. Ferner fallen die Kosten für die Beschaffung von Frischwasser in den Häfen — welches noch dazu oft sehr wenig zur Kesselspeisung geeignet ist — fort. Es werden also noch erhebliche indirekte Ersparnisse erzielt.

Die Vorteile des Einbaues eines Abdampfverdampfers können also neben der großen Wärmewirtschaftlichkeit wie folgt zusammengefaßt werden:

1. Dadurch, daß nur reines Kondensat gespeist wird, ist jedes Verschmutzen der Kessel durch Kesselstein, Schlamm oder andere Unreinigkeiten ausgeschlossen. Im ganzen Kessel findet dauernd ein vorzüglicher Wärmeübergang statt. Die Abgastemperatur bleibt niedrig und der Kessel arbeitet dauernd mit höchstem Wirkungsgrad.

2. Der Kohlenverbrauch sinkt.

3. Die Anfressungen im Kessel, an den Armaturen, an den Turbinenschaufeln fallen fort.

4. Die Kessel brauchen auch nach jahrelangem Betriebe nicht von Kesselstein gereinigt zu werden, welcher Umstand eine bedeutende Ersparnis an Löhnen mit sich bringt.

5. Da ein Schiff, das sein Zusatzwasser durch Verdampfer erzeugt, keine große Wasserlast mitzunehmen braucht, kann es eine um so größere Nutzlast laden. Bei Schiffen mit Ölfeuerung können unter Umständen die Räume, die sonst das Frischwasser enthalten, zweckmäßig zur Unterbringung des Heizöls ausgenutzt werden.

Anders als auf Dampfern liegen die Verhältnisse auf Motorschiffen. Eine Zusatz-Speisewasserbereitung kommt wegen des Fortfalles der Dampfkesselanlage nicht in Frage. Auch stehen

statt Abdampf in diesem Falle die Abgase des Verbrennungs-
motors als Abwärmequelle zur Verfügung. Mit folgendem soll

Abb. 113. Heißwasser-Lufterhitzer nach Abb. 114 und 114a
auf dem Motorschiff »Fulda«.

als Beispiel für eine Abgasverwertungsanlage zu Heizungs-
zwecken auf Motorschiffen die des Fracht- und Fahrgast-
Motorschiffes »Fulda« ge-
bracht werden[1]).

Der Norddeutsche Lloyd
hat auf seinem, mit Zweitaktmotoren betriebenen Motorschiff »Fulda« die Frage der
Abgasverwertung zur Er-
höhung der Wirtschaftlichkeit
der gesamten Anlage auf folgende Art zu lösen versucht:

Die verhältnismäßig nied-
rigen Temperaturen der Ab-

[1]) Werft-Reederei-Hafen 1927,
Heft 10.

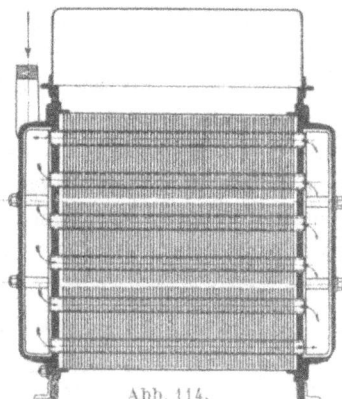

Schnitt 1

Abb. 114.

gase bei Zweitaktmotoren — besonders bei verminderter Fahrt, bei welcher die Abgase nur Temperaturen von etwa 140—150⁰ aufweisen — erschienen nicht geeignet, in einem besonderen Abgaskessel Dampf von genügender Spannung zu erzeugen, um die sonst auf Schiffen übliche Hochdruckdampfheizung zu

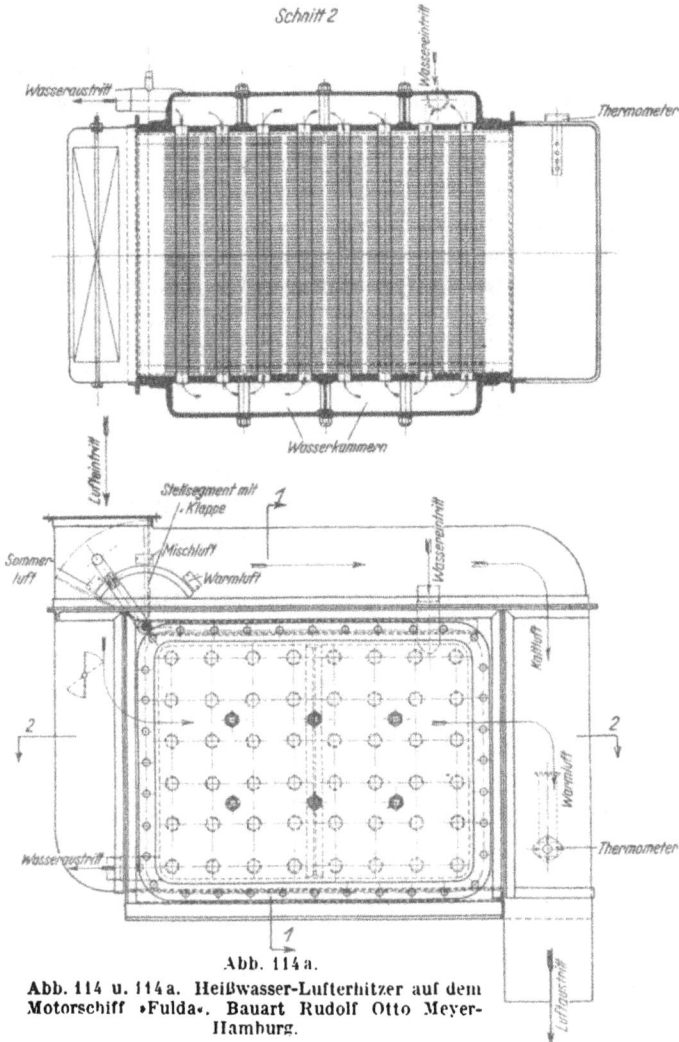

Abb. 114a.

Abb. 114 u. 114a. Heißwasser-Lufterhitzer auf dem Motorschiff »Fulda«. Bauart Rudolf Otto Meyer-Hamburg.

betreiben. Aus diesem Grunde wurden die Abgase zur Erzeugung von Heißwasser als Heizmittel für eine Frischluftheizung in Verbindung mit der Lüftungsanlage herangezogen,
zumal eine Frischluftheizung als Vorteile den Fortfall von Heizkörpern in den Räumen, die Vermeidung von Staubverbren-
nungen, eine gleichmäßige Temperatur und regelmäßige Lufterneuerung in den Räumen sowie eine einfache Regelung und
große Sauberkeit gegenüber einer Dampfheizung aufzuweisen hat.

Beheizt wurden sämtliche bewohnten Schiffsräume, also
alle Passagierräume und Salons, Vorplätze, Gänge und die
Räume für die Besatzung. Die Bäder und einige in freistehen-
den Deckshäusern befindlichen Räume wurden dagegen an die
Luftheizung nicht angeschlossen.

Jeder einzelne Raum erhielt eine oder mehrere mit Re-
gulierklappen versehene Warmluftaustrittsöffnungen. Die für
die Heizung der Wohnräume benötigte Luft wird durch elektrisch betriebene Ventilatoren von außen angesaugt und durch
14 Stück über das Schiff verteilte Lufterhitzer (Abb. 113)
durch Blechkanäle nach den einzelnen Räumen gedrückt. Ein
Umführungskanal an den Lufterhitzern ermöglicht während
der Heizperiode eine Regelung der Temperatur durch Zu-
mischen von kalter Luft und durch Umstellen einer Klappe im
Sommer die Anlage als Ventilationsanlage ohne Heizung zu
benutzen.

Die in Abb. 114 dargestellten und mit Heißwasser betriebenen Lufterhitzer bestehen aus schmiedeeisernen, feuerver-
zinkten Lamellenrohren in besonderer Ausführung. Sie können
die in die Räume einzublasende Heizluft bis auf 45° erwärmen.

Die Konstruktion der Abgasverwerter zeigt Abb. 115. Sie
sind als Röhrenkessel gebaut und arbeiten nach dem Gegenstromprinzip. Für jeden der beiden Motoren ist ein besonderer
Abgaskessel vorgesehen, von welchem der eine das Vorschiff
und der andere das Hinterschiff versorgt. Wie die Abb. 115
deutlich zeigt, haben diese Abhitzeverwerter an der Vorder-
seite eine geteilte Gaskammer mit Ein- und Austrittsstutzen
für die Abgase und an der Hinterseite eine Umkehrgaskammer.
In der vorderen Trennwand ist eine selbsttätig wirkende Klappe
eingebaut, um bei Überschreitung der zulässigen Wassertemperatur die Abgase unmittelbar in den Auspuff abzuleiten.

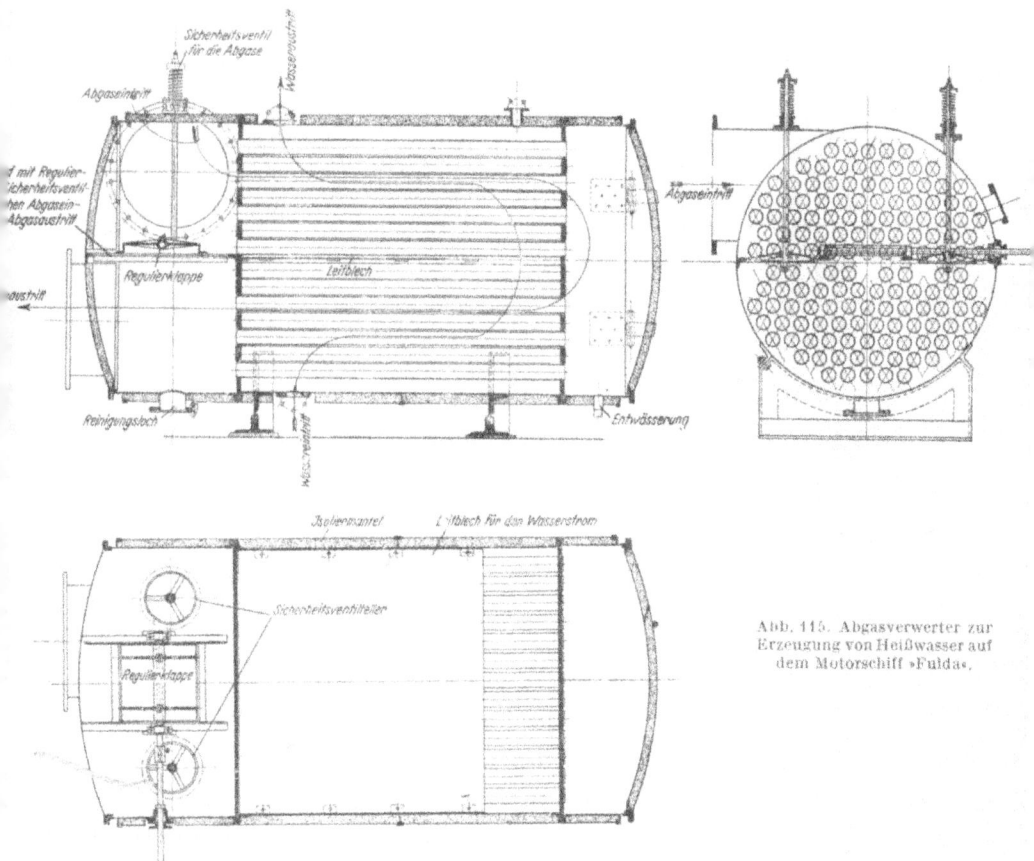

Abb. 115. Abgasverwerter zur Erzeugung von Heißwasser auf dem Motorschiff »Fulda«.

Ferner sind in der Trennwand Sicherheitsventile angeordnet, um bei plötzlichen Drucksteigerungen die Gase aus der oberen Kammer in die untere und damit unmittelbar in den Auspuff austreten zu lassen. Die Bedienung der Abgasverwertungs- anlage erfolgt vom Maschinenstand aus durch Verstellung der gekuppelten Klappen in den Abgasrohren mit Hilfe zweier in die Heißwasser-Vorlaufleitungen eingebauten Thermometer.

Bei etwa auftretenden Undichtigkeiten in den Wasser- rohren läuft das Wasser aus den Kesseln durch eine an der Abgasseite angeordnete Rohrschleife selbsttätig ab.

Der Gegendruck in den Auspuffleitungen wurde bei Ein- schalten der Abgaskessel nicht merklich gesteigert, eine meß- bare Erhöhung des Brennstoffverbrauches war nicht festzu- stellen.

Um die Abgase neben der Luftheizung noch weiter auszu- nutzen, wurde die Anlage auf alle übrigen wärmeverbrauchen- den Apparate des Wirtschaftsbetriebes an Bord erweitert.

Durch diese Erweiterung wurde erreicht, daß die beiden ölgefeuerten Dampfkessel während der Fahrt außer Betrieb gesetzt werden konnten und nur noch für den Hafenbetrieb bei Stillstand der Motoren erforderlich wurden.

Für den Wirtschaftsbetrieb wird das Wasser eines Abgas- kessels auf etwa 115⁰ erhitzt und dieses durch besondere Um- wälzpumpen unter entsprechendem Druck nach den jeweiligen Apparaten geleitet.

Die Dampfkochherde werden normalerweise unmittelbar durch die im Wasserbad des doppelwandigen Kochkessels liegenden Dampfschlangen beheizt, wobei ein Dampfdruck im äußeren Kessel von $\sim$ 1,2 ata nicht überschritten werden kann.

Der für die vorhandenen 14 Stück Dampfkochapparate erforderliche direkte Dampf von 1,2 ata wird in unterhalb der drei Küchen angeordneten kleinen Sekundärdampfkesseln erzeugt, wozu eine mittlere Heißwassertemperatur von etwa 112⁰ erforderlich ist. Das Kondenswasser läuft selbsttätig nach den Sekundärdampfkesseln zurück. Etwaige Druck- schwankungen bei abgestellten Kochkesseln werden durch ein Kondenswassergefäß ausgeglichen.

Die übrigen wärmeverbrauchenden Apparate, wie Wärme- schränke, Speisennachkochbäder und Heizungen der Trocken-

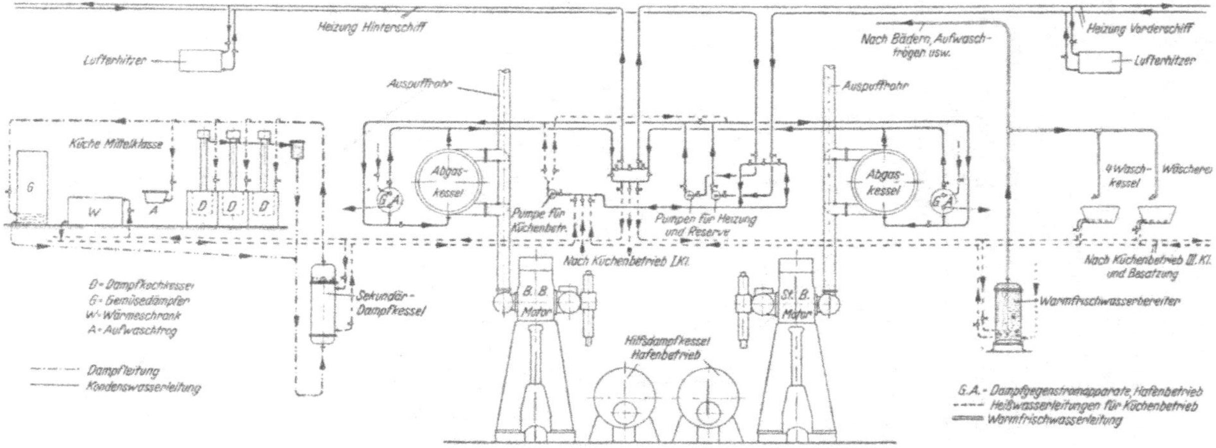

Abb. 116. Schaltungsschema der Abwärmeverwertungsanlage auf dem Motorschiff »Fulda«.

räume usw. wurden ohne Umänderung der normalen Apparate
an die Heißwasserleitungen des Wirtschaftsbetriebes angeschlossen.

Zur Warmfrischwassererzeugung wurden ferner fünf Stück
über das Schiff verteilte, stehende Warmwasserbereiter eingebaut. Sie werden von dem in den Abgasverwertern erzeugten Heizwasser beheizt und liefern warmes, auf etwa 60⁰
erwärmtes Gebrauchswasser für die Kochkessel, Bäder, Auf-
waschtröge, Waschbecken usw.

Der Kochbetrieb der Wäscherei erfolgt in vier mit Heizschlangen versehenen Waschkesseln.

Die Zeit vom Anstellen der Abgaskessel bis zum Kochen
der Speisen in den Dampfkockkesseln beträgt etwa eine
Stunde.

Da während der Hafenliegezeit Abgase von den Haupt-
motoren nicht zur Verfügung stehen, so werden während dieser
Zeit ölgefeuerte Zusatzkessel in Betrieb genommen und für die
Heizung Dampfgegenstromapparate benutzt. Diese Gegen-
stromapparate können bei starker Kälte und vollem Wirtschaftsbetrieb gleichzeitig zur Deckung des Spitzenbedarfes
herangezogen werden, falls die Wärmeleistung der Abgaskessel
nicht ausreichen sollte. Abb. 116 zeigt das Schema der Abgasverwertung des Motorschiffes »Fulda« für Heizung, Warm-
wassererzeugung, Küchen und Wäschereibetrieb.

Die Anlage wurde von der Firma Rud. Otto Meyer,
Hamburg, ausgeführt und hat sich im Betriebe gut bewährt.
Die Ersparnisse durch die Abgasverwertung für Heizung und
Wirtschaftszwecke gegenüber der unmittelbaren Wärme-
erzeugung durch ölgefeuerte Kessel beträgt etwa 120 t Heizöl
für eine Reise Bremen–New-York und zurück.

Abwärmeverwertung bei Lokomobilen.

Bei der Wahl der Betriebskraft von 40 PS Dauerleistung aufwärts ist die Anschaffung einer Heißdampf-Lokomobile als Kraftanlage auf Grund ihrer allgemeinen Vorzüge stets mit in Erwägung zu ziehen; denn in solchen Fällen, wo neben Kraftbedarf ein erheblicher Wärmebedarf für Fabrikations- und Betriebszwecke zum Heizen, Trocknen, Kochen, Dämpfen, Destillieren, Warmwasserbereiten vorhanden ist, tritt zu den sonstigen bekannten Vorteilen dieser Maschinengattung noch eine sehr günstige Wärmeausnutzung hinzu, welche in günstigen Fällen bis 80 v. H. beträgt und von keiner anderen Wärmekraftmaschine übertroffen wird.

Überall, wo mehr als 35—60 v. H. des Abdampfes (je nach der Höhe des Gegendrucks) zu Heiz- oder anderen Betriebszwecken ausgenutzt werden kann, verleiht die Heißdampf-Lokomobile für Auspuff- und Gegendruckbetrieb als geschlossene Heizkraftanlage auch kleinen industriellen Werken eine Gesamtwirtschaftlichkeit, welche mit einer Kraftbeschaffung durch andere Wärmekraftmaschinen oder durch etwaigen Strombezug von einer fremden Kraftquelle zumeist nicht erreicht werden kann.

Außer der wirtschaftlichen Seite kommen als Vorteile für die Lokomobile noch ihre große Unabhängigkeit und Einfachheit als Einzelanlage hinzu. Es können zudem alle gerade am Betriebsort billigst erhältlichen Brennstoffe verfeuert werden.

Durch diese Vorteile bildet die Lokomobile eine unentbehrliche, weitverbreitete, hochwirtschaftliche Kraftquelle für alle Kleinbetriebe und besonders für solche, die stark schwankenden Belastungen unterworfen sind. Sie findet deshalb auch in der Ton-, Ziegel- und Zement-Industrie, in Sägewerken und

anderen Holzbearbeitungswerkstätten, in Steinbrüchen und
Schotteranlagen, im Hoch- und Tiefbau, in Förderanlagen, in
Schöpfwerken, in Druckereien, Brennereien, Brauereien und
Trocknungsanlagen in Molkereien, in der Papier-, Textil- und
Mühlenindustrie eine weit verbreitete Anwendung.

Bei der heute gebräuchlichen Überhitzung des Dampfes
auf 300 bis 350⁰ tritt der Abdampf bei Gegendruck-Lokomo-
bilen je nach Höhe des Gegendruckes trocken gesättigt bzw.
schwach überhitzt aus. Er kann also hinsichtlich seines Wärme-
gehaltes als Frischdampf von entsprechender Spannung ange-
sprochen werden. In bezug auf die Heizwirkung ist darum
zwischen Abdampf, der in einer Gegendruckmaschine Arbeit
geleistet hat, und zwischen Frischdampf aus einem Kessel
von entsprechender Spannung kein wesentlicher Unterschied.
Die Überhitzungswärme des Dampfes entspricht bei etwa 330⁰
annähernd der im Dampfzylinder in mechanische Arbeit ver-
wandelten Wärme, so daß in der Dampfmaschine nur die Überhitzungswärme verbraucht wird, während der überwiegende Teil
der Dampfwärme, die sich aus der Flüssigkeits- und aus der Verdampfungswärme zusammensetzt, im Abdampf enthalten ist.

Abb. 1 Band I zeigte die in 1 kg Dampf enthaltenen
Wärmemengen in Abhängigkeit von der Dampfspannung.
Aus der Darstellung geht deutlich hervor, daß zur Erzeugung
von hochgespanntem Dampf nur ein ganz geringes Mehr an
Wärme aufzuwenden ist.

So beträgt z. B. die für die Erzeugung von 1 kg Dampf
von 16 ata gegenüber Dampf von 1 ata aufzuwendende Mehr-
wärme nur 28,8 kcal/kg oder $\sim 4{,}5$ v. H. Die mit diesem
geringen Mehraufwand an Wärme erzielbaren großen Kraft-
leistungen können aber noch bedeutend gesteigert werden,
wenn der Dampf mit einem weiteren Aufwand von rd. 84 kcal/kg
entsprechend etwa 12,5 v. H. auf 350⁰ C überhitzt wird. Im
ersteren Falle können bei atmosphärischem Gegendruck mit
1000 kg Heißdampf etwa 100 PSh, im letzteren Falle aber
150 PSh erzeugt werden. Mit dem geringen, nur 12,5 v. H.
betragenden Mehraufwand an Wärme wird bei Verwendung
von Heißdampf die Leistung also um 50 v. H. gesteigert. Viele
Betriebe können damit ihren gesamten Kraftbedarf decken
und unter Umständen noch Überschußkraft gewissermaßen

als Abfallkraft gewinnen, die außerordentlich billig zur Verfügung steht und an Nebenbetriebe oder andere Betriebe abgegeben werden kann, die mangels eigenen Wärmebedarfes

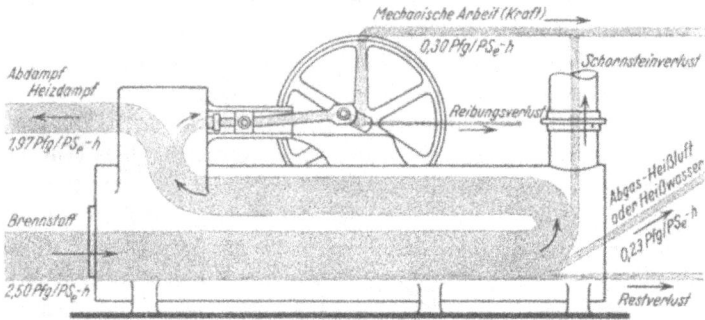

Abb. 117. Wärmeflußdiagramm zum Nachweis der Verteilung der Brennstoffkosten auf Kraft- und Wärmeversorgung bei einer Heißdampflokomobile mit Abdampf- und Rauchgasverwertung.

eine ähnliche Verknüpfung von Kraft- und Wärmeerzeugung nicht durchführen können.

An Abfallwärme sind im Abdampf je nach der Speisewasservorwärmung und nach Höhe des Gegendruckes etwa 65

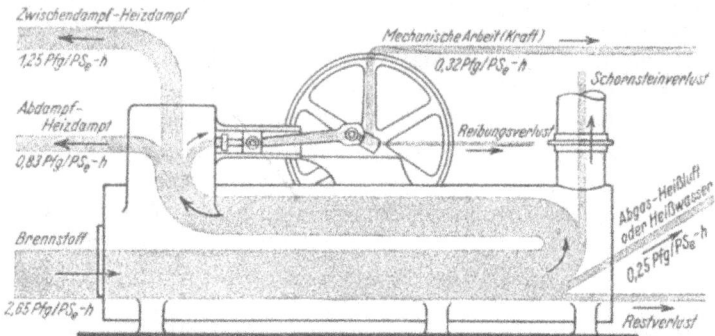

Abb. 118. Wärmeflußdiagramm zum Nachweis der Verteilung der Brennstoffkosten auf Kraft- und Wärmeversorgung bei einer Heißdampflokomobile mit Zwischendampf-, Abdampf- und Rauchgasverwertung.

bis 75 v. H. und in den Rauchgasen etwa 7 bis 8 v. H. der im Brennstoff aufgewendeten Wärme enthalten. Abb. 117 und Abb. 118 zeigen in Form von Wärmeflußdiagrammen die Verteilung der Brennstoffkosten auf Kraft und Wärmeversorgung, und zwar Abb. 117 für eine Heißdampf-Lokomobile mit Abdampf und Rauchgasverwertung und Abb. 118 für Zwischendampf-, Abdampf- und Rauchgasverwertung. Zahlentafel 6 und 7 stellen die anteiligen Brennstoffkosten zahlenmäßig zusammen.

Es ergibt sich folgendes Bild:

Zahlentafel 6.

Verteilung der Brennstoffkosten auf Kraft- und Wärmeversorgung bei einer Heißdampf-Lokomobile für Abdampf- und Abgasverwertung (s. Abb. 117):

		Brennstoff-	
a) Mechanische Arbeit (Kraft)	Wärme: 9,9 v. H.	kosten:	0,30 Pf./PSeh
b) Abdampf (Heizdampf)	» 64,3 »	»	1,97 » » »
c) Abgas (Heißluft-Heißwasser) . . .	» 7,5 »	»	0,23 » » »
d) e) f) Verluste . . .	» 18,3 »	»	verteilt auf a) b) c)

Gesamtwärme: 100,0 v. H.   Gesamt-Brennstoffkosten: 2,50 Pf./PSeh

Zahlentafel 7.

Verteilung der Brennstoffkosten auf Kraft- und Wärmeversorgung bei einer Heißdampf-Lokomobile für Abdampf-, Zwischendampf- und Abgasverwertung (s. Abb. 118):

		Brennstoff-	
a) Mechanische Arbeit (Kraft)	Wärme: 9,6 v. H.	kosten:	0,32 Pf./PSeh
b) Zwischendampf (Heizdampf) . . .	» 37,5 »	»	1,25 » » »
c) Abdampf (Heizdampf)	» 24,8 »	»	0,83 » » »
d) Abgas (Heißluft-Heißwasser) . . .	» 7,5 »	»	0,25 » » »
e) f) g) Verluste . . .	» 20,6 »	»	verteilt auf a) b) c) d)

Gesamtwärme: 100,0 v. H.   Gesamt-Brennstoffkosten: 2,65 Pf./PSeh

Der Brennstoffkostenanteil für die Erzeugung von einer nutzbar abgegebenen Stundenpferdenstärke beträgt sonach mit 0,30 bzw. 0,32 Pf. nur etwa $^1/_8$ der aufgewendeten Brennstoffkosten.

Auf die Abwärme entfallen $^7/_8$ der Brennstoffkosten! Durch die Abwärmeverwertung wird eine Wärmemenge zurückgewonnen, die nicht mehr Brennstoff kostet, als wenn diese Wärmemenge in besonderen Heizkesseln oder Öfen erzeugt worden wäre, aber billiger ist, weil die Kosten der Anschaffung, Unterhaltung und Bedienung von Heizkesseln und Öfen wegfallen.

Über die Abhängigkeit des Dampfverbrauches für 1 PS_i/h vom Gegendruck bei 13 und 16 ata gibt die Abb. 119 Aufschluß, welche sich auf Versuche an einer 175-PS-Wolf-Gegendruck-Lokomobile stützt. Die eingetragenen Schaulinien zeigen,

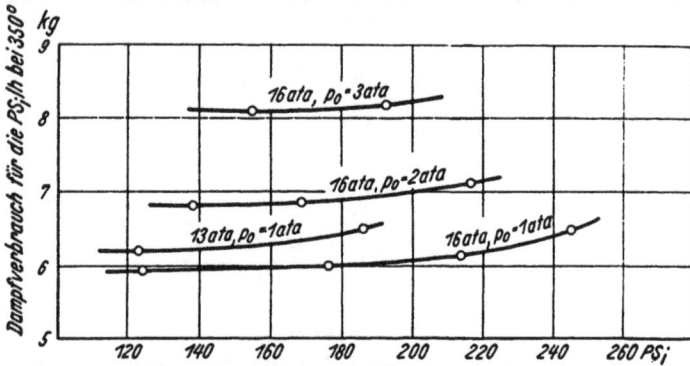

Abb. 119. Darstellung des Dampfverbrauches je 1 PS_i h in Abhängigkeit von der Frischdampfspannung und vom Gegendruck bei einer 175 PS-Wolf-Gegendrucklokomobile.

daß der Dampfverbrauch innerhalb weiter Belastungsgrenzen annähernd gleich bleibt und daß die Gegendruck-Lokomobile gegen eine nachträgliche Veränderung des Gegendruckes unempfindlich ist, d. h. die Maschine kann, ohne daß die Güte der Dampfausnutzung darunter leidet, mit verschieden hohen Gegendrücken betrieben werden.

Die Erhöhung des Gegendruckes hat auf die Leistung der Maschine nur geringen Einfluß, dagegen wächst mit dem Gegendruck der Dampfverbrauch bzw. es nimmt mit steigendem Gegendruck die Zahl der Pferdestärken ab, die mit einer bestimmten Dampfmenge geleistet werden können. Wenn also der Hauptwert auf eine hohe Kraftleistung gelegt wird, so muß der Gegendruck möglichst niedrig gehalten werden. Wenn sich dagegen mit der für Heizzwecke benötigten Dampfmenge bereits ein Kraftüberschuß ergibt, für den keine Verwendungsmöglichkeit besteht, so ist die Höhe des Gegendruckes unwesentlich.

Mit 1000 kg Heißdampf werden bei der Gegendruck-Lokomobile, Bauart »R. Wolf«, Magdeburg-Buckau, folgende Nutzleistungen erreicht:

bei einem Eintrittsdruck von   13 ata   16 ata

und bei	1,1 ata	Gegendruck . .	$\sim$ 135 PSh	$\sim$ 150 PSh
»	2,0 »	» . .	$\sim$ 113 »	$\sim$ 132 »
»	3,0 »	» . .	$\sim$ 92 »	$\sim$ 115 »
»	4,0 »	» . .	$\sim$ 75 »	$\sim$ 100 »

Je nach der Höhe des Gegendruckes werden durch die Abdampfausnutzung so große Ersparnisse erreicht, daß die Gesamtbetriebskosten auch bei nur teilweiser Abdampfausnutzung niedriger sind als diejenigen einer Kondensationsmaschine oder eines Motors.

Wenn bei einer Gegendruck-Lokomobile auch nur ein Teil des Abdampfes ausgenutzt wird, so ist der Betrieb bereits sparsamer als ein Kondensationsbetrieb mit zusätzlicher Verwendung von Frischdampf zur Heizung. Bei einem Gegendruck von

1,1 ata	genügen etwa	35 v. H.
2,0 »	» »	48 »
3,0 »	» »	55 »
4,0 »	» »	62 »

ausgenutzte Abdampfmenge, um den Betrieb der Gegendruckmaschine wirtschaftlicher zu machen als den der Kondensationsmaschine mit zusätzlicher Verwendung von Frischdampf zum Heizen, Trocknen, Dämpfen, Destillieren oder Kochen.

Vielfach sind in Fabrikbetrieben noch Krafterzeugung und Raumbeheizung getrennt. Es wird in solchen Fällen zumeist eine Hochdruckdampfheizung aus besonderen Heizkesseln gespeist, während die Kraft in Kondensationsmaschinen erzeugt wird, mit deren Abdampfwärme das Kühlwasser nutzlos erwärmt wird, oder durch Motoren[1]). Wie aber aus dem Dargelegten ersichtlich ist, kann mit einer bestimmten Heizdampfmenge die Kraft in einer Gegendruck-Lokomobile fast

---

[1]) s. im übrigen Abwärmetechnik Band II.

kostenlos gewonnen werden. In allen Fällen, in denen der Umbau einer Hochdruckheizung in eine Niederdruckheizung erheblichen Schwierigkeiten begegnet und große Kosten verursacht, ist die Aufstellung einer Gegendruck-Lokomobile zu empfehlen, deren Kosten sich allein durch die Brennstoffersparnisse in der Regel schon in wenigen Jahren bezahlt werden. Hierbei wird die Gegendruck-Lokomobile dem jeweiligen Heizdampfbedarf entsprechend belastet, während der überschießende Kraftbedarf in besonderen Maschinen (Kondensationsmaschinen) erzeugt wird. Ist der Heizdampfbedarf so groß, daß nicht die gesamte in einer Gegendruckmaschine erzeugte Kraft im eigenen Betrieb gebraucht wird, dann kann der überschießende Teil als Abfallkraft an Nebenbetriebe, Nachbarbetriebe, Elektrizitätswerke usw. abgegeben werden.

Wenn auch im Sommer die Kraft in derselben Maschine erzeugt werden muß und hierbei auf Kondensationsbetrieb aus wirtschaftlichen Gründen Wert gelegt wird, so ist eine Maschine zu wählen, die abwechselnd mit Gegendruck und mit Kondensation betrieben werden kann. Ist der Kraftbedarf so groß, daß der Abdampf für Heizungszwecke auch im Winter nicht ausreichend ausgenutzt werden kann, so ist entweder eine Zwischendampfentnahme oder eine Verteilung der Krafterzeugung auf zwei Maschinen unter Verwendung einer Kondensationsmaschine für das Mehr an Kraftbedarf und einer Gegendruck-Heizungskraftmaschine für die benötigte Heizdampfmenge in Erwägung zu ziehen. Hierbei ist als weiterer Vorteil zugunsten der Lokomobile der schon erwähnte Umstand zu berücksichtigen, daß bei dieser Maschinengattung der Grad der Wärmeausnutzung mit abnehmender Maschinengröße nur unwesentlich abnimmt.

Übersteigt der Wärmebedarf die verfügbare Abdampfwärme, so können hauptsächlich bei größeren Einheiten und wenn Bedarf für Heißwasser und Heißluft vorliegt, die abziehenden Rauchgase noch zur Wärmeversorgung herangezogen werden. Dadurch sind — wie schon erwähnt — etwa 7—8 v. H. der aufgewendeten Brennstoffwärme zurückzugewinnen. Zusammenfassend läßt sich sagen, daß die Gegendruck-Heißdampf-Lokomobile eine sehr wirtschaftliche Betriebsmaschine ist. Sie eignet sich ganz vorzüglich für die Abwärmeverwertung, weil sie sich durch Anbringen einfacher und leicht zu bedienender selbsttätiger Einrichtungen den jeweiligen Kraft- und Wärmeverhältnissen anpassen kann.

Gegendruck-Heißdampf-Lokomobilen liefern bei Gegendrücken von 1,1 bis 4,0 ata und mehr

an Abdampf oder Zwischendampf:

Heiz- und Fabrikationsdampf von 100—150⁰,

bei Einschalten von Lufterhitzern oder Warmwasserbereitern in die Kondensation:

Warmluft oder Warmwasser von 40—50⁰

und bei Einbau eines Lufterhitzers oder eines Ekonomisers in den Rauchkanal:

Heißluft oder Heißwasser von 150—200⁰.

Die Zahlentafel 8 gibt zum Schluß einen Auszug aus einem Versuchsbericht des Schlesischen Dampfkessel-Überwachungsvereins an einer Wolfschen Zwillings-Gegendruck-Heißdampf-Lokomobile mit einer größten Dauerleistung von 750 PS, welche in der Muskauer Papierfabrik »Graf Arnim«, Muskau O.L., zur Aufstellung gelangte.

Der Versuch erfolgte erst nach längerer Betriebszeit unter gewöhnlichen Betriebsverhältnissen. Der die Zylinder mit 2,41 ata Spannung verlassende Abdampf dient zur Beheizung von Trockenapparaten.

Zahlentafel 8.

Versuchsergebnisse an einer 750 PS-Heißdampf-Gegendruck-Lokomobile, Bauart Wolf[1]).

Datum des Versuchs . . . .

Brennstoff:

Dauer des Versuches	7 h 10 min
Bezeichnung der Kohle	Braunkohle der Grube Caroline
Heizwert der Kohle	2242 kcal/kg
Verheizt im ganzen	16673 kg
Verheizt in der Stunde	2326,4 kg

[1]) Die Zahlentafel 8 ist auch als Anleitung für die Durchführung derartiger Wirtschaftlichkeitsversuche gedacht.

Speisewasser:

Dauer des Versuches	7 h 1 min
Verdampft im ganzen	40755 kg
Verdampft in der Stunde	5808 kg
Temperatur beim Eintritt in die Vorwärmer	25,7⁰
Temperatur beim Eintritt in die Kessel	76,2⁰

Heizgase:

Kohlensäuregehalt in der Rauchkammer	15,5 v. H.
Kohlensäuregehalt im Fuchs	12,4 v. H.
Temperatur vor den Vorwärmern (Rauchkammer)	270,5⁰
Temperatur hinter den Vorwärmern (Fuchs)	163,0⁰
Temperatur der Verbrennungsluft im Kesselhause	32,6⁰

Dampf:

Kesselspannung	16,1 ata
Temperatur des Dampfes beim Austritt aus dem Überhitzer	338,0⁰
Erzeugungswärme im Vorwärmer	50,5 kcal/kg
» » Kessel	595,1 kcal/kg
» » Überhitzer	77,5 kcal/kg
Gesamt-Erzeugungswärme für 1 kg Dampf	723,1 kcal

Zugstärke:

über dem Rost	5,3 mm WS
in den Rauchkammern	10,5 mm WS
hinter dem Vorwärmer	15,9 mm WS

Verdampfung:

a) 1 kg Brennstoff verdampft eine Wassermenge von . . . . 2,5 kg
b) umgerechnet auf Dampf von 100⁰ aus
   Wasser von 0⁰ C . . . . 2,82 kg

Nutzbar gewonnene Wärmemenge für 1 kg Kohle:

im Kessel	1487,75 kcal =	66,36 v. H.
im Überhitzer	193,75 kcal =	8,64 »
im Vorwärmer	126,25 kcal =	5,63 »
Zusammen:	1807,85 kcal =	80,63 v. H.

Verloren:

a) an fühlbarer mit den Gasen nach dem
Schornstein abziehender Wärme . . . 8,41 v. H.

b) in den Rückständen und durch Strahlung,
Leitung, Ruß und unverbrannte Gase als
Rest . . . . 10,96 v. H.

Demnach ist der wärmewirtschaftliche Wirkungsgrad der
Gesamtanlage = 80,63 v. H., der Verbrauch an Rohbraunkohle
je 1 PS$_e$h = 2,91 kg und der Dampfverbrauch je 1 PS$_e$h
= 6,86 kg.

Abschnitt 8.

Die Verwertung elektrischer Überschußenergie.

Im ersten Bande wurde auf S. 56—59 auf das Grundsätzliche der Verwertung der elektrischen Abfall- oder Überschußenergie eingegangen. Auf S. 208—213 des gleichen Bandes wurden die Elektro-Dampfspeicher und auf S. 221—224 die Elektro-Heißwassererzeuger gebracht. Im folgenden soll ergänzend auf den neuzeitigen Stand der Elektro-Wärmeverwertung unter besonderer Berücksichtigung der Wirtschaftlichkeit von Elektro-Wärmeverwertungsanlagen eingegangen werden. Wie schon in Band I auf S. 56 f. ausgeführt wurde, können die Elektrizitätswerke niemals die bei einer gleichmäßigen Höchstbelastung ihrer Maschinenanlagen verfügbaren maximalen Energiemengen restlos für Licht- und Kraftzwecke absetzen; die mit der Tageslänge schwankende Beleuchtung sowie die Betriebszeiten und wechselnden Belastungen der Motoren bei den Bahnen, in der Industrie,

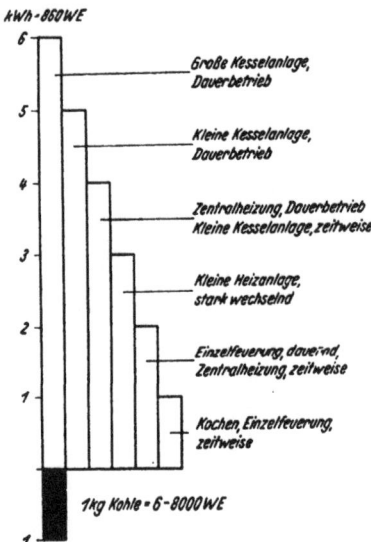

Abb. 120. Verhältnis von $\dfrac{kWh}{kg\ Kohle}$ bei verschiedenen Betrieben und Betriebsarten.

Gewerbe und Landwirtschaft bringen es mit sich, daß allerhöchstens 60 v. H. der zur Verfügung stehenden Kilowattstunden für diese Zwecke Verwendung finden können. Es kann deshalb bei Dampfkraftzentralen freie Elektroenergie, besonders in den Mittags- und Nachtstunden, und zwar im Sommer mehr als im Winter, unter geringem Kostenaufwand abgegeben werden. Bei Wasserkraftzentralen würden überhaupt keine Mehrkosten entstehen, wenn die Wasserturbinen — statt leer zu laufen — möglichst voll belastet werden; aber auch bei Heizungs-Kraftwerken sinkt durch Hebung des Ausnutzungsfaktors der Kohlenverbrauch je abgegebene Kilowattstunde durch Verringerung der Anheiz- und Abbrandverluste.

Dies ist der Grund, warum heute in ständig steigendem Maße die Kraftwerke ihre Überschußenergie zu Preisen abgeben, die $1/5$ bis $1/10$ und weniger des Lichtstrompreises betragen, um auf diese Weise die Möglichkeit der Elektrizitätsverwertung für Wärmezwecke zu schaffen.

Bei Wasserkraftanlagen steht noch eine ganz gewaltige Überschußenergie aus der ungleichmäßigen Wasserführung der Flußläufe zur Verfügung. Zu den verschiedensten Jahreszeiten und besonders im Sommer laufen große Wassermassen unbenutzt über den Leerschuß ab, für die infolge ihres unregelmäßigen Anfalles kein festes Betriebsprogramm aufgestellt werden kann.

Es liegt im Wesen der Überschußenergie, daß sie keine Verwendung finden kann, während sie verfügbar ist. Es muß also zu dem Hilfsmittel der Speicherung in Form von Heißwasser oder Dampf gegriffen werden unter gleichzeitiger Umwandlung der elektrischen Energie in Wärme (s. Band I, S. 208 f.).

Die elektrische Heißwasserbereitung mit ihrem ganzjährigen Betrieb, bei der das nachts erzeugte warme Wasser am Orte des während der Tagesstunden auftretenden Bedarfes gespeichert werden kann, ist für die Überschußverwertung von besonderer Bedeutung.

Die Raumheizung, welche gerade im Winter, wenn am wenigsten freie Energie von seiten der Elektrizitätswerke abgegeben werden kann, ihren größten Bedarf hat, kann nur etwa den dritten Teil des Strompreises der Warmwasserbereitungsanlagen ertragen und kann deshalb keine allgemeine Bedeutung als Absatzgebiet für die Elektrowärmeverwertung erlangen. Die elektrische Raumbeheizung wird — wie auch die Entwicklung in der Schweiz zeigt — auf die Übergangszeiten und Aushilfsbetriebe beschränkt bleiben.

Die dritte Verwertungsmöglichkeit ist die elektrische Dampferzeugung in gegenseitiger Betriebsgemeinschaft mit kohlegefeuerten Kesseln.

Während die Speicherung von Dampf nur in besonderen Fällen zur Anwendung kommt, bietet sich für die Speicherung von heißem Wasser eine fast unbeschränkte Verwendungsmöglichkeit. Die Herstellung von elektrischen Heißwasserspeichern entspricht deshalb einem allgemeinen Bedürfnis, das heute auch befriedigt werden kann, weil einerseits die Anschaffungskosten der Apparate wesentlich herabgesetzt wurden und andererseits, wie schon gesagt, die Elektrizitätswerke zur Verbesserung des Ausnutzungsfaktors ihren Tarif so gestaltet haben, daß für den Stromverbraucher durch Anwendung von Heißwasserspeichern wirtschaftliche Vorteile entstehen.

Unter den dargelegten Voraussetzungen kann ein Elektrokessel so wirtschaftlich arbeiten, daß die Anlage in ungewöhnlich kurzer Zeit abgeschrieben ist. Ob die erzeugte Wärme, wie z. B. in Papier- oder chemischen Fabriken, dauernd sofort Verwendung finden kann oder ob eine zeitweise Speicherung in irgendeiner Art notwendig ist, kommt für die Beurteilung der Wirtschaftlichkeit erst in zweiter Linie in Frage. In erster Linie ausschlaggebend ist bei der Anschaffung eines Elektrokessels der Strompreis, besonders wenn die Energie von fremder Seite bezogen werden soll. Es soll deshalb auf diese Frage näher eingegangen werden:

Bei der Überlegung, ob von Kohlewärme auf Elektrowärme übergegangen werden soll, spielt die Frage, wie viele kWh als Ersatz für 1 kg Kohle aufzuwenden sind, eine große Rolle. Während mittels 1 kWh nahezu verlustlos 860 kcal gewonnen werden, wird die in der Kohle enthaltene Wärme in sehr verschiedenem Umfang ausgenutzt. Der Wirkungsgrad eines Dampfkessels ist bekanntlich abhängig vom Bau und der Unterhaltung der Anlage sowie von der sachgemäßen Wartung; von großem Einfluß ist auch die wechselnde Belastung, welche zur Folge hat, daß im Dauerbetrieb der Wirkungsgrad oft nicht mehr als 50—60 v.H. beträgt, wenn auch bei wohlvorbereiteten Versuchen Wirkungsgrade von über 80 v. H. erreicht werden können.

Wie das Verhältnis der Zahl der erforderlichen kWh zu der bisher verbrauchten Kohlenmenge mit der Art der Feuerungsanlage sich ändert, zeigt Abb. 120 in graphischer Darstellung. Beim Vergleich mit einer großen Dampfkesselanlage, die im Dauerbetrieb mit dem günstigsten Wirkungsgrad arbeitet, sind zum Ersatz von 1 kg Kohle mit einem Heizwert von 7—8000 kcal/kg etwa 5—6 kWh aufzuwenden, während bei kleineren Anlagen mit stark wechselnder Beanspruchung

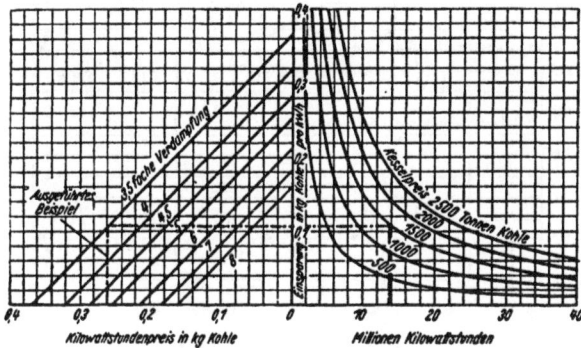

Abb. 121. Amortisationszeit einer Elektrokessel-Anlage in Abhängigkeit vom Strompreis.

der Aufwendung von 1 kg Kohle nur 3—4 kWh entsprechen. Wieder anders ist das Verhältnis bei der Raumheizung oder beim Kochen, in welchen Fällen 1—2 kWh für 1 kg Kohle gebraucht werden.

Die zulässigen Kosten für die Elektrowärme ergeben sich auf Grund der vorstehenden Verhältniszahlen aus dem bisherigen Kohlenverbrauch. Es zeigt sich, daß je nach dem Preis einer kWh in einem Falle eine Elektro-Kesselanlage sehr vorteilhaft sein kann, während in einem anderen Falle eine solche Anlage nicht in Frage kommt. Abb. 121 zeigt in graphischer Form die Amortisationszeit von Elektrokessel-Anlagen in Abhängigkeit vom Strompreis.

Bei der konstruktiven Ausgestaltung der Elektrowärmeverwerter ist zu beachten, daß die Wärmeleitfähigkeit des bei

der Energieumsetzung als Widerstand dienenden Wassers sich
fortlaufend ändert. Nicht nur die mit den Jahreszeiten wechselnde chemische Zusammensetzung, sondern auch die Betriebsverhältnisse sind dabei von Einfluß.

Das natürliche Speisewasser wechselt seinen Widerstand
zwischen 500 und 30000 Ohm je cm^3. Beim Verdampfen im
Kessel reichert sich das Wasser allmählich mit Salzen an, wodurch sein Widerstand sinkt. Auch mit steigender Temperatur
vergrößert sich die Leitfähigkeit.

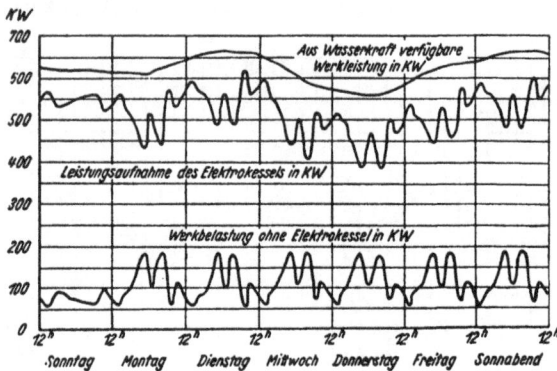

Abb. 122. Wochenbilanz eines Wasserkraftwerkes während der
Hochwasserperiode.

Die Leistung des Kessels muß deshalb bei den verschiedensten Widerstandsverhältnissen des Wassers genau regelbar
sein, um der wechselnden Belastungskurve, von der Abb. 122
ein Beispiel gibt, folgen zu können. Die Leistung muß unter
allen Umständen in Grenzen von 10 v. H. bis 125 v. H. der
Nennleistung des Kessels geregelt werden können.

Eine Regelung durch Veränderung des Wasserinhaltes des
Kessels empfiehlt sich nicht, weil diese stets mit Verlust verbunden ist. Um den Kessel von Vollast auf 10 v. H. seiner
Leistung herunterzubringen, müssen nämlich 90 v. H. des die
Elektroden umgebenden Wassers aus dem Kessel abgeführt werden, wodurch nicht nur erhebliche Energieverluste sondern auch
den Kesselverbänden schädliche Wärmeschwankungen auftreten.

Das Regelungsverfahren und die Konstruktion des Kessels müssen aber auch bei Hochspannung das Arbeiten ohne

Transformator erlauben. Die Aufgabe wurde bei den Elektro-Dampfkesseln der Bauart »Maffei, München« durch eine aus stab- oder rohrförmigen Körpern zusammengesetzte große

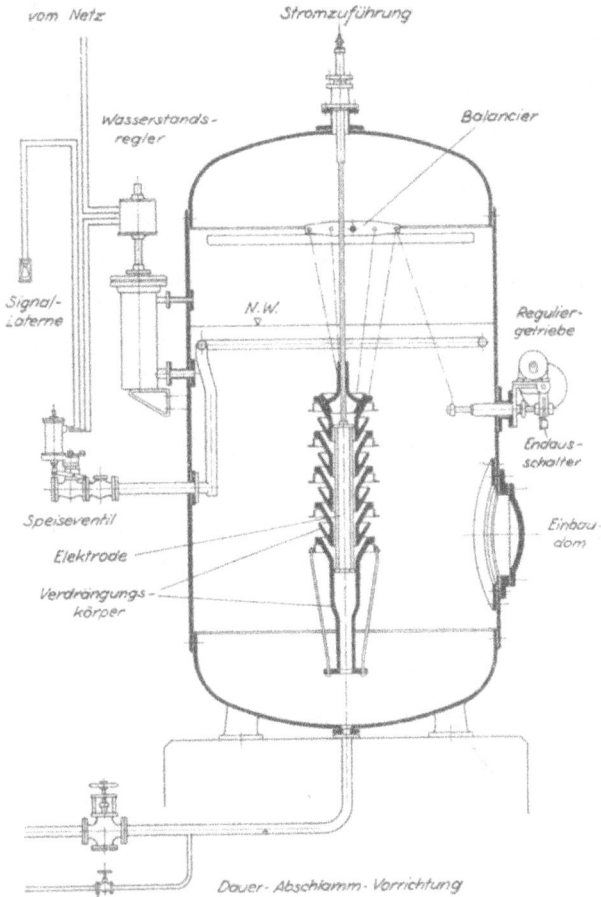

Abb. 123. Elektrodampfkessel, Bauart »Maffei-Brockdorff«; schematische Darstellung der Regelvorrichtung und der Nebenapparate.

Elektrode gelöst (s. Abb. 123). Auf diese Weise werden elektrolytische Wirkungen, welche bei kleinen, hochbeanspruchten Elektroden auftreten könnten, ausgeschlossen. Um nun trotz der großen Oberfläche den erforderlichen

hohen Widerstand in regelbarer Weise zu erzielen, ist die
Elektrode von beweglichen Verdrängungskörpern umgeben,
die zwischen sich Leitkanäle freilassen, in denen die
Umsetzung der elektrischen Energie und damit die Verdampfung erfolgt. Diese Verdrängungskörper aus Porzellan haben
konische Form, wodurch nicht nur ein sehr hoher Widerstand
erreicht wird, sondern auch die Abführung der entstehenden
und nach oben drängenden Dampfblasen gewährleistet wird.
Die Regelung erfolgt durch Verstellung der Isolierkörper, wodurch der Querschnitt der Leitkanäle verändert wird, und zwar
muß mit steigender Leistung der Querschnitt vergrößert
werden. Das Wasser wird dem System von unten durch

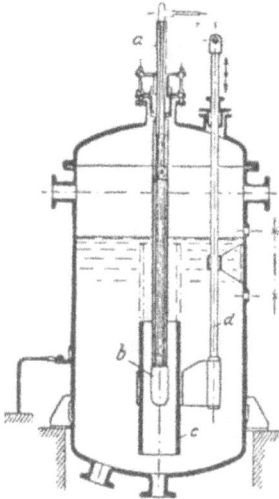

Abb. 124. Elektrodampfkessel,
Bauart »Brown, Boveri & Cie.«.

einen rohrförmigen Isolierungskörper
zugeführt, welcher durch seine Länge
und durch den verhältnismäßig geringen Querschnitt einen so hohen
Widerstand hat, daß darin keine Verdampfung stattfinden kann. Diese
tritt vielmehr erst in einiger Entfernung von der Elektrode in den konischen Leitkanälen auf.

Die Verstellung der Verdrängungskörper erfolgt durch einen Doppelhebel mit Zugstangen, wobei der
mittelste Körper fest stehenbleibt,
während die unter und über ihm
liegenden harmonikaartig auseinandergezogen werden.

Durch die Wahl der Abmessungen
und Neigungswinkel der Leitkanäle
kann das System allen vorkommenden Spannungen zwischen 1000 und 15000 Volt angepaßt werden. Die Regelfähigkeit ist dabei so groß, daß bei allen auftretenden Wasserwiderständen zwischen kleinster und größter
Leistung jeder gewünschte Wert eingestellt werden kann. Der
Antrieb des Doppelhebels erfolgt von außen durch ein Handrad
oder einen Elektromotor, der durch Druckknopfsteuerung aus
der Ferne betätigt werden kann. Für die Speisung wird meist
ein selbsttätiger Speisewasserregler vorgesehen und außerdem ist

noch eine besondere Abschlammvorrichtung vorhanden, durch
die der Widerstand des Wassers innerhalb der für den Betrieb
vorteilhaftesten Grenze gehalten wird.

    Abb. 124 zeigt einen Hochspannungs-Elektro-Dampf-
kessel der Firma Brown-Boveri & Co. Die Veränderung der

Abb. 125. Elektrokessel, Bauart »Maffei«, 750 kWh, 5000 Volt, der Heil-
und Pflegeanstalt Kaufbeuren.

Stromweglänge im Wasser und mithin die Höhe des Widerstandes wird durch die Anordnung eines um eine feststehende
Elektrode beweglichen Isolationsrohres erzielt. Als Gegen-
elektrode dient die Kesselwand. Der höchsten Lage des
Rohres entspricht die maximale Energieaufnahme. Die Verstellung des Rohres erfolgt vermittelst eines Gestänges, kann

aber auch selbsttätig derart geschehen, daß das Verdampfer-
rohr an einem Schwimmer aufgehängt wird. Durch eine
Speisepumpe mit gleichbleibender Fördermenge (die größer
ist als die vom Kessel zu verdampfende Wassermenge) und
durch ein Speisewasser-Überlaufventil erfolgt die Einstellung
der der Leistungsaufnahme und dem Dampfdruck entsprechenden Wasserstandshöhe im Kessel. Für große
Leistungen bei niedrigen Spannungen und größerem Wasser-
raum ordnet BBC eine besondere Zwischenelektrode an, die

Abb. 126. Warmwasser-Speicheranlage in der Heil- und Pflegeanstalt Kaufbeuren.

auf dem verstellbaren Isolationsrohr oben angebracht ist, sodaß der Stromübergang einmal von der feststehenden Elektrode durch die obere Öffnung des Verdampferrohres nach
der Zwischenelektrode, anderseits durch die untere Öffnung
dieses Rohres nach der geerdeten Kesselwand erfolgen kann.
Die Leistungsregelung geschieht bei dieser Anordnung selbsttätig durch einen Thermostaten.

Abb. 125 zeigt einen Maffei-Elektrokessel in der Heil- und
Pflegeanstalt Kaufbeuren mit einer Leistung von 750 kW und
5000 Volt, welcher mit dem Überschußstrom des Städtischen
Elektrizitätswerkes gespeist wird. Im ersten Betriebsjahr
wurden über 2 000 000 kWh verbraucht, die einer Einsparung
von über 500 t Kohle entsprechen. Mittels des im Elektro-

kessel erzeugten Dampfes wird der Inhalt von zwei Heißwasser-
speichern von je 30 m³ auf 80⁰ erwärmt und damit die ganze
Anstalt mit heißem Wasser zum Baden, Waschen usw. versorgt.
Abb. 126 zeigt die Warmwasser-Speicheranlage der Heilanstalt.

Abb. 127. Stadt. Elektrizitätswerke München-Muffatwerk. 2 Elektrokessel je 4000 kW, 5000 Volt.

Diese Anlage bringt dem Städtischen Elektrizitätswerk
eine nicht zu unterschätzende Nebeneinnahme; sie bietet
anderseits der Anstalt den Vorteil, daß trotz des stark erhöhten
Heißwasserbedarfes der Kostenaufwand nicht gestiegen ist.

194

Die Städtischen Elektrizitätswerke München haben im
Muffatwerk zwei Elektrokessel (nach Abb. 127) mit einer
Leistung von je 4000 kW bei 5000 Volt aufgestellt, um den in
den eigenen Betrieben anfallenden und den von der Bayernwerk

Abb. 128. 2 Maffei-Elektrokessel von je 2000 kW und 5000 Volt im Elektrizitätswerk Isartalstraße in München.

A.-G. zur Verfügung gestellten Überschußstrom zu verwerten.
Durch diese Anlage wird das in der Nähe liegende Städtische
Volksbad mit Dampf und Heißwasser und die Fernwasser-
heizung des Deutschen Museums unter Verwertung der von

der Bayernwerk A.-G. kostenlos zur Verfügung gestellten
elektrischen Energie mit Heizdampf versorgt. Die Heißwasserbereitung für das Bad erfolgt in der Weise, daß nachts drei
Boiler mit zusammen 100 m³ Inhalt durch Heizrohrsysteme
aufgeladen werden. Außerdem sind drei Ruthsspeicher von

Abb. 129. Elektrokessel, 250 kW, 2000 Volt, Einphasenstrom, für die Heißwasserversorgung des
Karerseehotels.

je 171 m³ Inhalt vorhanden, in denen der aus den Elektrokesseln
kommende Dampf aufgespeichert wird, soweit er nicht zur
unmittelbaren Heißwassererzeugung dient.

Abb. 128 zeigt zwei Maffei-Elektrokessel im Werk an
der Isartalstraße in München von je 2000 kW und 5000 Volt,
welche zur Heizung und Heißwasserversorgung des Betriebs-
gebäudes dienen. Diese beiden Kessel bilden die Ergänzung der

13*

im Muffatwerk befindlichen Elektro-Kesselanlage, um den
Überschußstrom der Städtischen Werke möglichst auszunutzen.

Abb. 129 zeigt die Elektro-Kesselanlage für die Heißwasserversorgung des Karersee-Hotels. Sie besteht aus einem Elektrokessel für 250 kW und 2000 Volt Einphasenstrom in Verbindung mit einer Anzahl Heißwasserspeicher und hat in zwei-

Abb. 130. AEG-Elektrokessel 1000 kW, 6000 V,
10 ata 1250 kg/h Dampferzeugung.

jährigem Betrieb den Nachweis geliefert, wie vorteilhaft es ist,
den ausschließlich für diesen Zweck erzeugten Strom in Form
von Elektrowärme zu verwerten. Die Heißwasserversorgung
des Hotels, welches in der Hochsaison einen Bedarf von täglich
60000 l aufweist, verursacht einen geringen Kostenaufwand
gegenüber der früheren Koksfeuerung. Abb. 130 zeigt
schließlich einen elektrisch beheizten Kessel für 1000 kW
und 6000 V der AEG-Berlin.

Die Verwendung der Elektrowärme in der ganzen Energiewirtschaft wird heute volkswirtschaftlich notwendig. Nach
allgemein gültigen Gesichtspunkten der Energiewirtschaft

muß der Ausbau und der Betrieb der Wasserkräfte in ganz
planmäßiger Form erfolgen unter weitgehender Mitarbeit des
Staates.

Die Verbindung zwischen der Wasserkraft bzw. der damit
gewonnenen elektrischen Energie und dem wärmeverbrauchenden Betrieb kann der Elektrokessel übernehmen, so daß sich
aus dieser Verbindung ein wirtschaftlicher' Gesamtbetrieb
ergibt. Als gleichzeitiger Energieumformer und Speicher,
welcher den wechselnden Stromanfall aufnimmt und in Wärme
umwandelt, teilweise speichert oder mit einem besonderen
Speicher zusammenarbeitet, vervollständigt der Elektrokessel
die Energieerzeugung in den verschiedenen Betrieben. Volkswirtschaftlich bringt der Elektrokessel eine Ausnutzung der
Wasserkräfte bis zu 100 v. H. und eine günstige Energie-
umformung. Der Stromerzeuger erzielt einen günstigen Wirkungsgrad seiner Maschinen durch die ausgeglichene Belastung,
ferner einen günstigen Leistungs- und Ausnutzungsfaktor.
Der Betrieb, der den Strom in Wärmeform verarbeitet, ver-
ringert seine Wärmekosten, weil er durch Regelung, Speicherung und Bedienung einen günstigen Wirkungsgrad erzielt.

Die Verwertung der Überschußenergie durch Erzeugung
von Elektrowärme ist wohl in den meisten Fällen möglich, bei
kleinen wie bei großen Anlagen; ob diese Verwertung zweckmäßig durch einen Warmwasserspeicher oder durch einen
Elektrokessel geschieht, welche Konstruktion hierfür Verwendung finden soll und ob Hochspannung oder Niederspannung
zur Anwendung kommt, muß von Fall zu Fall entschieden
werden.

Abschnitt 9.

Für die Abwärmetechnik wichtige neuzeitliche Meßinstrumente und Fernmeßverfahren[1]).

1. Die neuzeitliche Druck- und Mengenmessung von Gasen, Dämpfen und Flüssigkeiten.

a) Allgemeines.

Die Messung niedrig gespannten Dampfes, wie er in der Abwärmetechnik als Anzapf- oder Zwischendampf und besonders als Abdampf von Maschinen, zu Koch-, Trocknungs-, Heizungs-, überhaupt zu allen in den Bänden I—III behandelten Zwecken verwendet wird, ist insofern nicht ganz einfach, als der an sich schon außerordentlich niedrige Dampfdruck keine nennenswerte Wegdrosselung von Energie erlaubt, wie die bisherigen Dampfmesserbauarten zu ihrer Betätigung benötigen; denn

---

[1]) Auf die Ausbildung der geeignetsten Meßverfahren unter Verwendung selbsttätig aufschreibender Meßinstrumente bin ich in meinem Buch »Die Organisation der Wärmeüberwachung in technischen Betrieben«, Verlag R. Oldenbourg, München-Berlin, näher eingegangen.

Die Hauptanlage und die nachgeschaltete Abwärmeverwertungsanlage erfordern eine sorgfältige Überwachung mit geeigneten Meßverfahren und Meßgeräten, um das Auftauchen neuer Fehler und damit neuer Verlustquellen zu verhüten. Die möglichst selbst registrierenden Aufzeichnungen sind wie das Soll und Haben der Buchhaltung: sie müssen jederzeit einen Überblick über Leistung und Aufwand und damit über die Wärmewirtschaftlichkeit gewähren. Zu diesem Zweck ist das Personal bei den Messungen weitestgehend auszuschalten. Wie dies mit Hilfe der Fernmeldetechnik möglich ist, zeigt obiges Buch, welches in dieser Hinsicht als Ergänzung der Abwärmetechnik Band I—III aufzufassen ist.

die empfindlichsten dieser Geräte bedürfen zum vollen Zeiger-
ausschlage eines Differenzdruckes von ~ 150 mm QS oder rd.
2 m WS.

Für die Druck- und Mengenmessung kann daher die Einführung der Ringwage von Hartmann & Braun in Verbindung
mit einem Staurand als ein wesentlicher Fortschritt bezeichnet
werden, weil die kleinsten Meßbereiche bei diesem Geräte nur
einem Differenzdruck von 25 bzw. 36 mm QS entsprechen.
Diese kleinen Meßbereiche kommen aber gerade für Niederdruck - Dampfmessungen
in Frage.

Besonders überzeu-
gend ist es, sich in diesem
Zusammenhange den im
Dauerbetrieb für die Mes-
sung benötigten Energie-
aufwand vor Augen zu
führen. Der zweitkleinste
Meßbereich der Ring-
wage erfordert, wie ge-
sagt, zu vollem Zeiger-
ausschlage 36 mm QS.
Da nun der durchschnitt-
liche Dauerwert der An-
zeige höchstens $\frac{3}{4}$ des
Skalenwertes zu betragen
pflegt und weiterhin der
Druckabfall mit der zwei-

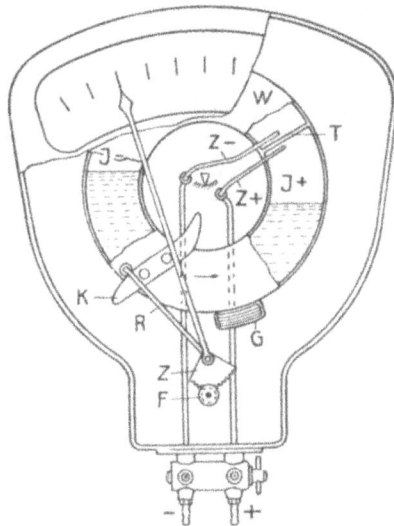

Abb. 131. Ringwage von Hartmann & Braun.

ten Potenz der Strömungsmenge abnimmt, so beträgt der
durchschnittliche, den Apparat beaufschlagende Differenzdruck
$\frac{3}{4} \cdot \frac{3}{4} \cdot 36 = 20$ mm QS. Von diesem Druckabfall verwandelt
selbst ein nicht sehr weiter Staurand 60 v. H. wieder in Druck
zurück. Es bleibt infolgedessen ein Druckverlust von 8 mm QS
oder rd. $\frac{1}{100}$ at. Das ist für die Zwecke der Dampfmessung
derart wenig, daß auch Dampf in Niederdruckheizungen von
wenigen Zehnteln at mit dem einfachen und billigen Staurand
in Verbindung mit der Ringwage gemessen werden kann.

Auf die einzelnen Stauorgane wird später bei den Mengenmessungen eingegangen werden.

b) Die Druckmessung von Gasen, Dämpfen und Flüssigkeiten.

Im folgenden seien an den Textstellen, wo die Bezeichnung »Druck« oder »Druckmessung« im Gegensatz zur »Mengenmessung« gebraucht wird, stets auch der Zug und Differenzdruck in diesen Begriff mit eingeschlossen.

Die Ringwage besteht, wie Abb. 131 und 133 zeigen, aus dem trommelartigen Ringkörper W, welcher durch die Trennwand T

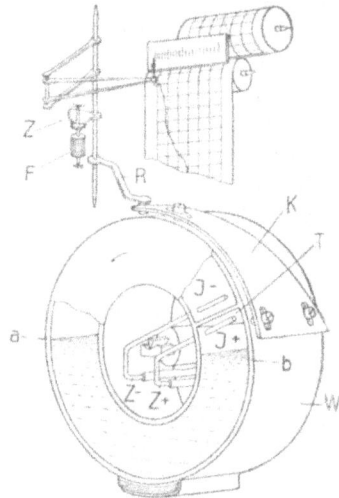

Abb. 132. Ringwage nach Abb. 131 in geöffnetem Zustande.

Abb. 133. Ringwage nach Abb. 131 mit Schreibvorrichtung.

in die beiden Räume $J +$ und $J -$ geschieden wird. In seiner unteren Hälfte befindet sich die Füllflüssigkeit, welche im Ruhezustand in beiden Hälften gleich hoch steht (s. Linie $a—b$ in Abb. 133). Die Drücke werden den beiden Kammern durch kräftefrei beweglich angeordnete Schläuche zugeführt, welche an die Zuleitung $Z +$ und $Z -$ angeschlossen sind. Der Überdruck in $J +$ verursacht eine Verschiebung der Füllflüssigkeit vom Raum $J +$ nach $J -$, so daß diese Seite das Übergewicht bekommt. Infolgedessen schlägt die Ringwage so weit aus, bis das mitauswandernde Gewicht G das Gleichgewicht herstellt.

Die Bewegung der Ringwage wird mittels einer Kurvenscheibe K und eines auf ihr abrollenden, an dem Rollenhebel R
befestigten Fühlrädchens auf den Zeiger oder Schreibarm übertragen (s. Abb. 133).

Das Gegengewicht G wird durch einzelne Platten gebildet.
Durch Einschieben einer mehr oder weniger großen Anzahl
von Platten in den Plattenhalter kann der Meßbereich des
Instrumentes abgestuft werden. Die Meßbereiche sind für
Druckmessungen nach runden Werten des Druckes h und für
die Mengenmessung — wie in Abschnitt 2 C noch zu erläutern
ist — nach den Wurzelwerten $(\sqrt{h})$ geordnet.

Abb. 132 zeigt eine solche Ringwage von Hartmann &
Braun in aufgeklapptem Zustande zur unmittelbaren Anzeige
auf einer Meßskala.

Dieses Anzeigegerät wird man in der Regel an der Feuerung
oder Maschine, deren Bedienung es unterstützen soll, anbringen.
Wird außerdem eine Aufzeichnung der Messung an beliebiger
anderer Stelle gewünscht, so ist das Gerät mit einer spannungs-
unempfindlichen Fernübertragung F, welche durch den Zahn-
bogen Z angetrieben wird, auszustatten. Der elektrische Ferngeber vermag sowohl auf ein Ablesegerät, als auch auf einen
normalen Einfachschreiber, wie schließlich auch gemeinsam
mit fünf anderen gleichartigen Gebern auf einen Mehrfarben-
schreiber zu arbeiten. Auf die Schaltungsweise wird noch im
Anschluß an die Mengenmessung zurückzukommen sein.

c) Die Mengenmessung von Gasen, Dämpfen und
Flüssigkeiten.

Zur Augenblicksmessung strömender Mengen[1]) von
Gasen, Dämpfen und Flüssigkeiten wird das »Differenzdruck-
verfahren« benutzt, welches darin besteht, in der Rohrleitung
durch Einschnürung des Querschnittes einen Druckabfall zu
erzeugen und denselben in besonders ausgebildeten Differenz-
druckmessern anzuzeigen. Da der Differenzdruck in einer

---

[1]) Für die fortlaufende Mengenmessung von Flüssigkeiten
wird der Voltmannmesser in seinen verschiedenen Ausführungen
verwendet. Für die Kondensatmessung eignet sich u. a. besonders
der Kosmos-Heißwassermesser der Firma Meinecke - Breslau-
Carlowitz.

202

physikalisch genau bestimmten und bekannten Beziehung zu
der die Verengung durchströmender Menge steht, kann ein für
diese Zwecke ausgebildeter Differenzdruckmesser als Mengenmesser dienen.

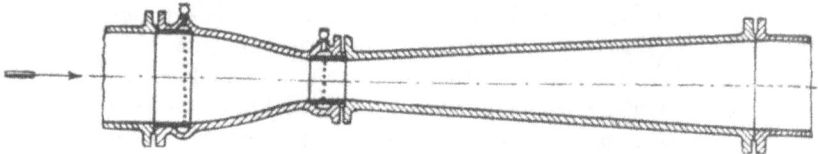

Abb. 134. Schnitt durch ein Venturirohr älterer Bauart.

Für die den Druckabfall erzeugende Verengung sind drei
Formen bekannt: das Venturirohr, die Staudüse und der
schon im vorigen Abschnitt 1 b erwähnte Staurand.

Der Venturimesser besteht in seiner üblichen Form aus
einem kurzen, konischen Einlaufrohr, dem zylindrischen Hals-
stück (der Einschnürung) und einem langgestreckten, konischen

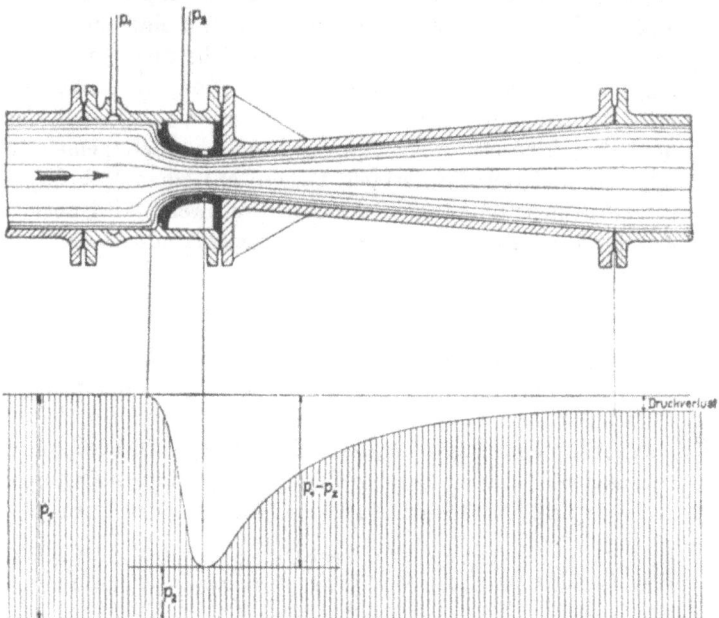

Abb. 135. Bopp & Reuther-Venturirohr mit auswechselbarer parabolischer
Meßdüse.

Auslaufrohr. Diese von Clemens Herschel 1866 auf Grund seiner Versuche in Holyoke, Massachusetts, angegebene Form des Venturirohres wird heute noch oft benutzt. Abb. 134 zeigt ein solches Venturirohr im Schnitt.

Der Venturimesser erlaubt die Rückgewinnung des größten Teiles des zur Mengenmessung notwendigerweise zu erzeugenden Differenzdruckes im konischen Auslaufrohr. Der zur Messung verfügbare Differenzdruck läßt sich daher bei gleichem Druckverlust wie bei Stauscheiben oder Staudüsen zur Erzielung größerer Genauigkeit und erweiterter Meßbereiche ungefähr drei- bis viermal vergrößern, jedoch entfällt dieser Vorteil bei Verwendung der Ringwage.

Die Firma Bopp & Reuter hat neuerdings die bei Stauscheiben und Staudüsen gemachten Erfahrungen auf das Venturirohr insofern angewendet, als sie dieses mit Staudüse und angeschlossenem, konischem Auslaufrohr ausrüstete und mit diesem Apparat eingehende Versuche auf ihrem Prüffeld anstellte. Die parabolischen Meßdüsen wurden unmittelbar mit entsprechenden konischen Auslaufrohren verbunden und für die verschiedenen Lichtweiten die Ausfluß-Koeffizienten ermittelt. Die Ergebnisse der auf dem Prüffeld vorgenommenen Messungen zeigen, daß die Versuche mit einzelnen Meßdüsen sich ohne weiteres auf Venturimesser übertragen lassen und daß die konischen Einlaufrohre mit Vorteil durch eingesetzte, parabolische Meßdüsen ersetzt werden können. Bei parabolischen Meßdüsen werden die Stromlinien noch besser in die Rohrverengung geführt, es scheint sogar, daß die innere Reibung der Wasserteilchen geringer als bei konischen

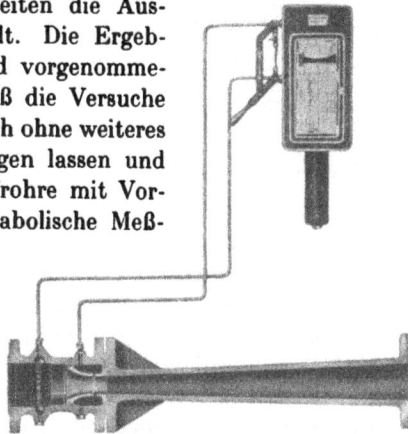

Abb. 136. Bopp & Reuther-Venturi-Meßanlage mit angeschlossenem Selbstschreiber.

Rohrstücken ist. Auf Grund dieser Versuchsergebnisse wurde die alte Form endgültig verlassen und die Venturirohre nunmehr mit einem kurzen, gußeisernen Einlaufrohr mit auswechselbar eingesetzter, parabolischer Meßdüse gebaut, an welche sich dann das konische Auslaufrohr anschließt.

Abb. 135 stellt ein Venturirohr dieser neuen Ausführung mit eingesetzter leicht auswechselbarer, parabolischer Meßdüse dar. Der Strömungsvorgang und die Druckverhältnisse im Venturirohr mit dem Druckabfall und der Wiedergewinnung des verwendeten Differenzdruckes sind schematisch dargestellt.

Abb. 137. Bopp & Reutner-Selbstschreiber im Großkraltwerk Zschornewitz.

Die mit diesen Venturimessern erzielten Meßergebnisse zeigen eine große Gleichmäßigkeit der Durchfluß-Koeffizienten bei den verschiedenen Wassergeschwindigkeiten und eine geringe Veränderlichkeit bei den verschiedenen Durchmessern. Die Beschaffenheit der Düsenoberfläche und die verwendete Düsenform hat natürlich einen Einfluß auf die Größe des Durchfluß-Koeffizienten. Sauber gedrehte Metalldüsen haben einen bedeutend besseren Durchfluß-Koeffizient als einfache gußeiserne Düsen, die nur teilweise innen ausgedreht sind.

Abb. 136 zeigt eine Venturimeßanlage von Bopp & Reuther, Mannheim, mit angeschlossenem Selbstschreiber. Abb. 137

bringt die photographische Aufnahme einer Reihe solcher Selbstschreiber im Großkraftwerk Zschornewitz.

Der Vorteil der Venturirohre zu Meßzwecken liegt — wie schon eingangs gesagt — in der Wiedergewinnung von 85—90 v.H. des erzeugten Differenzdruckes im konischen Auslaufrohr.

Wenn auf die Wiedergewinnung des erzeugten Druckunterschiedes weniger Wert gelegt wird, so kann das Venturirohr auch durch eine einfache Staudüse nach Abb. 138 ersetzt werden. Letztere hat den Vorteil, daß sie wesentlich billiger ist. Sie kann in den meisten Fällen einfach zwischen die Flanschen einer Rohrleitung eingebaut werden.

Abb. 138. Einfache Staudüse.

Abb. 139 zeigt eine Dampfmeßanlage mit Staudüse und Dampfuhr.

Die Höhe des Druckunterschiedes, der mit Hilfe eines Venturimessers oder einer Staudüse erzeugt wird, ist be-

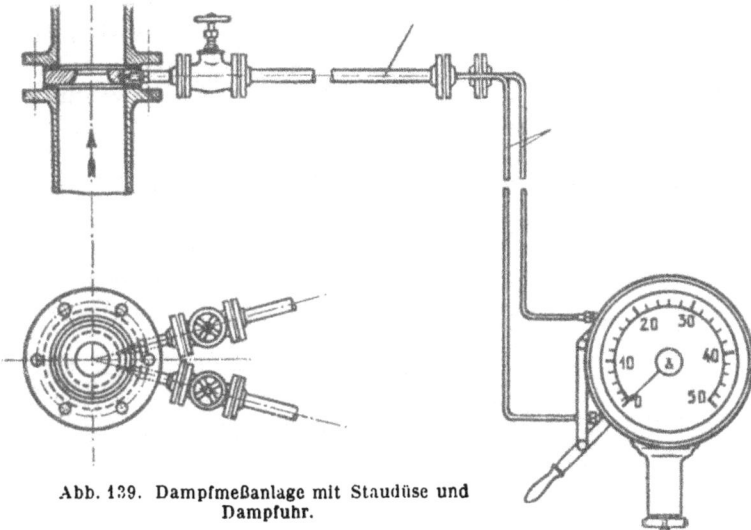

Abb. 139. Dampfmeßanlage mit Staudüse und Dampfuhr.

dingt durch den Meßbereich. Bei einem Meßbereich von
1:10 bis maximal 1:15 muß bei der größten Durchflußmenge mit einem Druckunterschied von 6 m WS gearbeitet
werden. In allen Fällen, wo die Durchflußmenge nur wenig
schwankt und somit eine besondere Rücksicht auf den Meßbereich nicht erforderlich ist, genügt ein Druckunterschied
von 2 m WS.

Einen wesentlichen Bestandteil des Venturimessers bildet
der Venturi-Anzeige- oder Registrierapparat (Abb. 136 und 137).
Für die Anzeige und Registrierung der Durchflußmengen
werden bei Venturimessern Instrumente mit Quecksilber-
füllung verwendet, um eine große Empfindlichkeit und Genauigkeit der Anzeige zu ermöglichen. Es ist bei diesen Instru-
menten nur erforderlich, daß der Apparat bei Überlastungen
gegen das Durchschlagen des Quecksilbers gut geschützt wird,
um Beschädigungen des Apparates und Verluste an Queck-
silber zu vermeiden. Ganz besonderer Wert ist auf eine einfache und sicher wirkende Übertragung gelegt, um die mechanischen Meßfehler im Instrument möglichst vollkommen auszuschalten[1]).

Eine bedeutsame Erweiterung der Anwendungsmöglich-
keit solcher Messer wird durch die Anwendung der elektrischen
Fernübertragung und Fernregistrierung erzielt. Mit Hilfe
der Fernmessung — auf welche weiter unten noch näher
zurückgekommen wird — ist es möglich geworden, die Venturi-
und die anderen noch zu besprechenden Messer auch dort zu
verwenden, wo eine Überwachung der Anlagen auch aus größerer Entfernung, z. B. einer Zentrale, dem Betriebsbureau usw.,
erwünscht ist. In derartigen Fällen wird ein Geberapparat,
der in seiner Konstruktion den vorbeschriebenen Apparaten
entspricht, verwendet. Durch einen auf die Übertragungs-
welle aufgesetzten Fernsender werden die Schwimmerbewe-

---

[1]) Auf die Venturi-Anzeige- und Schreibgeräte — besonders
auf die Bauart Bopp & Reuther & Meinecke A.-G. — bin ich
in meinem Werke »Die Organisation der Wärmeüberwachung«,
Verlag R. Oldenbourg, 1929, näher eingegangen. Desgleichen be-
handle ich dort ausführlich neben dem Venturirohr die Staudüse
und den Staurand. Auch werden daselbst die neuzeitlichen Fern-
meldeeinrichtungen eingehend beschrieben.

gungen auf die beliebig weit entfernt angeordneten Anzeige-
und Schreibapparate übertragen.

Das Venturirohr hat zwar den Vorteil, daß es von allen
Stauvorrichtungen den größten Anteil des abgedrosselten
Druckes wieder gewinnt; es ist jedoch kostspielig in der Anschaffung und unbequem in Handhabung und Einbau. Aus
diesen Gründen wird oft der Staurand in Verbindung mit der
in Abschnitt 2b besprochenen empfindlichen Ringwage von
Hartmann & Braun der Messung mit dem Venturirohr vorgezogen, wobei der Staurand heute zumeist in Form des VDI-
Normalstaurandes hergestellt wird.

Der VDI-Normalstaurand ist dadurch gekennzeichnet, daß der Entnahme des Differenzdruckes nicht je
eine einzelne Anbohrung vor und hinter
dem eigentlichen Stauflansch dient,
sondern daß der Differenzdruck gleichzeitig an zahlreichen Stellen am Um-
fange des Staurandes mittels kleiner
Anbohrungen abgenommen und zunächst in je einer ringförmig in den
äußeren Flansch eingelassenen Kammer vereinigt wird. Abb. 140 zeigt einen
solchen Staurand in aufgeschnittenem
Zustande, um die Ringkammern bloß-
zulegen.

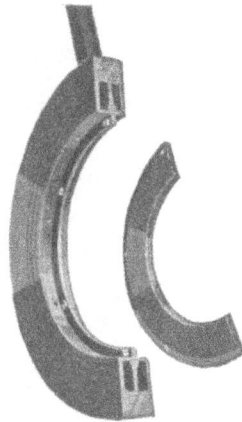

Abb. 140. A. f.eschnittener
VDI-Staurand.

Der Zweck der beiden Ringkammern besteht darin, Unregelmäßigkeiten der Strömung sowie nicht parallelen Verlauf der Stromfäden oder ungleichmäßige Geschwindigkeitsver-
teilung, die bei Staurändern mit nur je einer Druckentnahme-
stelle mitunter ganz bedeutende Meßfehler zur Folge haben,
dadurch auszugleichen, daß mit Hilfe des ringförmigen Raumes
aus den verschiedenen am Umfang auftretenden Drücken
der Mittelwert gebildet wird. Untersuchungen haben ergeben,
daß die ausgleichende Wirkung derartig bedeutend ist, daß
man mit diesem Staurand von Querschnitts- und Richtungs-
änderungen der Rohrleitungen fast unabhängig ist. Bekanntlich wurde es bisher für notwendig gehalten, zum Einbau einer
Stauvorrichtung eine gerade Rohrstrecke in der Länge von

mindestens 8—10 Rohrdurchmessern zur Verfügung zu haben. Demgegenüber sei hervorgehoben, daß man den hier dargestellten Staurand ohne Bedenken etwa 2 Durchmesser hinter einem Krümmer und unmittelbar vor einem Krümmer einbauen kann. Das wesentliche Augenmerk bei Auswahl der Meßstelle ist nur noch darauf zu richten, daß sich keine Ventile oder Schieber in nächster Nähe befinden. T-Stücke dürften 3 Durchmesser vor und 2 Durchmesser hinter dem Staurand kaum noch einen Einfluß auf die Messung ausüben.

Abb. 141.   Abb. 142.
Abb. 141 u. 142. Staurandformen für Rohrweiten über 80 mm ⌀.

Abb. 141 und 142 veranschaulichen Staurandformen für lichte Rohrweiten von über 80 mm Durchm. Für engere Rohre, insbesondere für die nach Zollmaße gemessenen Gasrohre kommen die in Abb. 143 dargestellten Ausführungen in Anwendung. Zur Gewährleistung einwandfreier Strömungsverhältnisse sind Ein- und Auslauf in Form genau ausgeriebener und auf Kaliberhaltigkeit geprüfter Präzisionsrohre mit dem Staurand fest verbunden.

Aus den Ringkammern wird der Differenzdruck durch die in Abb. 141 und 142 sichtbaren Stutzen in die daran angeschlossenen Meßleitungen und von da aus in den Mengenmesser übergeleitet. Die eigentliche Stauscheibe wird durch einen auswechselbaren Einsatz gebildet, welcher in Abb. 140 in herausgenommenem Zustande dargestellt ist. Für die Messung von Dampf, Wasser und chemisch angreifenden Gasen wird dieser

Einsatz aus nicht rostendem, besonders zähem Stahl hergestellt. Für indifferente Gase und Luft besteht er mit Rücksicht
auf den Preis aus Flußeisenblech.

Bei dem Einbau von Staurändern ist darauf zu achten, daß
die scharfe Kante der Stauöffnung der Stromrichtung entgegen-

Abb. 143. Stauränder für Rohre unter 80 mm ⌀, insbesondere für Gasrohre.

gesetzt angeordnet ist (s. Abb. 144). Deshalb wird am äußeren
Umfang der Fassung ein Pfeil eingraviert, welcher die Durch-
strömrichtung angibt. Außerdem werden die beiden Stutzen
durch die Zeichen + und —
gekennzeichnet. Sie sind
an die gleichbezeichneten
Anschlüsse des Menge-
messers anzulegen (siehe
Abb. 131).

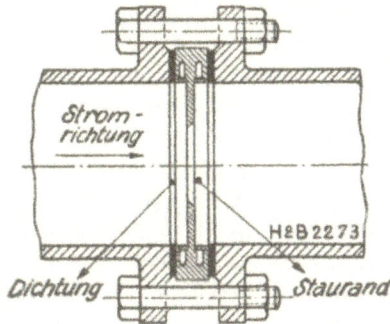

Abb. 144. Richtiger Einbau des Staurandes
in die Rohrleitung.

Zur Messung von Ga-
sen und Luft kommt der
komplette Staurand nach
Abb. 142 zur Anwendung.
Sehr häufig kann man bei
Messungen von Luft unter
geringen Drücken (Venti-
latorenwind) die Ventile sparen und die Öffnungen der Ent-
nahmestutzen, wenn kein Mengenmesser angeschlossen ist,
mit einem einfachen Holz- oder Papierpropfen verschließen.

Handelt es sich um die Messung von Gasen in sehr großen
Rohrleitungen von über $\frac{1}{2}$ oder 1 m Durchm., so wird die Aus-
bildung des VDI-Normalstaurandes mitunter unzulässig kost-
spielig oder technisch undurchführbar. Es wird dann die in
Abb. 145 dargestellte Anordnung gewählt. Als Staurand dient
eine einfache Blechscheibe mit scharfkantiger Durchbohrung.
Die Entnahme des Differenzdruckes erfolgt vor und hinter dem
Staurand durch je vier Anbohrungen mit einem $\frac{3}{4}$ zölligen
Gasrohr. Die vier Entnahmestellen werden durch ein ring-

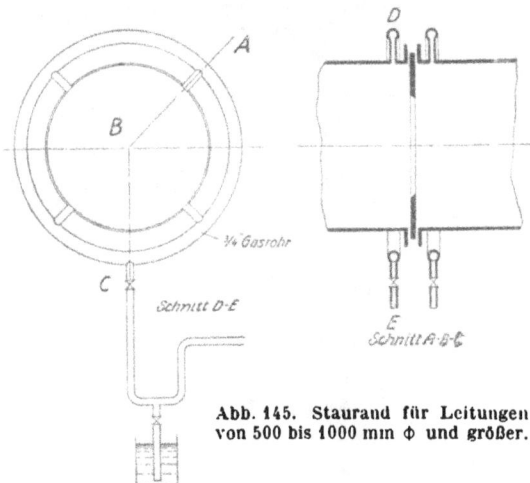

Abb. 145. Staurand für Leitungen
von 500 bis 1000 mm ϕ und größer.

förmiges Gasrohr miteinander verbunden. Durch diese ver-
einfachte Nachbildung der Ringkammern erreicht man eine
noch befriedigende Unabhängigkeit von Ungleichmäßigkeiten
der Strömung und demzufolge eine ausreichende Meßgenauigkeit. Die Anbohrungen selbst sollen glatt mit der inneren
Rohrwand abschließen, um störende Stauwirkungen durch
hervorstehende Kanten oder Grate auszuschalten. Der Anschluß der Meßleitungen wird infolgedessen nach Abb. 146
ausgebildet. Stauränder einfacher Form nach Abb. 145
können gegebenenfalls durch den Benutzer selbst hergestellt
werden und kommen dann auch für kleinere Rohrweiten in
Frage. In weniger wichtigen Fällen kommt der Selbsthersteller
auch mit einer einfachen statt der vierfachen Druckentnahme-
stelle nach Abb. 147 aus.

Der Staurand für Dampfmessungen gleicht völlig der soeben beschriebenen Ausführungsform. Das Kennzeichnende der Dampfmessung besteht nur darin, daß an die Stauvorrichtung zunächst zwei Ausgleichsgefäße anzuschließen sind. Sie sollen dafür sorgen, daß die über der Quecksilber-

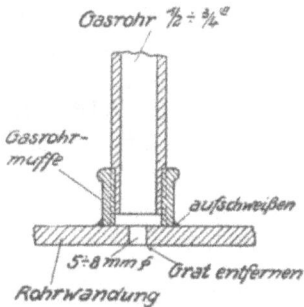

Abb. 146. Anschluß der Meßleitungen.

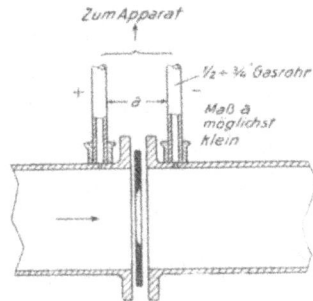

Abb. 147. Staurand mit einfacher Entnahmestelle.

füllung des Dampfmessers in den beiden Meßleitungen stehenden Kondensatwassersäulen genau die gleiche Höhe haben, andernfalls eine verschiedene Höhe der Wassersäulen sich wie ein zusätzlicher Differenzdruck im Dampfmesser auswirken würde. Diese Gleichheit wird dadurch erzielt, daß man am höchsten Punkt der Verbindung zwischen Staurand und Dampf-

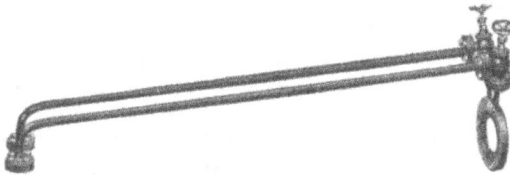

Abb. 148. Staurand mit Überlaufgefäßen(rohren) für Dampfmessung.

messer in jeder Meßleitung ein Überlaufgefäß in Form voluminöser Stahlrohre (nach Abb. 148 und 149) anbringt. Dieser Überlauf begrenzt die Höhe des Kondensatwasserspiegels in den beiden Verbindungsleitungen. Es ist deshalb wichtig, daß bei der Montage sich die Überlaufkante jeweils in der Wagrechten und in beiden Leitungen auf gleicher Höhe befindet. Ferner ist dafür zu sorgen, daß die beiden Ausgleichsgefäße horizontal verlegt werden, an welche dann die Meßleitungen

14*

angeschlossen werden. Diese Bedingungen sind beim Einbau genau zu befolgen, um einwandfreie Meßergebnisse zu erzielen.

Diese Erfordernisse bedingen ferner verschiedenartige Anordnungen von Staurand und Ausgleichern, je nachdem, ob der Staurand sich in einer horizontalen oder vertikalen Rohrleitung befindet. Die verschiedenen Möglichkeiten sind in Abb. 150 bis 152 schematisch veranschaulicht. Soll der Dampfmesser höher als der Staurand angebracht werden, so ist die in Abb. 150 dargestellte Anordnung zu wählen, bei welcher die Ausgleichsgefäße den Höchstpunkt des ganzen Systems dar-

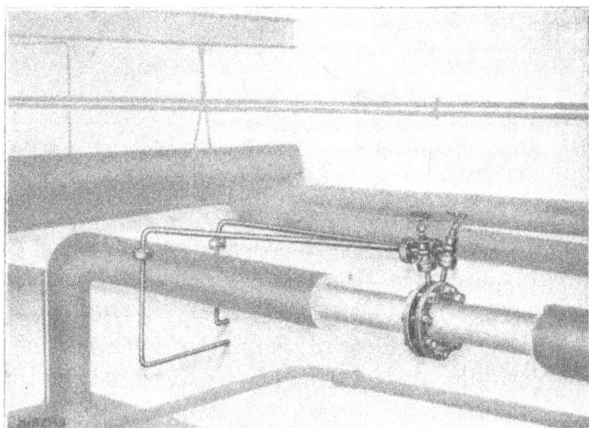

Abb. 149. Einbau eines Staurandes mit Überlaufgefäßen in eine Dampfleitung.

stellen. Die Verbindung zwischen Ausgleichern und Staurand sind möglichst senkrecht zu führen und sollen nicht unter 10 mm l. W. haben (Kupferrohr 10 - 12), um mit Sicherheit zu verhüten, daß infolge von Adhäsion hängenbleibende Wassertropfen den Querschnitt verringern oder zusetzen.

Diese Verbindungsleitungen werden zweckmäßig isoliert, während sowohl die Ausgleicher wie die Meßleitungen zwischen ihnen und dem Dampfmesser in frostfreien Räumen in keinem Falle mit irgendwelchem Wärmeschutz versehen werden dürfen.

Unmittelbar vor dem Anschluß der Meßleitungen an den Dampfmesser werden in diese zweckmäßigerweise zwei T-

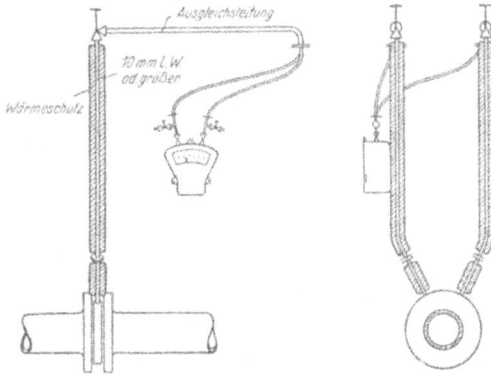

Abb. 150.

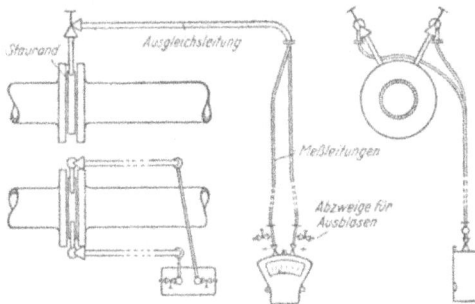

Abb. 151.

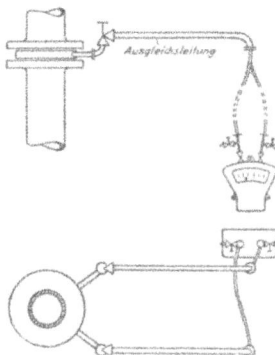

Abb. 152.

**Abb. 150 bis 152. Anordnungen von Staurand und Ausgleichern
(Überlaufgefäßen) in horizontalen und vertikalen Rohrleitungen.**

Stücke eingebaut, deren seitlicher Abgang durch einen Stopfen oder ein Ventil verschlossen ist (ähnlich einem Dreiwege-Hahn). Sie haben den Zweck, sich möglicherweise in den Meßleitungen sammelnde Luftblasen, welche die Messung verfälschen würden, durch Ausblasen zu entfernen. In Abb. 150 bis 152 sind diese Abzweige angedeutet.

Während es sich im allgemeinen für Betriebe, welche über eine eigene Schlosserei oder Reparaturwerkstatt verfügen, empfiehlt, die sehr einfach herzustellenden Stauränder für Gas- und Luftmessungen selbst anzufertigen, liegen bei Dampf-, Wasser-, Preßluft- u. dgl. Messungen die Verhältnisse völlig anders. Die kleineren Rohrdurchmesser erfordern in diesen Fällen sorgfältige Herstellung und Verwendung besonderer Metalle für die Stauscheibe; zur Dampfmessung ist außerdem die Anbringung von Ausgleichgefäßen an der Stauvorrichtung erforderlich. Für solche Zwecke wird daher die vollständige Anordnung einschließlich Stauvorrichtung besser durch eine eingeführte Lieferfirma bezogen.

Für die in der Abwärmetechnik besonders wichtigen Dampfdruck- und Mengemessungen ist nun der Staurand in Verbindung mit einer Ringwage — wie schon angedeutet — zu empfehlen. Die Ringwage wurde bereits in Abschnitt 2b behandelt. Sie kann zugleich für Druck- und Mengenmessung durch Einschaltung eines besonderen Konstruktionsteils »der Kurvenscheibe« verwendet werden.

Diese Kurvenscheiben sind für Druckmessungen nach einer linearen, für Mengenmessungen nach einer quadratischen Rechenbeziehung geformt.

Die Firma Hartmann & Braun liefert für ihre Messer vier Arten von Kurvenscheiben, und zwar:

1. für Mengen- (Volumen-) Messung mit Skalennullpunkt links;
2. für Mengenmessung mit Nullpunkt in der Mitte der Skala. Sie kommt in Frage, wenn sich gelegentlich in einer Leitung die Strömungsrichtung umkehrt;
3. für Druck-, Zug- und Differenzdruckmessung mit Skalennullpunkt links;
4. desgleichen mit Nullpunkt in der Mitte, zur Messung abwechselnden Über- und Unterdruckes.

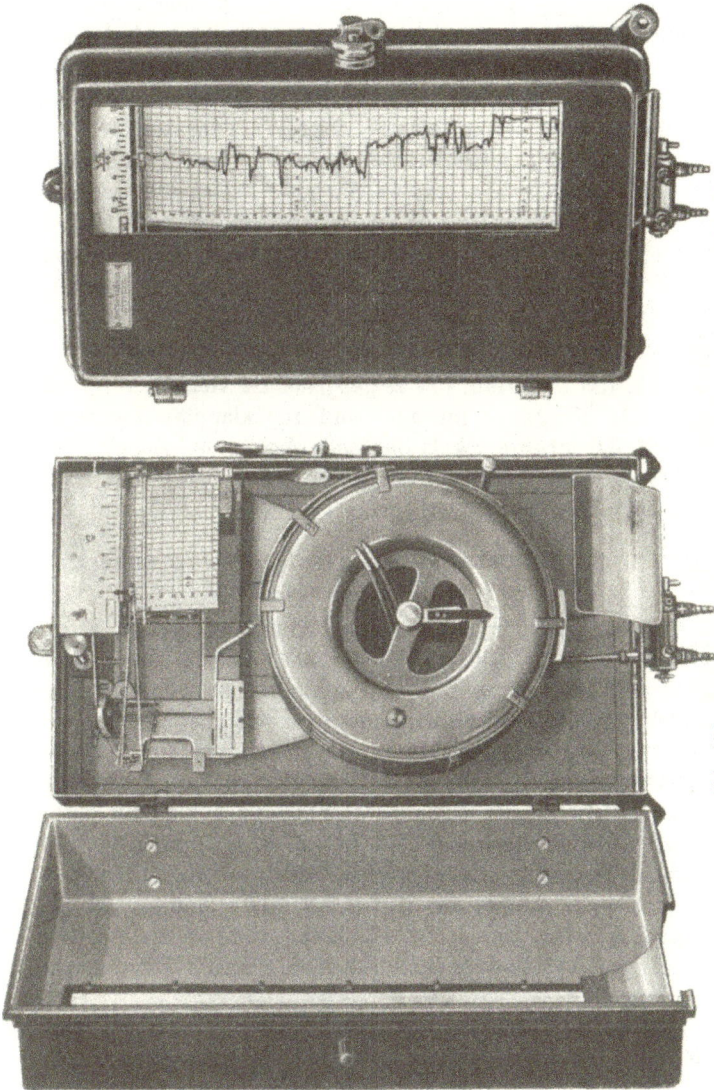

Abb. 153.

Abb. 154.

Abb. 153 u. 154. Als Schreibapparat ausgebaute Ringwage von Hartmann & Braun in auf- und zugeklapptem Zustande.

Die Kurvenscheiben werden mittels Schnappmechanismus auf der Ringwage so befestigt, daß sie durch einen einfachen Handgriff zu lösen und wieder einzusetzen sind. Auch der ungeübte Benutzer ist daher imstande, sie mühelos gegeneinander auszutauschen und dadurch das Gerät nach Belieben als Druck-, Zug- oder Differenzdruckmesser einerseits oder als Mengenmesser andererseits zu benutzen. Jede der vier Anwendungen erfordert natürlich eine andere Skalenart. Dementsprechend werden auch verschiedene Skalenbleche benötigt. Die Skalen werden in einen Steckrahmen eingesetzt und können daher ebenso wie die Kurvenscheiben leicht ausgewechselt werden. Die in Abb. 131 mit K bezeichnete Kurvenscheibe ist auch in dem aufgeklappten Messer der Abb. 132 deutlich sichtbar.

Abb. 153 und Abb. 154 zeigen eine als Registrierapparat ausgebaute Ringwage im auf- und zugeklappten Zustande. Der auf der oberen Skala laufende Zeiger ist zugleich als Schreibstift ausgebildet, unter welchem das Papier mit Hilfe eines Uhrwerks fortgezogen wird.

d) Die Additionsschaltung zur Summenanzeige mehrerer Meßgrößen.

Zu Zwecken der Betriebsüberwachung ist oft die Erfassung der Summe mehrerer Meßgrößen wichtig. die einzeln nur durch unmittelbare Messung erfaßt werden können. Sehr häufig liegen die Verhältnisse sogar so, daß die Summe weit mehr Interesse besitzt als die einzelnen Summanden. Das ist beispielsweise bei Kesseln der Fall, die mit zwei und mehr selbständigen Überhitzern ausgerüstet sind und aus diesen durch getrennte Abführungsrohre den Dampf in die Sammelleitung abgeben. Man kann sich in solchen Fällen nur durch den Einbau je eines Dampfmessers in jedes der selbständigen Abführungsrohre helfen, um auf diese Weise mehrere Dampf-Teilströme zu messen, obwohl zumeist nur die gesamte Dampfmenge interessiert.

Mitunter ist die Summe verschiedener Messungen sowie auch die gleichzeitige Beobachtung der einzelnen Summanden von Wichtigkeit. Dieser Fall liegt beispielsweise in der Verteilungszentrale ausgedehnter oder stark verzweigter Gas-, Dampf- und Wasserleitungsnetze vor. Hier kommt es darauf

an, die Summe der Entnahme einer Gruppe von Spitzenver-
brauchern der Summe einer konstanten Verbrauchergruppe
gegenüberzustellen bzw. die Summe des augenblicklichen

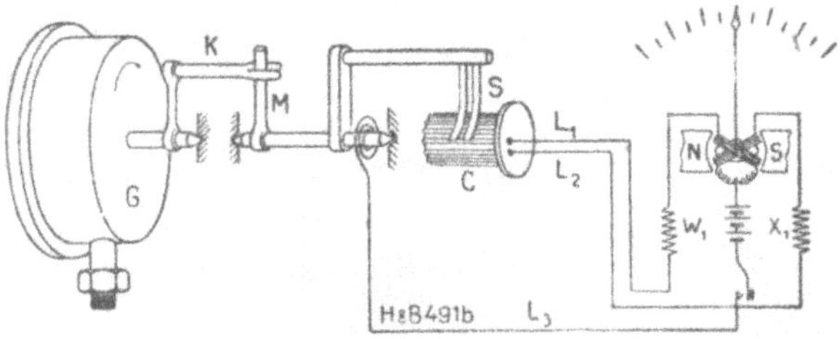

Abb. 155. Zusammenschaltung eines Elektro-Fernsenders mit
einem Kreuzspulmeßgerät.

Spitzenverbrauches zur Summe der Spitzenerzeugung oder
die Summe von Grundlast und Spitzenverbrauch zur Gesamt-
erzeugung in Beziehung setzen zu können. Die Beispiele
ließen sich beliebig vermehren. Die hier notwendig werdende

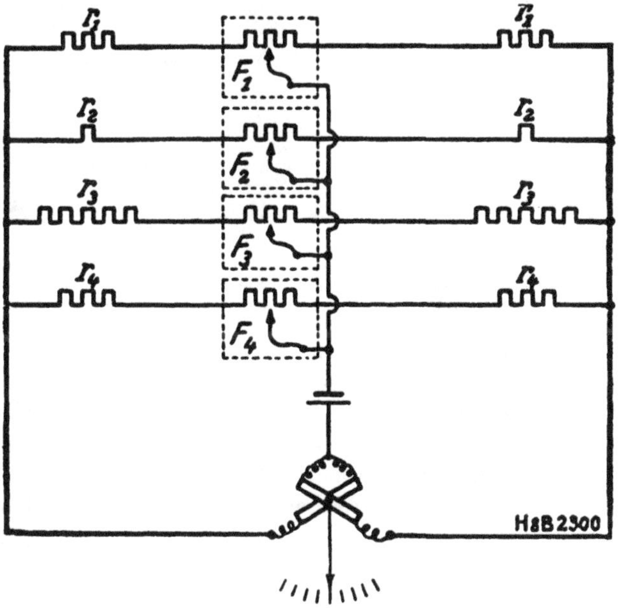

Abb. 156. Die Additionsschaltung zur Summenanzeige mehrerer
Meßgrößen.

Summenmessung wird mit Hilfe der Additionsschaltung von Kreuzspulmeßgeräten durchgeführt.

Abb. 155 veranschaulicht die Schaltung des Elektro-Fernsenders einer Einzelmeßstelle mit zugehörigem Kreuzspulinstrument. Abb. 156 stellt die Summenschaltung für ein Beispiel von vier einzelnen Teilgrößen, etwa von vier Dampfmengen, dar[1]). Jede der vier Einzelmeßstellen ist also mit einer Stauvorrichtung und einem mit Elektro - Fernsender versehenen Dampf-

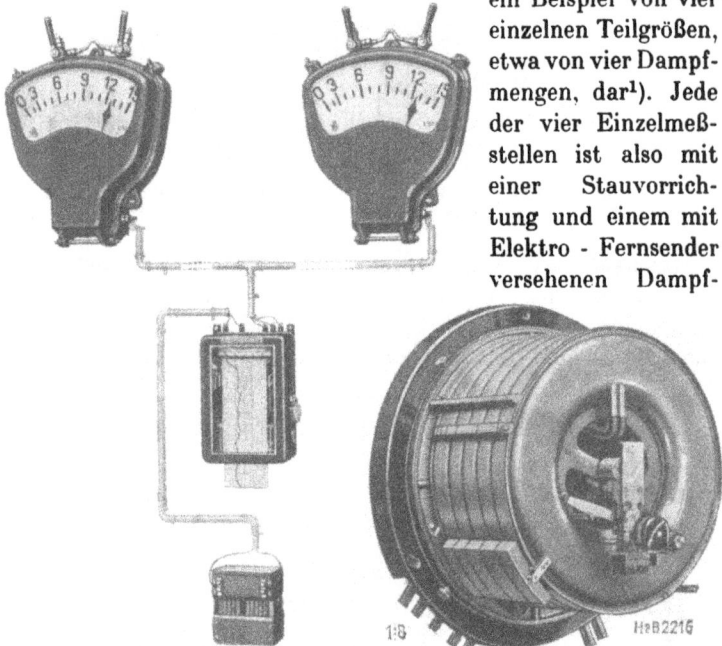

Abb. 157. Summenschaltung zweier Dampfmesser.

Abb. 158. Ringwage mit vorgebautem Elektro-Fernsender.

messer auszurüsten. Die Sender sind in Abb. 156 durch die Buchstaben F_1—F_4 gekennzeichnet. Abb. 157 zeigt zwei derartige Dampfmesser in Verbindung mit einem die Summe beider aufschreibenden Registriergerät. In Abb. 158, welche das Innere eines Gebergerätes für Gasmengenfernmessung darstellt, ist der vorn angebaute Elektro-Fernsender zu erkennen. Er besteht aus einer Walze, welche mit dicht nebeneinanderliegenden Lamellen eines sehr dünnen Widerstandsmaterials bedeckt ist und von einer Schleifbürste überstrichen wird.

¹) Schaltung nach Hartmann & Braun.

Aus dem Schaltungsschema der Abb. 156 ist erkennbar, daß es sich bei der Summierung im wesentlichen um eine Parallelschaltung der einzelnen Fernsender handelt. Im übrigen bringt die Schaltung neben ihrer eigentlichen Zweckerfüllung noch einige beachtenswerte Vorteile mit sich, aus denen sich u. a. auch weitere Nutzanwendungen ergeben:

Im Gegensatz zu anderen Verfahren ist bei der Additionsschaltung nach Abb. 156 die Meßgenauigkeit eines jeden Summanden prozentual die gleiche; denn das Größenverhältnis der einzelnen Summanden wird nicht durch eine Veränderung der Walzenwiderstände, sondern — da es sich

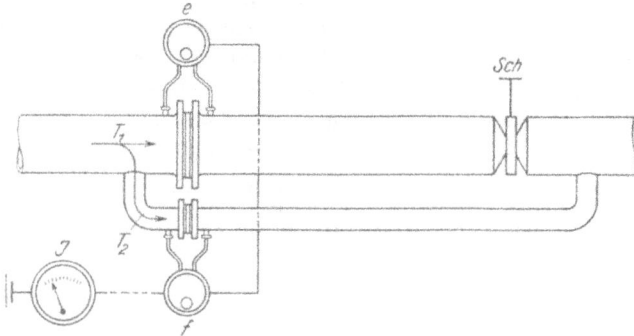

Abb. 159. Stromverzweigung zur Vermeidung der Meßungenauigkeit in der Nullnähe bei Differenzdruck-Stauverfahren.

um eine Parallelschaltung handelt — durch die davorgelegten sog. Ballastwiderstände (s. a. $r_1, r_2 \ldots r_4$ in Abb. 156) berücksichtigt. Von welcher Bedeutung diese anteilige Gleichheit der Meßgenauigkeit ist, erkennt man sofort, wenn man annimmt, daß im obigen Beispiel der Summenmessung von vier verschiedenen Dampfmengen eine große Dampfleitung ganz abgestellt ist und die Summe folglich nur noch aus Teilmengen von drei Dampfleitungen gebildet wird. Die Additionsschaltung mißt die Summe der Teilmengen mit der gleichen Genauigkeit auch dann, wenn die abgeschaltete Dampfteilmenge gegenüber den anderen gemessenen Mengen sehr groß ist.

Diese Eigenschaft ermöglicht es in bestimmten Fällen sogar, den allen Differenzdruck-Stauverfahren anhaftenden Mangel der Ungenauigkeit in der Nullnähe zu umgehen. Es wird in solchen Fällen eine Stromverzweigung nach Abb. 159 hergestellt und die Summe der Teilströme T_1 und T_2 gemessen. Wird T_1 sehr klein, so wird der Schieber *Sch* geschlossen und die Messung erfolgt weiterhin lediglich im Teilstrom T_2 mit erhöhter Genauigkeit, jedoch ohne Änderung der Skala von *J*. Die Betätigung des Schiebers kann auch selbsttätig durch einen Grenzkontakt im Instrument *J* erfolgen.

Die Meßgenauigkeit wächst naturgemäß mit der Zahl der Summanden. Wohl alle bisher bekannt gewordenen Additionsverfahren haben das gemeinsame Kennzeichen, daß der Übergangswiderstand an der Kontaktstelle in seiner ganzen Größe als Meßfehler in die Summenbildung mit eingeht. Je mehr Größen zu summieren sind, um so mehr dieser Fehler addieren sich also, wodurch das Verfahren praktisch die Verwendung nur einiger weniger Summanden zuläßt. Das Kreuzspulmeßwerk hat dagegen an sich schon die Eigenschaft, daß es vom Übergangswiderstand an der Bürste des Fernsenders unabhängig ist. Diese Eigenschaft behält es auch bei der obigen Summierungsschaltung bei, da es sich hierbei um eine Parallelanordnung handelt. Ferner zeigt sich, daß dieses Verfahren bei Addition von nur zwei Gliedern mit einem theoretischen Meßfehler behaftet ist, der in der Größenordnung von ungefähr 1 v. H. liegt, welcher um so kleiner wird, je mehr Glieder zur Summenbildung herangezogen werden.

Die Berücksichtigung des Größenunterschiedes der einzelnen Summanden geschieht bei dem Additionsverfahren lediglich durch die den Fernsendern vorgeschalteten Justierwiderstände. Die Fernsender selbst bedürfen in ihrer Form gegenüber der normalen Ausführung keiner Abänderung. Daher ist es nicht nur möglich, jedes beliebige Primärgerät im Bedarfsfalle unverändert in die Summenschaltung einzuordnen, sondern es kann auch dasselbe Primärgerät abwechselnd mittels Umschalter sowohl auf den Summenzeiger, wie auch auf ein nur der Einzelmessung dienendes Anzeigeinstrument geschaltet werden. Dieser Gesichtspunkt spielt namentlich für die Durchschnittsbildung eine Rolle; denn im letzteren Falle besteht meistens der Wunsch, auf dem gleichen Instrument nicht nur den Durchschnittswert mehrerer Meßstellen, sondern durch Umschaltung mittels Druckknopftasten auch die Einzelwerte der einzelnen Meßstellen ablesen zu können.

Der hauptsächliche Anwendungsbereich der Additionsschaltung erstreckt sich auf das Gebiet der Mengenmessung strömender Dämpfe, Flüssigkeiten und Gase aller Art. Durch geeignete Wahl des Meßbereiches des Anzeigeinstrumentes ist es ferner möglich, auf diesem statt der Summe das arithmetische Mittel der einzelnen Meßgrößen anzuzeigen. Die Schaltung selbst bleibt unverändert.

2. Neuzeitliche Fernmeßverfahren für Temperatur- und Feuchtigkeitswerte

a) Die Temperaturmessung.

In allen Betrieben, in welchen Heizungs-, Trocknungs-, Entnebelungs- oder Kühlanlagen arbeiten — wie überhaupt in der ganzen Wärmewirtschaft — bringen die erhöhten Anforderungen an die Wirtschaftlichkeit genaue und zum weitaus größten Teil laufende Messungen von Temperaturen und Feuchtigkeitswerten mit sich.

Quecksilber- und Weingeist-Thermometer reichen im allgemeinen nur für einfache Fälle und nur für die Messung an Ort und Stelle aus. Wenn es sich also beispielsweise um Temperaturmessungen in Heiz- und Trockenräumen oder in Kühl- und Lagerräumen handelt, so müssen sich die genannten Thermometer in dem Raume selbst befinden. Um sie ablesen zu können, muß demnach der Raum betreten werden, wobei durch das Öffnen der Tür die Wärme oder die Kälte des betreffenden Raumes zum Teil verloren geht. Insbesondere gestatten die genannten Thermometer nicht die heute oft erforderliche gleichzeitige Überwachung der Temperatur mehrerer räumlich auseinanderliegender Meßstellen von einer gemeinsamen Stelle aus. Diese für die neuzeitliche Betriebswirtschaft wichtige Forderung kann nur mit Hilfe der elektrischen Fernmessung erfüllt werden.

Das heute sehr feinfühlig ausgebildete elektrische Fernmeßwesen ermöglicht die Ablesung sowie auch die Aufzeichnung der Temperatur oder der Feuchtigkeit mit einem einzigen Ablese- oder Schreibgerät, das durch einen Linienwähler auf jede der Meßstellen umgeschaltet werden kann. Ferner gestattet es die gleichzeitige Aufzeichnung der Temperatur (oder Drücke)

oder Mengen oder aller 3 Bestimmungsgrößen) mehrerer (bis
zu 12) Meßstellen auf einem gemeinsamen Papierstreifen, wodurch eine untrügliche Urkunde über den jeweiligen Verlauf der
betreffenden Betriebsvorgänge und ein übersichtlicher Vergleich
zusammengehöriger Betriebsvorgänge gewonnen wird[1]).

Abb. 160 zeigt eine Meß-
schalttafel der Firma Hartmann & Braun, auf welcher
das Ablesegerät und unter
demselben ein Linienwähler
angebracht ist. Dieser Linienwähler besteht aus einer Anzahl sog. Druckgriffschalter
und gestattet das Ablesegerät
auf eine entsprechende Anzahl verschiedener Meßstellen
nacheinander umzuschalten.
Man ist also mit dieser Meßschalttafel und dem Linienwähler in der Lage, mit einem
einzigen Ablesegerät z. B. die
Temperatur einer größeren
Anzahl verschiedener Räume
nacheinander zu messen.
Unter der oben sichtbaren
Schutzkappe sind Widerstände eingebaut, mit denen die
Fernleitungen auf gleichen Widerstand zur Erzielung einwandfreier Ablesungen abgeglichen werden.

Abb. 160. Meßschalttafel von Hartmann
& Braun mit Linienwähler.

Für die Temperatur-Fernmessung in kühlen Räumen und
in solchen, die höchstens bis 600° C erwärmt werden, kommen
die elektrischen Widerstands-Fernthermometer mit Ablese-
und Schreibgeräten nach Bruger zur Anwendung. Das Verfahren beruht auf der Eigenschaft eines reinen Metalles bei
schwankender Temperatur seinen elektrischen Widerstandswert nach einem bestimmten Gesetze zu ändern. Als geeig-
netste Metalle hierfür haben sich reines Platin und für Temperaturen bis höchstens + 150° C reines Eisen erwiesen.

---

[1]) s. a. Abb. 162.

Wird nun ein Platin- oder Eisendraht (oder Band) in geeigneter Form auf Glimmer gewickelt und mit einer Schutzhülle versehen in den Raum eingebracht, dessen Temperatur gemessen werden soll, so steigt der Widerstandswert dieses Drahtes, wenn sich die Temperatur erhöht, oder er fällt, wenn sie niedriger wird. Sind dann die Enden des Drahtes durch eine Fernleitung mit einem außerhalb des Raumes an passender Stelle untergebrachten Widerstandsmesser verbunden, so ist man in der Lage, den Widerstand und damit auch die Temperatur des Kühlraumes aus der Entfernung zu ermitteln, weil jedem Widerstandswert des Drahtes eine bestimmte Temperatur entspricht. Der Widerstandsmesser wird einfachheitshalber gleich in Temperatureinheiten (zumeist in Grad Celsius), statt in Widerstandseinheiten geeicht. Hiermit ist aber die Grundlage für die Temperatur-Fernmessung geschaffen.

Als Ablesegerät wird ein Kreuzspul-Widerstandsmesser nach Bruger verwendet[1]). Der Messer enthält, wie die Schaltung Abb. 161 zeigt, zwei über Kreuz angeordnete Spulen S_1 und S_2, die in dem eigenartig gestalteten Luftspalt zwischen den Polschuhen M_1 und M_2 eines Strahlmagneten sich drehen. Beide Spulen sind

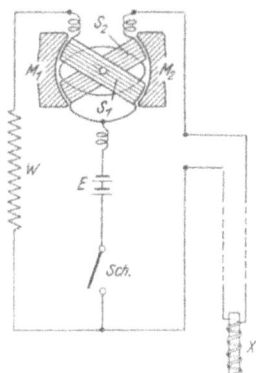

Abb. 161. Schaltung des Kreuzspul-Widerstandsmessers nach Bruger (s. a. Schaltung Abb. 155).

mit einer Stromquelle E und einem Schalter Sch verbunden. Außerdem ist die eine Spule S_1 mit einem unveränderlichen Widerstand W und die andere Spule S_2 mit einem veränderlichen Widerstand X, nämlich dem Widerstandsthermometer verbunden. Die Stellung der Kreuzspulen bzw. des mit ihrer gemeinsamen Achse verbundenen Zeigers auf der Skala zeigt alsdann den Widerstandswert des veränderlichen Widerstandes X bzw. den Temperaturwert desselben an.

Es ist möglich, innerhalb des ganzen mit dem Widerstandsthermometer erfaßbaren Temperatur-Meßbereiches (der sich

----

[1]) s. a. Abb. 155.

von den tiefsten vorkommenden Temperaturen bis zu etwa
+ 600⁰ erstreckt) ein beliebiges Stück herauszugreifen und für
dieses die Skaleneinteilung besonders einzurichten. Für die
Ablese- bzw. Schreibgeräte für Kühl- und Gefrieranlagen
dürfte z. B. in den meisten Fällen ein Meßbereich von — 20⁰
bis + 20⁰ C genügen. Zur Erreichung möglichst großer Skalen-

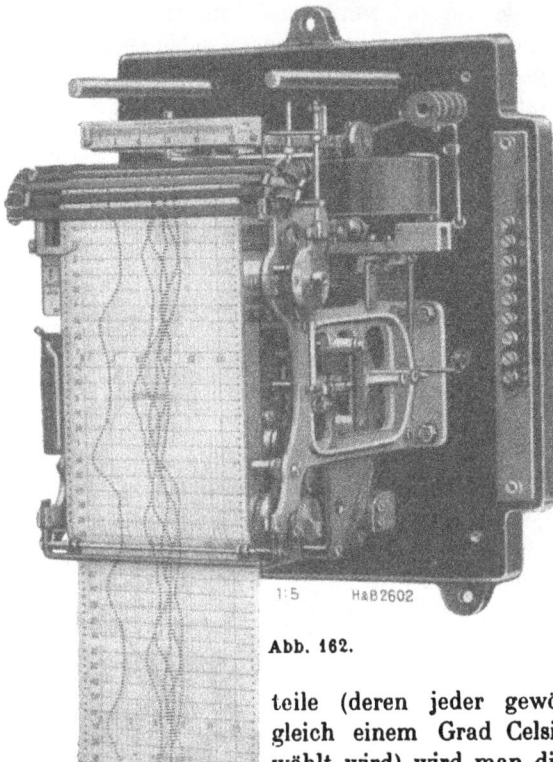

Abb. 162.

teile (deren jeder gewöhnlich
gleich einem Grad Celsius gewählt wird) wird man die Aus-
dehnung des Meßbereiches auf das kleinstmögliche Maß beschränken. So kann man z. B. bei einem Meßbereich von — 10⁰
bis + 10⁰ Skalenteile von etwa 5 mm Länge für 1⁰ C erhalten,
wodurch eine ziemlich genaue Schätzung von Zehntel-Tempe-
raturgraden ermöglicht wird.

Ein besonderer Vorzug des Kreuzspul-Ohmmeters nach
Bruger gegenüber anderen Widerstands-Meßgeräten besteht
darin, daß seine Angaben unabhängig von der Meßspannung

erfolgen[1]). Zum Betrieb dieser Meßeinrichtung können also
Sammler (im Notfall auch Trockenbatterien) verwendet werden,

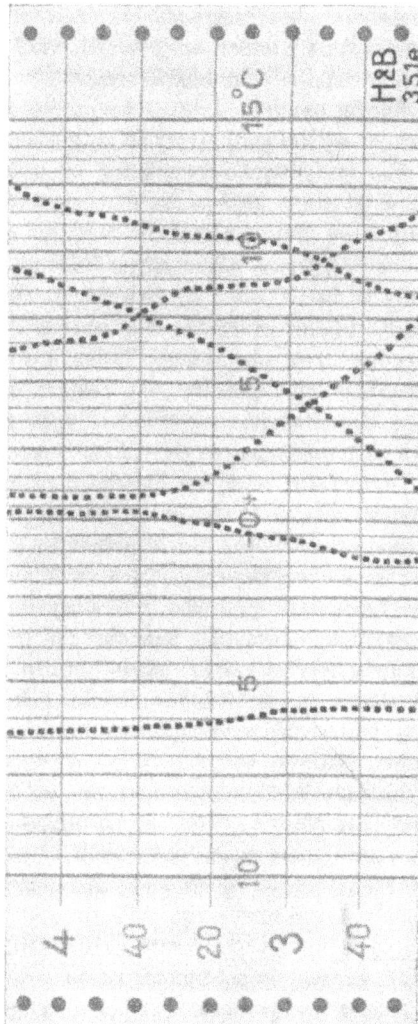

Abb. 163. Papierstreifenmuster eines Temperatur-Sechsfachschreibers in natürlicher Größe.

[1]) Die Meßinstrumente der Firma Hartmann & Braun sind
mit Kreuzspulgeräten nach Bruger ausgerüstet.

ohne daß bei Änderung der Spannung zwischen voller Ladung
und Erschöpfung der Batterie eine besondere Regelung vor-
zunehmen wäre.

Der vorstehend beschriebene Widerstandsmesser kann
auch als Temperaturschreiber ausgebildet werden.

Diese Registrier-Instrumente kommen zur Verwendung,
wenn es sich darum handelt, Temperatur- (oder Feuchtigkeitswerte, Drücke oder Mengen) dauernd aufzuzeichnen, um auf
diese Weise eine laufende Überwachung zu ermöglichen.

Abb. 162 zeigt einen großen Mehrfachschreiber von Hartmann & Braun. Bei diesem Gerät schwebt der mit dem Meß-
werk verbundene Zeiger im allgemeinen frei und wird von Zeit
zu Zeit, z. B. alle 15, 20 oder 30 Sekunden, von einem Fall-
bügel auf ein Farbband gedrückt. Unter dem Farbband wird
der Papierstreifen über eine dünne Walze hinweggeführt, so
daß die messerförmige Schneide des Zeigers jedesmal beim
Niederdrücken des Farbbandes einen Punkt schreibt. Die
Punkte reihen sich wiederum zu einer Linie zusammen, die den
Verlauf der Temperatur oder der Feuchtigkeit erkennen läßt.
Das Farbband ist zu der Walze etwas schräg gestellt, so daß
durch schrittweises Aufrollen des Farbbandes die Zeigerbahn
immer wieder über einen neuen Teil des Farbbandes zu stehen
kommt. Das Farbband wird also voll ausgenutzt, ohne daß
eine Stelle desselben übermäßig beansprucht wird. Abb. 163
zeigt ein Papierstreifenmuster eines großen Temperatur-
Sechsfachschreibers in natürlicher Größe. Er zeichnet die
Temperaturen von sechs verschiedenen Räumen in sechs ver-
schiedenfarbigen Kurven auf.

Die Anzahl der Widerstandsthermometer oder Feuchtig-
keits-, Druck- oder Mengengeber, die so umgeschaltet werden
können, kann drei oder sechs oder zwölf betragen, während
die Anzahl der Farbbänder nicht mehr als sechs sein kann.

b) Die Feuchtigkeitsmessung.

Die gewöhnlichen Feuchtigkeitsmesser, die sog. Haarhygrometer, haben für größere Anlagen gleichgeartete Nachteile wie die Quecksilberthermometer. Zu ihrer Ablesung muß
der feuchte Raum betreten werden, wodurch einerseits die
Genauigkeit der Feuchtigkeitsmessung leidet, anderseits aber

auch ein Teil der Feuchtigkeit verloren geht. Es ist also auch bei der Ablesung von Feuchtigkeitswerten auf die elektrische Fernmessung übergegangen worden. Allerdings eignet sich das Haarhygrometer für Fernmessungen nicht, weil die Kräfte solcher Geräte zu gering sein würden, um eine zuverlässige Fernübertragung zu gewährleisten.

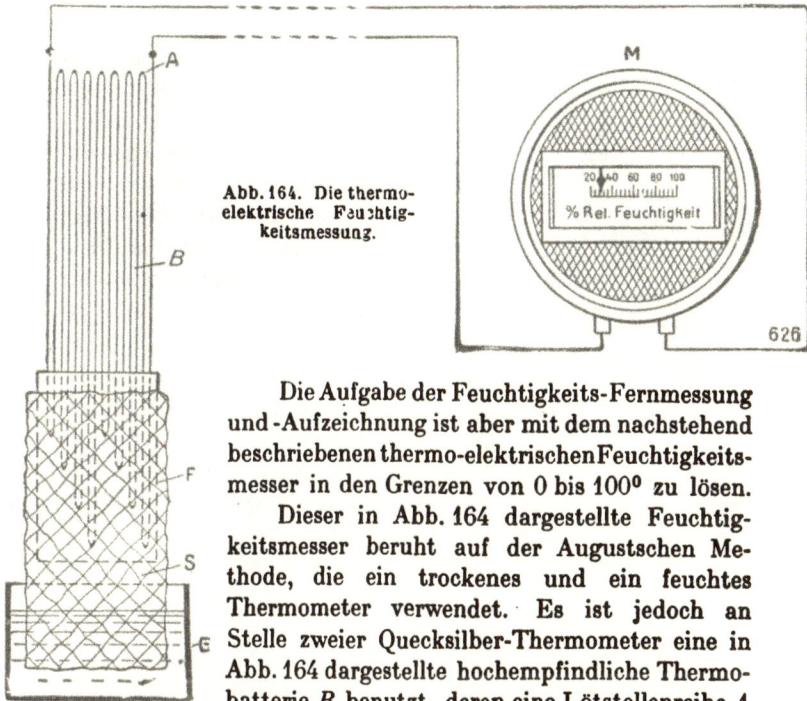

Abb. 164. Die thermo-elektrische Feuchtig-keitsmessung.

Die Aufgabe der Feuchtigkeits-Fernmessung und -Aufzeichnung ist aber mit dem nachstehend beschriebenen thermo-elektrischen Feuchtigkeits-messer in den Grenzen von 0 bis 100° zu lösen.

Dieser in Abb. 164 dargestellte Feuchtig-keitsmesser beruht auf der Augustschen Me-thode, die ein trockenes und ein feuchtes Thermometer verwendet. Es ist jedoch an Stelle zweier Quecksilber-Thermometer eine in Abb. 164 dargestellte hochempfindliche Thermo-batterie B benutzt, deren eine Lötstellenreihe A der Raumtemperatur (Trockentemperatur) ausgesetzt ist, wäh-rend die andere Lötstellenreihe F mit einem Saugstrumpf S überzogen ist, der in das mit destilliertem Wasser gefüllte Gefäß G (Geber) eintaucht. Durch die bei F einsetzende Ver-dunstung entsteht zwischen den Lötstellenreihen A und F ein Temperaturunterschied, die sog. psychrometrische Differenz. Die Thermobatterie liefert infolgedessen einen elektrischen Strom, der mit dem mit der Thermobatterie verbundenen Galvanometer M gemessen wird. Die Größe dieses Thermo-

15*

stromes ist ein Maß für die psychrometrische Differenz und infolgedessen auch für die in der Luft vorhandene Feuchtigkeit. Abb. 165 zeigt einen Geber für Feuchtigkeitsmesser von Hartmann & Braun. Er besteht aus einem rechteckigen Winkeleisengestell, in das unten ein Behälter für das destillierte Wasser gesetzt ist. In den links sichtbaren schmalen Spalt dieses Wasserbehälters taucht der Saugstrumpf ein, der die eine Lötstellenreihe der Thermobatterie B (Abb. 164) überdeckt, während die andere Lötstellenreihe frei bleibt. Neben dieser Thermobatterie ist, soweit nötig, entweder ein Quecksilberkontakt-Thermometèr oder ein Widerstandsthermometer zur Messung der Raumtemperatur angebracht.

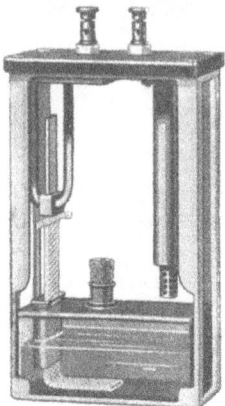

Abb. 165. Thermo-elektrische Geber für Feuchtigkeitsmesser nach Hartmann & Braun.

Während man nun bei dem gewöhnlichen Augustschen Verdunstungs-Feuchtigkeitsmesser die Feuchtigkeit berechnen oder aus den bekannten Jelinekschen Feuchtigkeitstafeln heraussuchen mußte, sind die vorliegenden Feuchtigkeits-Fernmeßeinrichtungen so beschaffen, daß man mit den zugehörigen Ablese-

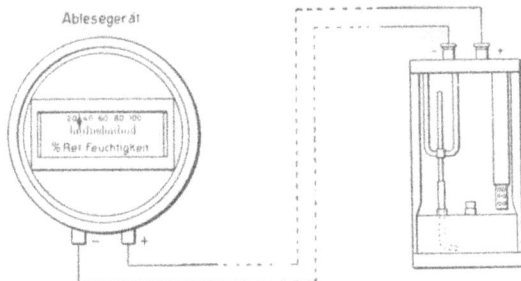

Abb. 166. Das thermo-elektrische Feuchtigkeits-Meßverfahren mit Kontaktthermometer.

geräten den Feuchtigkeitsgrad einfach ablesen kann. Für die Ausbildung der Meßskala ist aber der gewählte Meßbereich, d. h. die Grenzen, zwischen welchen die Raumtemperatur

schwanken kann, maßgebend. Hierbei sind die folgenden
drei Fälle zu unterscheiden:

1. Fall: Schwankt die Raumtemperatur nur in engen
Grenzen, etwa um ±2°, so genügt die Einrichtung nach Abb.164
zur Ermittlung der relativen Luftfeuchtigkeit. Das Ablesegerät
wird unmittelbar in Prozenten relativer Luftfeuchtigkeit geeicht.

2. Fall: Schwankt die Raumtemperatur dagegen in
weiteren Grenzen, etwa um ±10°, dann wird die Anordnung
nach Abb. 166 gewählt, d. h. es wird neben der Thermobatterie ein Quecksilber-Kontaktthermometer angebracht,
welches durch entsprechendes Zu- bzw. Abschalten von Wider-
ständen den Einfluß der schwankenden Raumtemperatur beseitigt. Auch hierfür wird das
Ablesegerät unmittelbar in Prozenten relativer Feuchtigkeit
geeicht. Abb. 167 zeigt einen
solchen Feuchtigkeitsmesser in
der Bauart von Hartmann &
Braun.

Die beiden Anordnungen
nach Abb. 164 und 166 lassen
sich auch verwenden, wenn
eine dauernde Aufzeichnung der
Luftfeuchtigkeit erwünscht ist.
Hierfür wird jedoch das Galvanometer anstatt als gewöhn-

Abb. 167. Feuchtigkeits-Fernmesser
für gering schwankende Raumtemperaturen nach Hartmann & Braun.

liches Ablesegerät als Feuchtigkeitsschreiber, und zwar entweder
als Einfachschreiber oder als Mehrfachschreiber ausgeführt, letz-
terer wieder, wie schon bei den Temperaturmeßgeräten beschrieben, mit selbsttätigem Umschalter zur gleichzeitigen
Aufzeichnung der Feuchtigkeit mehrerer Meßstellen.

3. Fall: Schwankt die Raumtemperatur in sehr weiten
Grenzen (in welchen Fällen auch vielfach eine Messung der
Temperatur außer der der Luftfeuchtigkeit erwünscht ist), so
wird, wie Abb. 168 zeigt, neben der zur Messung der Luftfeuchtigkeit dienenden Thermobatterie ein elektrisches Widerstandsthermometer zur Messung der Raumtemperatur angeordnet. In diesem Falle wird als Ablesegerät ein Doppelgerät

verwendet, das im oberen Teil ein Milli-Voltmeter zur Ablesung der Feuchtigkeitswerte und im unteren Teil einen Kreuzspul-Widerstandsmesser nach Bruger zur Ablesung der Raumtemperatur enthält. Die Skala des Milli-Voltmeters ist als Kurvenskala ausgebildet, über die ein langer, messerförmiger Zeiger spielt.

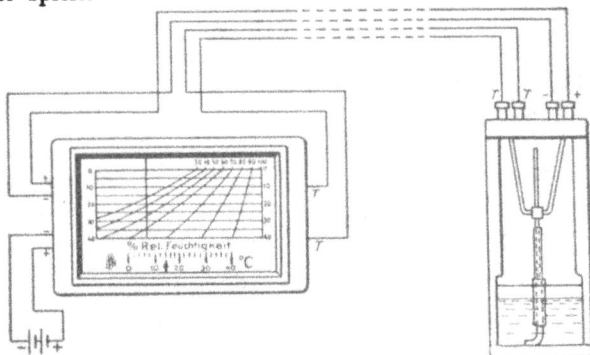

Abb. 168. Schaltung eines Hartmann & Braun-Feuchtigkeitsmessers für stark schwankende Raumtemperaturen.

Dieses in Abb. 168 und 169 dargestellte Ablesegerät hat unten eine Grad-Celsius-Skala, auf welcher die Temperatur des feuchten Raumes abgelesen wird und oben eine Kurven-

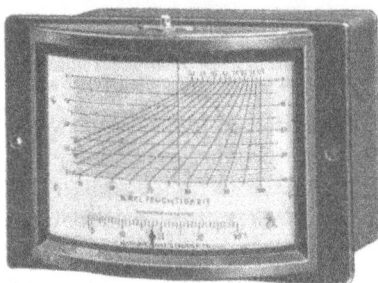

Abb. 169. Hartmann & Braun-Feuchtigkeitsmesser für stark schwankende Raumtemperaturen.

skala, deren wagerechte in Wirklichkeit rot ausgeführte Linien ebenfalls den vorkommenden Temperaturen des feuchten Raumes entsprechen. Die schwarz ausgezogenen Kurven entsprechen dagegen den Prozenten relativer Feuchtigkeit. Die Ablesung an diesem Doppelgerät erfolgt derart, daß man zunächst auf der unteren Skala die Temperatur des feuchten Raumes abliest (bei der Zeigerstellung nach Abb. 169 also 18⁰). Darauf geht man auf der dieser Temperatur von 18⁰ entsprechen-

den wagerechten roten Linie der oberen Kurvenskala bis
an den langen senkrechten Zeiger und liest dort, wo dieser
Zeiger die betreffende Temperaturlinie kreuzt auf der Kurven-
schar die Prozente relativer Feuchtigkeit ab (z. B. in Abb. 169
$\sim 60\%$ relative Feuchtigkeit).

Die Temperaturskala des Doppelablesegerätes kann auch
mit einer Nebenskala vereinigt werden, die den dem Temperaturwert entsprechenden Wassergehalt der gesättigten Luft
angibt. Außerdem kann die Kurvenskala so ausgeführt werden,
daß sie statt der relativen die absolute Luftfeuchtigkeit, d. h.
den Wassergehalt in g/m³ oder auch die Volumenprozente unmittelbar anzeigt. Hierdurch ist es möglich, alle physikalischen
Eigenschaften der Luft, welche z. B. für Trocknungs- und
Entnebelungsverfahren usw. in Frage kommen, leicht zu bestimmen, und zwar die Raumtemperatur, die relative und
absolute Luftfeuchtigkeit, den Sättigungsfehlbetrag und den
Taupunkt.

3. Anwendungsgebiete für elektrische Temperatur-, Feuchtig-keits-, Druck- und Mengen-Fernmesser und Fernschreiber.

1. Anwendungsgebiete für die Temperatur-Fernmessung.

Während für die Messung hoher Temperaturen nur thermo-
elektrische Pyrometer in Betracht kommen, werden mittlere
und niedere Temperaturen unter 400° C, gegebenenfalls aber
auch bis 600° C im allgemeinen mit den elektrischen Wider-
stands-Thermometern gemessen. Als Hauptmeßgebiete kommen
für die Abwärmetechnik in Betracht:

a) Die Zentralheizungs-, Lüftungs-, Kühl- und
Trockenanlagen. Gemessen werden vornehmlich Raum-
luft- und Wassertemperaturen in Brauereien, Obst- und
Malzdarren, Schlachthäusern, Markthallen, Molkereien, Groß-
bäckereien, Küchen und in der Landwirtschaft; ferner in
Krankenhäusern, Badeanstalten, Schulen, Werkstätten, Gast-
häusern, Theatern, Warenhäusern, Banken, Verwaltungs-
gebäuden, auf Schiffen usw.; auch die Messung der Freiluft-
temperatur fällt hierunter.

Die Temperaturen für die genannten Gebiete bewegen sich
in den Grenzen von —20 bis +100° C.

b) Die Abhitze-Dampfkessel-Anlagen. Für die Überwachung des Kesselbetriebes sind zu messen: die Temperatur
des gesättigten (Naß-) Dampfes bis etwa 180° C, die des überhitzten Dampfes bis etwa 400°C, der Rauchgase bis etwa 400°C
und die Speisewassertemperatur vor und hinter dem Vorwärmer.

c) Feuerungs-Anlagen. Wichtig ist hier für die Ab-
wärmetechnik die Messung der Temperatur von Heiz- und
Fuchsgasen in Kessel- und Ofenanlagen, ferner in Gaswerken,
Müllverbrennungsanstalten u. dgl.

2. Anwendungsgebiete für die Fernmessung der relativen Feuchtigkeit.
Derartige Messungen kommen vor: In Textilfabriken zur
Messung der Luftfeuchtigkeit in den Spinn- und Websälen, in
Gemäldegalerien, zur Messung der Zu- und Abluftfeuchtigkeit,
ferner in Brennereien, in Trockenanlagen jeder Art, in Gas-
anstalten zur Messung der Gasfeuchtigkeit, in Filmfabriken, in
chemischen Fabriken, in Hutfabriken, in Wohnräumen und
Fabriksälen, in Schulen, Theatern, Krankenhäusern, Kühlräumen, Lagerhäusern usw.

**3. Anwendungsgebiete für die Fernübertragung der Zeigerstellungen
von Druck- und Mengenmessern.**
a) Die Druckmesser. Für die Fernablesung bzw. Fern-
aufzeichnung von Drücken aller Art, wie z. B. die Betriebs-
drücke von Dampfkesseln, Zug und Unterdruck in Feuerungs-
anlagen kommt in erster Linie der Kesselbetrieb in Betracht,
für Fernmessung von Luft- und Gasdrucken dagegen die Betriebe, bei denen Vergasungen durchgeführt werden, wie z. B.
Kokereien, Generatoren und Hochofenbetriebe.

b) Die Mengenmesser. Die Mengenmessung hat Bedeutung für alle Betriebe, in denen Gas oder Luft zu industriellen Zwecken verwendet wird; insbesondere wäre zu nennen die
Gas- und Luftmengenmessung für alle gasgefeuerten Industrieöfen, die Unterwind-Mengenmessungen an Dampfkesseln, Ab-
hitzekesseln und Gasgeneratoren sowie an Hoch- und Kupol-
öfen. Ferner kommen Mengenmesser für die Luftmessung in
Lüftungs- und Ventilatoranlagen zur Verwendung.

4. Sonstige Anwendungsgebiete für die elektrische Fernübertragung.
Zuletzt benötigt man in den verschiedensten industriellen
Anlagen, wie Eisen-, Metall- und Glashütten, Elektrizitäts-

und Wasserwerken, Gießereien usw. Fernübertragungen von Schieber- oder Klappenstellungen, Winkel- oder Zeigerstellungen, Pegelständen, Waagenstellungen, ferner Stellungen von Gasbehältern, Dampfmessern, Vakuummetern, Volummetern, Wasserstand und Inhalt usw.

Zum Schluß wäre noch kurz auf

4. Die Rauchgasprüfung[1])

einzugehen.

Die Rauchgasprüfer dienen zur dauernden selbsttätigen Überwachung industrieller Feuerungsanlagen zwecks Erzielung einer möglichst hohen Ausnutzung des verfeuerten Brennstoffes.

Wo keine ständige Überwachung der Feuerungsgase vorgenommen wird, wird zumeist mit einem viel zu hohen Luftüberschuß gearbeitet. Die Folge hiervon ist eine unvollkommene Verbrennung des Heizmaterials und somit ein bedeutender Mehrverbrauch an Brennstoff. Es ist praktisch natürlich nicht möglich, eine theoretisch richtige Verbrennung zu erzielen, aber jeder muß zu seinem eigenen Vorteil bestrebt sein, dieser möglichst nahe zu kommen[2]). Zu diesem Zweck wird die fortlaufende und selbsttätige Prüfung der abziehenden Rauchgase auf ihren Kohlensäuregehalt notwendig. Je höher der Kohlensäuregehalt (CO_2) bei normaler Abgastemperatur ist, desto günstiger ist die Verbrennung und desto geringer der Kohlenverbrauch. Bei einer theoretisch vollkommenen Verbrennung würden die Rauchgase 21 vH Kohlensäure enthalten, der praktisch leicht erreichbare Gehalt an CO_2 kann bis 15 vH bei einem 1,3fachen Luftüberschuß betragen. Die Ausnutzung des Heizwertes des Brennstoffes würde in diesem Falle etwa 88 vH erreichen. Wie schnell aber dieser Prozentsatz bei größerer Luftzufuhr sinkt, geht aus der nachstehenden Aufstellung hervor, welcher eine mittelgute Steinkohle und eine Abgastemperatur von 270° zugrunde gelegt worden ist.

---

[1]) Näheres s. Verfasser: »Die Organisation der Wärmeüberwachung in techn. Betrieben«, Teil I, Abschn. 5. Verlag R. Oldenbourg, München-Berlin, 1929.
[2]) Über den Verbrennungsvorgang s. Abwärmetechnik, Band I des Verf., S. 26 u. f. Verlag R. Oldenbourg, München-Berlin, 1928.

Bei 15 14 13 12 11 10 9 8 7 6 5 4 3 2 vH.
Kohlensäuregehalt der Rauchgase ist der Luftüberschuß
1,3 1,4 1,5 1,6 1,7 1,9 2,1 2,4 2,7 3,2 3,8 4,7 6,3 9,5mal
so groß als theoretisch notwendig, und der Kohlenverlust
12 13 14 15 16 18 20 23 26 30 36 45 60 90vH.

In den meisten Betrieben, in denen die Bestimmung der Luftzufuhr dem Gefühl des Heizers überlassen bleibt, dürfte der Kohlensäuregehalt der Abgase wohl kaum 4—5 vH überschreiten, was einem Kohlenverlust von 45—36 vH entsprechen würde. Hier Wandel zu schaffen ist eine Notwendigkeit für einen jeden Besitzer einer Feuerungsanlage.

Man hat brauchbare Apparate gebaut, die die Rauchgasuntersuchung selbsttätig ausführen und das Ergebnis der Analyse fortlaufend in Gestalt einer Schaulinie (Diagramm) auf einem Papierstreifen aufzeichnen, der auf einer durch ein Uhrwerk bewegten Trommel befestigt ist, und dessen Linieneinteilung gewissermaßen das Zifferblatt einer Uhr darstellt. Mit Hilfe dieser Linieneinteilung kann man an der aufgezeichneten Schaulinie erkennen, wie hoch zu einer bestimmten Zeit der Kohlensäuregehalt der Rauchgase war.

Im übrigen werden heute selbstaufschreibende Rauchgasprüfer auf drei verschiedenen Grundlagen gebaut, und zwar unterscheidet man zwischen chemischen, elektrischen und mechanischen Rauchgasprüfern, deren Arbeitsweise hier nur kurz besprochen werden kann.

Bei den chemischen, selbsttätigen Rauchgasprüfern wird der CO_2-Gehalt der Rauchgase mit Hilfe von Kalilauge bestimmt. Kalilauge hat die Eigenschaft begierig Kohlensäure aufzunehmen. Es wird eine Rauchgasprobe selbsttätig vom Apparat dem Gasstrom entnommen, abgesperrt und durch Kalilauge einer Tauchglocke zugeleitet, welche ihrerseits ihre Bewegung durch eine geeignete Vorrichtung auf ein Zeigerwerk oder auf einen Ferngeber überträgt. Aus der abgesperrten Gasmenge wird durch die Lauge der CO_2-Gehalt absorbiert, der Rest sammelt sich unter der Glocke, welche sich in Abhängigkeit von der Rest-Rauchgasmenge auf- und abbewegt. Die Rauchgasproben werden in gewissen Zeitabständen entnommen, geprüft und der Rest selbsttätig ins Freie ausgestoßen. bevor eine neue Prüfung beginnt.

Der Rauchgasprüfer mit elektrischer Fernanzeige stellt ein gasanalytisches Meßgerät dar, wie es das neuzeitige Kesselhaus und die neueren Gesichtspunkte der Meßtechnik verlangen; denn an Hand der Aufzeichnungen des Schreibapparates kann ein Heizer dem Betriebsleiter täglich nachweisen, daß mit größtmöglicher Wirtschaftlichkeit gearbeitet wird.

Nur systematische, graphisch festgelegte Untersuchungen decken Mängel auf, weisen auf Verbesserungen hin und lassen die Auswirkung der getroffenen Maßnahmen erkennen und weiter verfolgen.

Andererseits kann sich der Betriebsleiter durch die Anzeige des Fernmeßgerätes auch jederzeit von seinem Schreibtisch aus über die Feuerführung seiner Kesselanlage unterrichten.

Es ist aber zweckmäßig, noch einen Schritt weiter zu gehen und die Temperatur der abziehenden Rauchgase gleich mit aufzeichnen bzw. fernmelden zu lassen; denn neben den Verlusten durch unvollständige Verbrennung sind es — abgesehen von denjenigen durch Rückstände in der Asche und durch Leitung und Strahlung — noch die Verluste an fühlbarer Wärme, welche möglichst gering zu halten sind. Dies geschieht durch Tiefhalten der Abgastemperatur.

Der Einfluß der Temperatur ist so ohne weiteres nicht nachzuweisen, er läßt sich aber nach der bekannten Siegertschen Formel:

$$V_S \text{ (in vH)} = \frac{k\,(t_A - t_L)\,[1]}{S}$$

leicht bestimmen.

In dieser Formel ist:

$k = 0{,}65$ für Steinkohle und $= 0{,}75$ für Braunkohle,

$t_A = $ der Temperatur der Abgase,

$t_L = $ der Temperatur der Verbrennungsluft bzw. $=$ der Kesselhaustemperatur,

$S = $ dem Kohlensäuregehalt der Rauchgase in Vol.-Prozent.

---

[1] Näheres s. Abwärmetechnik, Band I des Verf., Seite 37, Verlag R. Oldenbourg, München-Berlin, 1928.

Es ist daher notwendig, den selbstschreibenden Rauchgasprüfer mit einem selbsttätig registrierenden Temperaturmesser
parallel zu schalten und beide Instrumente mit Fernmeldung
auszustatten.

Der Rauchgasprüfer, der mit dem Abgastemperatur-
schreiber ein Ganzes bildet, wird in gewohnter Weise eingebaut,
während der Thermometerschaft dem Strom der Abgase nach
dem Ekonomiser ausgesetzt wird.

Die elektrischen Rauchgasprüfer beruhen auf der Wider-
standsveränderung eines stromdurchflossenen Drahtes mit
jeder Veränderung der Temperatur dieses Drahtes. Die Tem-
peraturänderung wird hervorgerufen:

1. durch die katalytische Verbrennung von $CO + H_2$
an der Oberfläche dieses Drahtes ($CO + H_2$-Messung),

2. durch die Wärmeleitfähigkeit der diesen Draht umspülen-
den Gase (CO_2-Messung).

Durch die Messung der Widerstandsänderung kann also
auch eine Änderung in der Zusammensetzung des zu messenden
Gasgemisches bestimmt werden. Über die beiden Messungen
wäre das Folgende zu sagen:

1. $CO + H_2$-Messung: Durch die Verbrennung von
$CO + H_2$ an der Oberfläche von Meßdrähten (katalytische
Verbrennung), die in einer geeigneten Gasmesserkammer untergebracht sind, tritt eine Temperaturerhöhung der Meßdrähte
und hierdurch eine Widerstandsänderung ein, während die
Temperatur — und damit der Widerstand — der in einer Vergleichsluftkammer angeordneten Meßdrähte unverändert bleibt.
Der Temperaturunterschied bewirkt einen Widerstandsunter-
schied, der mit Hilfe einer besonderen Brückenschaltung gemessen wird.

2. CO_2-Messung: Die in einer geeigneten Gasmeßkammer
untergebrachten Meßdrähte werden von dem zu prüfenden Gasgemisch umspült und ändern ihre Temperatur — und somit
ihren elektrischen Widerstand — je nach der Wärmeleitfähigkeit des Gasgemisches. Vergleichsmeßdrähte in einer Vergleichsluftkammer werden von atmosphärischer Luft umspült,
welche eine feststehende Wärmeleitfähigkeit (100) besitzt. Enthält das die Gasmeßkammer durchströmende Gasgemisch CO_2
(Wärmeleitfähigkeit 59), so ist die Wärmeleitfähigkeit dieses

Gasgemisches geringer als die der atmosphärischen Luft in der Vergleichsluftkammer. Die Meßdrähte in der Gasmeßkammer werden also bei Vorhandensein von CO_2 eine geringere Abkühlung erfahren als die Meßdrähte in der Vergleichsluftkammer. Der so entstandene Unterschied in der Temperatur der Meßdrähte bewirkt den Unterschied im elektrischen Widerstand der Meßdrähte, der wie bei der $CO + H_2$-Messung mit Hilfe einer besonderen Brückenschaltung gemessen wird.

Die mit Hilfe der Brücke bestimmten Widerstandsänderungen entsprechen dem Gehalt des geprüften Gasgemisches an $CO + H_2$ bzw. CO_2. Der Gehalt kann in Vol.-% von Anzeigeinstrumenten abgelesen oder durch einen Zweifarbenschreiber aufgezeichnet werden.

Zu beachten ist noch, daß die Richtigkeit der CO_2-Messung davon abhängt, daß das Gasgemisch, dessen CO_2-Gehalt geprüft werden soll, frei von Wasserstoff ist. Die hohe Wärmeleitfähigkeit des Wasserstoffes (700) beeinflußt so wesentlich die Vergleichsmessung, die auf der geringeren Wärmeleitfähigkeit des CO_2 (59) gegenüber atmosphärischer Luft (100) beruht, daß geringste Mengen H_2 genügen, um die Messung von CO_2 irreführend, ja unmöglich zu machen. Jede Rauchgasprüfung auf CO_2, die von der Messung des elektrischen Widerstandes ausgeht, muß daher — wenn sie Anspruch auf Genauigkeit erheben will — den Wasserstoff vor der CO_2-Messung restlos ausscheiden. Das geschieht bei dem Böhme-Rauchgasprüfer durch Einschaltung einer besonderen Vorrichtung zwischen der $CO + H_2$ — und der CO_2-Messung, in der vorhandener Wasserstoff (H_2) beseitigt wird. Für den Betrieb des Rauchgasprüfers wird Gleichstrom von 6 V benötigt. Bei Vorhandensein von Strom höherer Spannung wird ein Vorschaltwiderstand — bei Wechselstrom ein Glimmgleichrichter — benötigt.

Zur dritten Gruppe der mechanisch betriebenen Rauchgasprüfer gehört der AEG-Ranarexapparat, welcher sich die Erfahrungen der Flugtechnik zunutze macht. Man hatte festgestellt, daß die Propellerleistung eines Flugmotors mit der Dichtigkeit der Luft zunimmt und umgekehrt. Hieraus hat man den logischen Rückschluß gezogen, daß umgekehrt aus der Propellerleistung auf die Dichtigkeit des Gases geschlossen werden kann, in welchem sich der Propeller bewegt. Bei dem

AEG-Ranarexapparat wird diese Tatsache in einfacher Weise ausgewertet. Das Rauchgas durchströmt den Apparat fortgesetzt mit verhältnismäßig großer Gasgeschwindigkeit und die Kohlensäureanzeige erfolgt ununterbrochen durch ein großes Zeigerwerk mit weithin sichtbarer Skala, an welcher der Heizer sofort den Erfolg seiner Tätigkeit wahrnehmen kann.

Der Ranarexapparat benutzt also die einfachste und klarste Eigenschaft der Rauchgase: ihr größeres spezifisches Gewicht gegenüber Luft, indem er den Unterschied zwischen den spezifischen Gewichten des Rauchgases und der Kesselhausluft fortlaufend anzeigt. Zur Erzielung großer Verstellkräfte werden die bei Gasen so geringen Gewichtsunterschiede (1 l Luft wiegt nur etwa 1,3 g) durch Zuhilfenahme motorischer Energie vervielfacht. Es wird dem Gase mittels eines durch einen kleinen Motor angetriebenen Schleuderrades eine hohe Geschwindigkeit erteilt, so daß alle aerodynamischen Kräfteerscheinungen sehr hohe Werte annehmen, weil sie dem Quadrat der Geschwindigkeit proportional sind. Die Anordnung ist derart getroffen, daß die aufgewendete motorische Kraft das Gas in kreisende Bewegung versetzt, wodurch ein aerodynamisches Drehfeld entsteht, dessen Energie von dem Meßsystem wieder aufgefangen und aufgezehrt wird.

Sachregister.

A.

Abdampf - Kältemaschinen 132, 133, 136, 140, 142.
Abdampfrückstand 38.
Abgasverwertung auf Motorschiffen 168.
Abhitze-Dampfkessel → Dampf-Lufterhitzer 129.
Ablassen von Kesseln 43.
Ablaugen von Kesseln 2.
Absorptions-Kälteverfahren 133, 135.
— —, Anlagen 140.
— —, Arbeitsvorgang 136.
— —, Leistungen 139.
Abwärmeverwertung bei Vakuumverdampfern 9.
Abwasserverwertung zur Destillaterzeugung 60.
Abzugsschächte bei Entnebelungsanlagen 123.
Additionsschaltung von Meßgeräten 216.
— — Meßgenauigkeit 220.
Alkalität von Speisewasser 43.
Atlas-Eindickanlagen 84.
— - Entgaser 53.
— - Hochdruckverdampfer 26.
— - —, Versuchsergebnisse 31.
— - Niederdruckverdampfer 19.
— - Schiffsverdampfer 156.
— - Vorwärmeranlagen 161.

B.

Balcke-Bleicken-Abdampfverdampfer 6.
— - Hochdruckverdampfer 23.
— - Kühlwasserverdunster 62.

Balcke - Niederdruckverdampfer 19.
— therm.-chem. Speisewasserreinigung 39.
Brüdenkondensator 127.
Brüdenverdichter für Verdampfer 19, 21.
— — Eindickanlagen, Charakteristik 85.
— — —, Energiebedarf 86.
— — — Frischdampfverbrauch 87.

C.

Chloride 3.

D.

Dampfkraftanlage, verlustlose 4.
Daqua-Brückenkondensator 127.
— - Entnebelungsanlagen 119.
— - Hochtemperatur-Heißlufterzeuger 113.
— - Hochtemperaturtrockner 107.
Destillat 5.
Druckmessung 198, 200.
—, Anwendungsgebiete 232.
Durchschnittsmeßverfahren 220.

E.

Eindickanlagen, Wirtschaftlichlichkeit 85.
Eindickung von Flüssigkeiten 69.
Eindickungsverdampfer, Anlagekosten 73.
—, Bauarten 69.
— mit Brückenverdichter 73.
— — — und Abwärmeverwertung 80.
— — — — Zerstäubungstrocknungsanlage 80.

Eindickungsverdampfer, Heiz-
flächeninkrustation 77.
—, kombinierte 75.
—, —, Anwendungsgebiete 76.
—, —, Vorteile 75.
—, Siedepunktserhöhungen von
Flüssigkeiten 77.
Elektro-Dampfkessel, Bauart
AEG 196.
— —, — Brown,Boveri&Cie.190.
— —, — Maffei 189.
— —, konstruktive Ausgestal-
tung 187.
Elektro-Fernsender 218.
Elektro-Heißwasserversogung
196.
Elektrokessel, Amortisations-
zeiten 187.
— als Speicher und Energieum-
former 197.
Elektrowärme, Erzeugung der-
selben 186.
—, Kosten derselben 187.
—, Verwendung derselben 185,
196.
Entgaser, Bauart Atlas 53.
—, — Balcke 49, 51.
—, — Permutit 53.
Entgasung 27, 46.
Entnebelung 114.
Entnebelungsanlagen, Bauarten
119.
—, Bauart Dr. Bauer 123.
—, Grundbestandteile 117.
— mit Abdampfverwertung 122.
Entnebelungsverfahren, Wirt-
schaftlichkeit 129.

F.
Fernmessung, elektrische 206.
Feuchtigkeitsmesser, Anwen-
dungsgebiete 232.
—, Augustscher 228.
—, Bauart Hartmann & Braun
229, 230.
—, Geber für — 228.
Feuchtigkeitsmessung 226.
—, thermo-elektrische 227.

G.
Gasaufnahmefähigkeit weicher
Wässer 3.
Gasbrenner 113.
Gasfreiheit 3.

H.
Haarhygrometer 226.
Härtegrad 3.
Heißwasser-Lufterhitzer 170.
Hochdruck-Verdampfer 23.
—, Bauart Atlas 26.
—, — Balcke 23.
Hochtemperatur-Heißlufterzeu-
ger 113.
Hochtemperaturtrockner 106.
—, Bauweise 107.
Höchstdruckkessel 1.
Holztrocknungsanlagen 95.

I — J.
Impfung des Rohwassers 20.
Josse-Destillator 62.

K.
Kalk-Soda-Verfahren 39.
Kälteerzeugung, Anwendungs-
gebiete 131.
—, maschinelle 131.
— mit Abwärmeverwertung 132.
—, Verfahren 133.
Kammertrocknung 92.
Kanaltrocknung 92.
Kohlensäure 3.
Kompressions-Kälteverfahren
133.
— —, Arbeitsvorgang 134.
Konzentrationsgrenze von Kes-
selwasser 2.
Korrosionsfähigkeit atm. Gase 3.
Korrosionsversuche 48, 50.
Kreiselverdichter für Eindickver-
dampfer, Antriebsarten 88.
Kühlwasserverdunster, Bauart
Balcke 62, 65, 67.

L.
Lackiertauchverfahren 110.
Lacktrocknerei 110.

Laugenabfluß 43.
Laugenmessung 2.
Lokomobilen, Abwärmeverwertung 174.
—, Abnahmeversuche 181.
— mit Abdampf- und Rauchgasverwertung 176.
— — —, Zwischendampf- und Rauchgasverwertung 176.
Löslichkeit von Salzen 3.
Luftsauerstoff 3.
Lurgi-Eindickverdampfer 74, 75, 76, 80.
Lurgi-Krause-Trocknungsverfahren 84.

M.

Mehrfachschreiber 221, 226.
Mehrkörper-Hochdruck-Verdampfer 24.
— - Niederdruck-Verdampfer 20.
Mengenmessung 198, 201.
—, Anwendungsgebiete 232.
Meßdüse 205.
Meßschalttafeln mit Linienwählern 222.

N.

Nebelbildung 115.
—, Bekämpfungsmittel 116.
—, Entnebelung 114.
—, Entnebelungsanlagen 117, 119, 122, 123, 129.
Niederdruckverdampfer 19.

P.

Permutit-Entgaser 53.
Plattenkocher, therm.-chem. Speisewasserreinigung 40.

R.

Rauchgasprüfer, Bauart AEG.-Ranarex 237.
—, gasanalytische 234.
—, elektrischer 236.
Rauchgasprüfung 233.
Ringwage, Anwendungsgebiete 216.

Ringwage, als Schreibapparat 215.
—, Bauart Hartmann & Braun 199, 200.
—, Kurvenscheiben 214.
— mit Elektrofernsender 218.
Rohwasserimpfung 20.

S.

Schiffsverdampfer 154.
—, Bauart Atlas 156.
— mit Entgasung 160.
Schilde-Entnebelungsanlagen 120.
— - Stufen-Umluft-Trockenverfahren 105.
— - Zweiluftstromtrockner 104.
Schlammbildung 4.
Schnelltrocknungsanlagen 106.
Speisewasser-Entgasung 27.
Speisewasser für Höchstdruckkessel 1.
Speisewasserkreislauf 4, 5.
Speisewasser, therm.-chem. Reinigung 39.
— - Reinigung durch Verdampfung 5.
— - Verdampfer 6, 19, 23, 54.
Staudüse 202, 205.
Staurand 199, 202, 207.
—, Einbau desselben 209.
— und Ausgleicher, Anordnungen 213.
Stufen-Umluft-Trockenverfahren 105.
Szamatolski-Zerstäuberverdampfer 54.

T.

Temperaturmesser, Anwendungsgebiete 231.
Temperaturmehrfachschreiber 226.
Temperaturmessungen 221.
Thermo-elektr. Feuchtigkeitsmessung 227.
Thermokompressor 19, 21, 73.

Trockenapparate, Berechnung
 derselben 94.
Trockenrückstände 38.
Trocknung 92, 93.
Trocknungsanlagen für Draht-
 bunde 99.
— — Getreide 103.
— — Holz 95.
— — Ziegelsteine 96.
Trocknungsprozesse 92.
Trocknungsverfahren 92.

U.

Überlaufgefäße für Stauränder
 211.
Überschäumen von Kesseln 2.
Überschußenergie, elektrische,
 Verwertung derselben 184.

V.

Vakuumverdampfer 6.
—, Anwendungsgebiete 14.
—, Einbaumöglichkeiten 13, 14.
— mit Brückenverdichter 17.
— — Heißwasserspeicher 12.
— — Rateauspeicher 11.
Vakuumverdampfung 69.
Verdampfer, Bauarten 6.
—, Hochdruck- 23.
—, Niederdruck- 19.

Verdampfer, Vakuum- 6.
Verdampfungsverfahren 5.
Venturirohr 202, 203.
— mit Meßdüse 203.
Verdichter, Bauarten für Ein-
 dickverdampfer 73.
—, Anwendungsgebiete 79.
— für Speisewasserverdampfer
 19.

W.

Warmluftverteilung bei Entne-
 belungsanlagen 123.
Wasser als Lösungsmittel 3.
Wasserdampfstrahl-Kälte-
 maschine 133, 145.
— —, Bauart Balcke 151.
— — — Josse-Gensecke 147.
— — — — Westinghouse-Le-
 blanc 148.
Wasserentgasung 46.
Widerstands-Temperaturfern-
 messer 223.

Z.

Ziegeltrocknunganlagen 96.
Zerstäuberverdampfer, Bauart
 Szamatolski 54.
Zweiluftstrom-Stufentrockner,
 Bauart Schilde 104.